U0231140

世界恐龙大百科

古生物学家、"中国龙王" 董枝明 编著

央美阳光 绘

化学工业出版社

·北京·

图书在版编目（CIP）数据

世界恐龙大百科 / 董枝明编著；央美阳光绘. --北京：化学工业出版社，2015.1（2024.10重印）

ISBN 978-7-122-22171-1

Ⅰ. ①世… Ⅱ. ①董… ②央… Ⅲ. ①恐龙-普及读物 Ⅳ. ① Q915.864-49

中国版本图书馆CIP数据核字（2014）第249815号

责任编辑：邹朝阳 丁尚林　　文字编辑：焦欣渝

责任校对：陈 静　　装帧设计：王晓宇

出版发行：化学工业出版社（北京市东城区青年湖南街 13 号 邮政编码 100011）

印　　装：天津裕同印刷有限公司

889mm×1194mm 1/16 印张 19 字数 450 千字 2024 年 10 月北京第 1 版第 14 次印刷

购书咨询：010-64518888 售后服务：010-64518899

网　　址：http://www.cip.com.cn

凡购买本书，如有缺损质量问题，本社销售中心负责调换。

定　　价：128.00 元

在我国四川省自贡市大山铺地区挖掘裸露的李氏蜀龙骨架，其中脊椎骨、腰带及后肢保存完整。

前言 Foreword

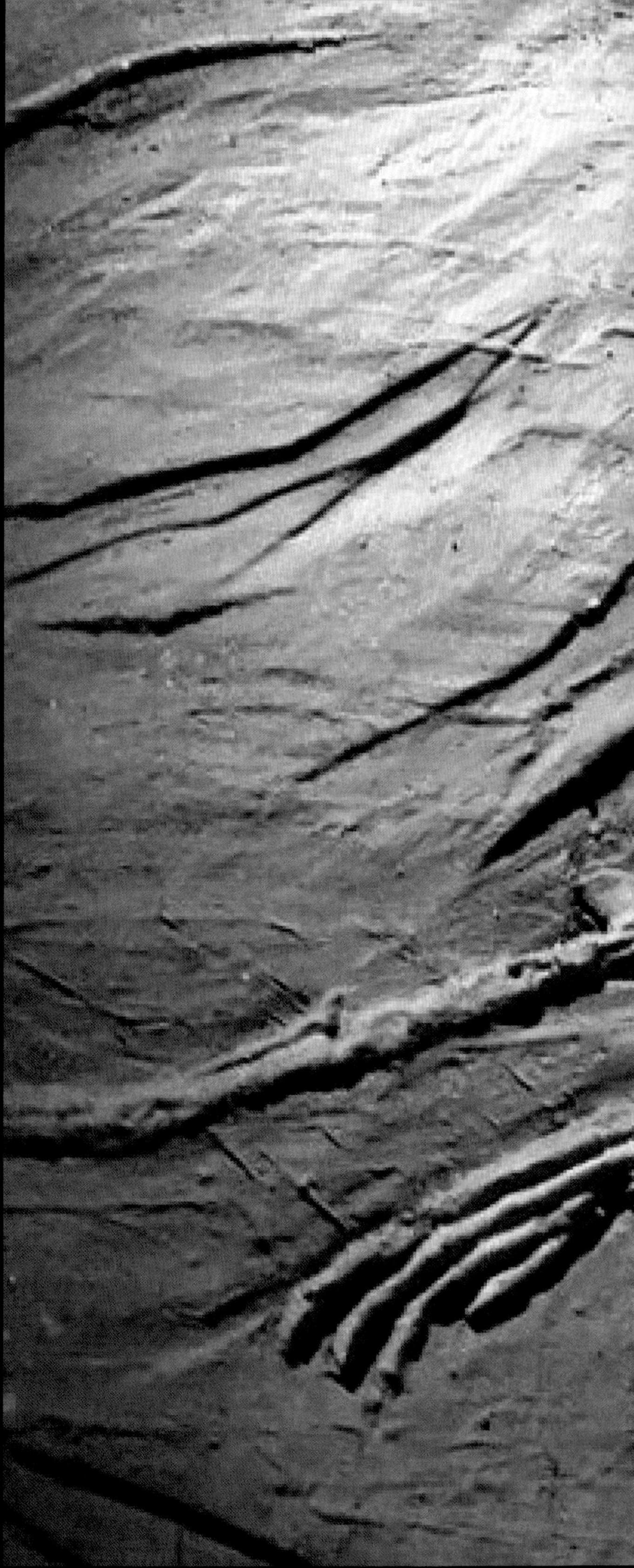

这是一群令人称奇又感到恐怖的动物，它们拥有庞大的身体和无穷的力量，它们曾称霸地球长达1.6亿年之久，它们经历了地壳板块运动和环境变化的重要过程，它们在一场未知事件中全部离奇死亡、消失，只留下一些残骸断片作为生命的证据。

它们，就是恐龙，地球曾经的主宰者。

恐龙时代，是地球历史中最为惊心动魄的一段时期，陆地上一群犹如高楼的巨大动物在行走觅食，森林里一些奇怪的家伙正用强壮的后肢迅速奔跑，海洋里沧龙和蛇颈龙为了争夺霸主之位进行着血腥的残杀，天空中翼龙正用皮膜包裹的双翅飞行，我们不禁感叹：生物的演化真是令人难以置信。

目前恐龙的分类比较多元化，哈利·丝莱在1888年根据恐龙的骨盆结构，将恐龙分为两大类，即蜥臀类与鸟臀类，这是目前古生物研究领域一致认可和采用的分类方法。本书按此分类法，精心挑选出200余种具有代表性的恐龙进行详尽介绍。另外，还介绍了部分来自海洋和天空的恐龙邻居。

从地球孕育生命的初期，到恐龙的出现，再到恐龙繁盛，直至恐龙灭亡，横跨数亿年，《世界恐龙大百科》从生活时期、栖息环境、食性、化石发现地、独特事件等方面对恐龙进行了全面、详尽的介绍。

本书结合国外恐龙百科的特点及作者多年来在恐龙领域的探索，并邀请了国内最专业的恐龙写实画手共同完成。全书采用手绘风格，包含近500张手绘写真，将每一种恐龙展现在人们面前，意趣盎然。140幅手绘背景，形象复原了恐龙时期的那段漫长年代。更有珍贵的62张化石图片，21张恐龙专家考察照片，是国内外首次展现考察发现场景和第一手图片资料。

本书图文呼应，生动再现恐龙的原貌和特点。权威的文字论述，生动的图片展现恐龙生存的画面和场景，展现恐龙化石研究开发的过程。

现在，让我们一起走进《世界恐龙大百科》，一探恐龙的奥秘吧。

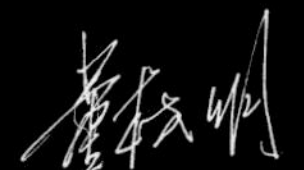

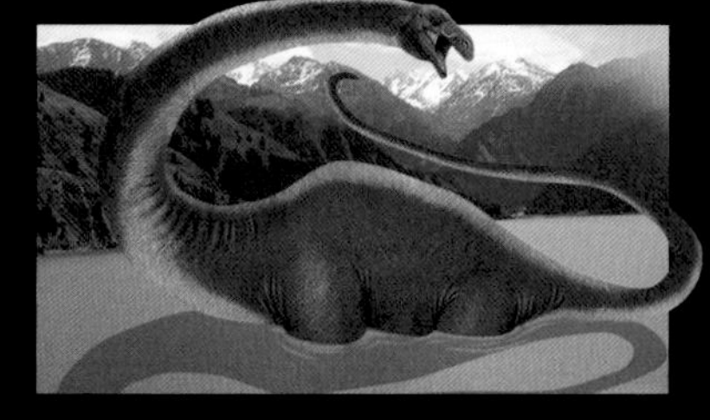

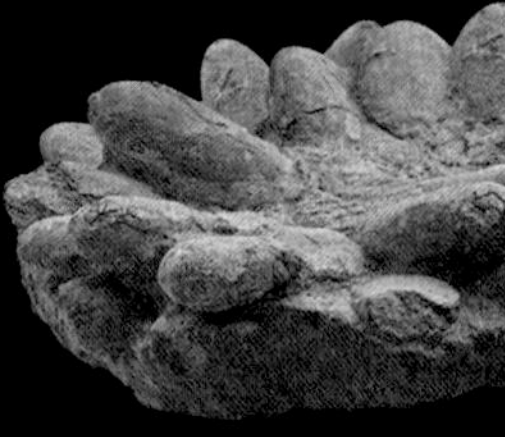

第二章　探秘恐龙王朝

认知恐龙……………………………42

什么是恐龙……………………………42
恐龙骨骼图解…………………………42
恐龙的主要特点………………………43
恐龙如何分类…………………………44
恐龙的祖先……………………………46
恐龙的进化过程………………………46
鸟类的进化过程………………………48
哺乳动物的进化过程…………………48
早期的恐龙……………………………50

生活习性……………………………52

怎样测算恐龙的体重…………………52
皮肤与伪装……………………………53
关于恐龙声音的研究…………………54
恐龙是冷血动物还是温血动物?……56
植食恐龙的食物和进食方式…………58
胃石……………………………………59
体型庞大之谜…………………………60
肉食恐龙的食物和进食方式…………62
攻击力排名榜…………………………64
奔跑速度大比拼………………………66
恐龙内部斗争…………………………66
求偶奇趣………………………………67
筑巢和孵化……………………………68
恐龙寿命………………………………69
胎生恐龙………………………………69
恐龙视力………………………………70
恐龙智慧大比拼………………………71
群居生活………………………………72
迁徙……………………………………73

化石研究……………………………74

什么是化石?…………………………74
化石的形成过程………………………75
恐龙化石的首位发现者………………76
各种各样的恐龙化石…………………78
恐龙化石的挖掘………………………84
恐龙化石的组装和展示………………85
化石猎人………………………………86
中国恐龙研究的开拓者杨钟健………86
世界恐龙公墓…………………………87
中国著名的恐龙化石埋藏地…………89

第三章 蜥臀类恐龙

什么是蜥臀类恐龙？……94

演化和分类……95

兽脚类……96

黑瑞拉龙科……96

黑瑞拉龙……97

暴龙科……98

达斯布雷龙……98

蛇发女怪龙……99

艾伯塔龙……99

霸王龙……100

特暴龙……102

角鼻龙科……103

角鼻龙……103

巨齿龙科……104

蛮龙……104

迪布勒伊洛龙……105

美扭椎龙……105

非洲猎龙……105

巨齿龙……106

气龙……107

棘龙科……108

重爪龙……108

似鳄龙……109

激龙……109

奥沙拉龙……110

棘龙……111

美颌龙科……112

美颌龙……112

侏罗猎龙……113

中华丽羽龙……113

中华龙鸟……114

似鸟龙科……116

似鸟龙……116

似鸵龙……117

似鸡龙……117

词条拓展：灵鳄……118

窃蛋龙类……120

窃蛋龙……120

尾羽龙……122

切齿龙……123

巨盗龙……123

葬火龙……124

河源龙……124

驰龙科……125

犹他盗龙……125

恐爪龙……126

伶盗龙……127

驰龙……127

小盗龙……128

中国鸟龙……130

腔骨龙科……132

理理恩龙……132

并合踝龙……133

腔骨龙……134

双嵴龙……134
中华盗龙科……135
中华盗龙……135
四川龙……136
永川龙……136
鲨齿龙科……137
鲨齿龙……137
巨兽龙……138
马普龙……139
高棘龙……139
始盗龙科……140
始盗龙……140
异特龙科……142
异特龙……142
食蜥王龙……144
腔躯龙……144
虚骨龙科……145
虚骨龙……145
长臂猎龙……146
嗜鸟龙……146
伤齿龙科……147
赫氏近鸟龙……147
中国猎龙……148
伤齿龙……148
拜伦龙……149
镰刀龙科……150
镰刀龙……150
阿拉善龙……152
内蒙古龙……152
北票龙……153
阿贝力龙科……154
胜王龙……154
食肉牛龙……154
玛君龙……155
阿贝力龙……155
印度鳄龙……155
蜥脚类……156
板龙科……156
板龙……156
鼠龙……157
禄丰龙……157
近蜥龙科……158
近蜥龙……158

大椎龙科……160
大椎龙……161
鲸龙科……162
巴塔哥尼亚龙……162
鲸龙……162
蜀龙……163
圆顶龙科……164
圆顶龙……164
梁龙科……166
迷惑龙……166
超龙……167
重龙……167
双腔龙……170
梁龙……170
地震龙……171
马门溪龙科……172
峨眉龙……172
天山龙……173
马门溪龙……173
盘足龙科……174
盘足龙……174
布万龙……174
怪味龙……175
大夏巨龙……175
腕龙科……176
腕龙……176
长颈巨龙……178
侧空龙……178
波塞东龙……179
阿比杜斯龙……179
畸形龙……179
火山齿龙科……180
火山齿龙……180
塔邹达龙……181
巨脚龙……181
泰坦龙科……182
泰坦龙……183
阿根廷龙……184
萨尔塔龙……185
富塔隆柯龙……186
南极龙……186
瑞氏普尔塔龙……187
叉背龙科……188
叉背龙……188
阿马加龙……189
短颈潘龙……189

第四章　鸟臀类恐龙

什么是鸟臀类恐龙？……192

演化和分类……193

鸟脚类……194

法布龙科……194

莱索托龙……194

小盾龙……195

洛氏敏龙……195

刺龙……195

异齿龙科……196

醒龙……196

鹤龙……197

果齿龙……197

棘齿龙……198

天宇龙……198

异齿龙……199

棱齿龙科……200

奔山龙……200

加斯帕里尼龙……201

厚颊龙……201

灵龙……201

帕克氏龙……202

棱齿龙……202

禽龙科……204

禽龙……205

腱龙……206

弯龙……206

橡树龙……206

豪勇龙……207

木他龙……207

高吻龙……208

鸭嘴龙科……210

鸭嘴龙……210

格里芬龙……211

副栉龙……211

短冠龙……212

兰氏龙……212

冠龙……213

亚冠龙……213

巴克龙……214

棘鼻青岛龙……214

栉龙……215

山东龙……215

慈母龙……216

埃德蒙顿龙……218

剑龙类……220

剑龙……220

华阳龙……222

钉状龙……222

嘉陵龙……224

沱江龙……224

巨棘龙……225

乌尔禾剑龙……225

甲龙类……226
结节龙科……226
棘甲龙……226
敏迷龙……227
林龙……227
埃德蒙顿甲龙……228
厚甲龙……229
蜥结龙……229
结节龙……229
甲龙科……230
甲龙……230
多刺甲龙……231
怪嘴龙……231
美甲龙……232
多智龙……233
戈壁龙……233
头甲龙……233
包头龙……234
牛头龙……234
角龙类……236
原角龙科……236
古角龙……236
雅角龙……237
巧合角龙……237
巨嘴龙……238
原角龙……238
鹦鹉嘴龙科……239
鹦鹉嘴龙……239
角龙科……240
开角龙……240
五角龙……241
厚鼻龙……242
爱氏角龙……242
中国角龙……242
无鼻角龙……243
牛角龙……244

华丽角龙……244
尖角龙……245
三角龙……246
肿头龙类……248
肿头龙……248
冥河龙……250
平头龙……250
剑角龙……251

第五章　飞龙在天的“恐龙”

如何飞上天空……254
双型齿翼龙科……256
蓓天翼龙……256
真双齿翼龙……256
双型齿翼龙……257
喙嘴龙科……258
喙嘴龙……258
粗喙船颌翼龙……258
凤凰翼龙……259
蛙嘴龙科……260
蛙嘴龙……260
弯齿树翼龙……261
蛙颌翼龙……261
准噶尔翼龙科……262
准噶尔翼龙……262
无齿翼龙科……263

无齿翼龙 ……263
南翼龙科 ……264
南翼龙……264
神龙翼龙科……266
哈特兹哥翼龙……266
浙江翼龙 ……266
蒙大拿神翼龙……267
风神翼龙 ……268
古神翼龙科……270
掠海翼龙 ……270
古神翼龙 ……270

第六章　海洋里的恐龙“亲戚”

如何适应海洋生活……274
幻龙科……276
肿肋龙……276
幻龙 ……277
鸥龙 ……278
色雷斯龙 ……278
蛇颈龙科 ……279
薄片龙……279
蛇颈龙……280
词条拓展：尼斯湖水怪 ……282
上龙科……284
上龙 ……284
克柔龙……285
菱龙 ……285
短颈龙……286
滑齿龙……286
泥泳龙……287
鱼龙科……288
鱼龙 ……289
狭翼龙……290
肖尼鱼龙 ……290
大眼鱼龙 ……291
混鱼龙……292
沧龙科……294
沧龙 ……294
海王龙……296
浮龙 ……296
板果龙……297
索引 ……298

第一章 遥远的恐龙时代

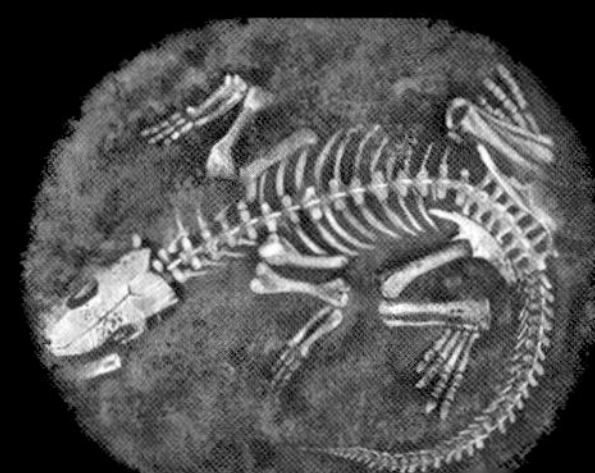

目录 Contents

第一章　遥远的恐龙时代

地球生命演化轴……16

前寒武纪……18

寒武纪……19

奥陶纪……20

志留纪……21

泥盆纪……22

石炭纪……23

二叠纪……24

三叠纪……25

侏罗纪……26

白垩纪……27

第一批地球征服者——无脊椎动物……28

遍布海陆空的脊椎动物……30

史前霸主恐龙……32

地球史上的五次生物大灭绝事件……34

第一次生物灭绝……34

第二次生物灭绝……34

第三次生物灭绝……35

第四次生物灭绝……35

第五次生物灭绝……35

恐龙尺寸一览……36

存活至今的恐龙后代……38

恐龙和鸟类的演变示意图……38

谁首先提出了恐龙和鸟类的进化关系？……38

孔子鸟……39

羽毛化石……39

飞翔化石……39

牙齿……39

在人类出现之前，地球上早已热闹非凡，各种生物繁衍生息着，它们有的小如微尘，有的大如高楼，这些动物有的已经灭绝，有的却生存了千百万年……其中，曾经的地球霸主恐龙无疑是人类最感震惊、最感神秘的物种。从第一块化石被发现，到第一副骨架的完整再现，恐龙都一次次刷新着人类对于其的认知和想象。

现在，就让我们一起踏入遥远的过去，追溯生命的起源和恐龙的历史。

地球生命演化轴

地球的形成可追溯到大约 46 亿年前，而最古老动物的生命痕迹可追溯到大约 30 多亿年前。现在，科学家将地球漫长的历史划分为一个个地质年代，单位为“代”，而代又包括较短的地质年代，单位为“纪”，以便更好地研究地球生命的起源和演化。

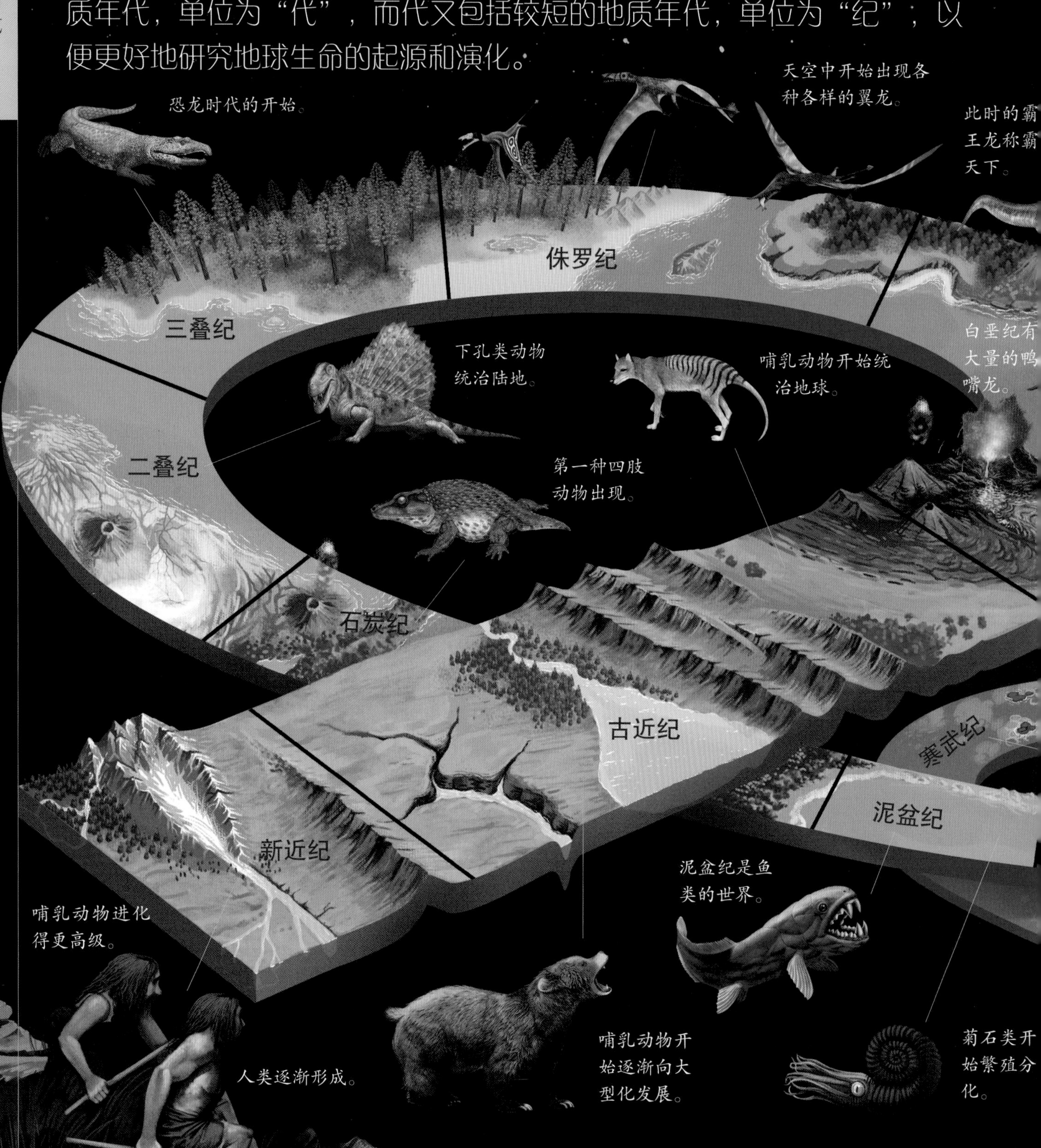

代	纪	时间	说明
	前寒武纪	46亿~5.42亿年前	1. 46亿年前，地球刚刚形成，温度和太阳表面一样炽热。 2. 在数百万年的时间里，随着火山喷发和行星撞击，地球表面形成了大气层和海洋。 3. 水是生命之源。距今约38亿年前的深海里，火山口周围栖息着大量特殊细菌，这是最初的生命。 4. 此后30亿年的时间里，生命只有单细胞的细菌和海藻，多细胞的水母和蠕虫。
古生代	寒武纪	5.42亿~4.88亿年前	进入寒武纪，出现了有骨骼的生物，比如三叶虫、腕足类、无颌鱼类等。
古生代	奥陶纪*	4.88亿~4.44亿年前	海洋中有大量原始鱼类、贝类、珊瑚虫及三叶虫。植物开始向陆地发展。
古生代	志留纪	4.44亿~4.16亿年前	海洋中无脊椎动物迅速发展，陆地上出现了石松属植物和多足纲节肢动物。
古生代	泥盆纪	4.16亿~3.59亿年前	海洋中菊石和硬骨鱼类开始繁殖分化，陆地上出现了树木与昆虫。
古生代	石炭纪	3.59亿~2.99亿年前	第一种四肢动物出现，并在随后的进化中从海洋爬上陆地。陆地上热带雨林开始繁盛。
古生代	二叠纪**	2.99亿~2.5亿年前	下孔类动物统治陆地，部分开始向恐龙进化。
中生代	三叠纪	2.5亿~2.08亿年前	恐龙时代开始的标志。
中生代	侏罗纪	2.08亿~1.45亿年前	陆地依然由恐龙统治，且天空中开始出现各种各样的翼龙。
中生代	白垩纪***	1.45亿~0.65亿年前	白垩纪是鸭嘴龙、霸王龙、甲龙和角龙的天下，此时被子植物（开始）出现。
新生代	古近纪	0.65亿~0.23亿年前	哺乳动物开始统治地球，并向大型化发展，鸟类开始出现，后期陆地出现了草原。
新生代	新近纪	0.23亿年前~现代	大部分哺乳动物进化得更高级，现代人类逐渐形成。

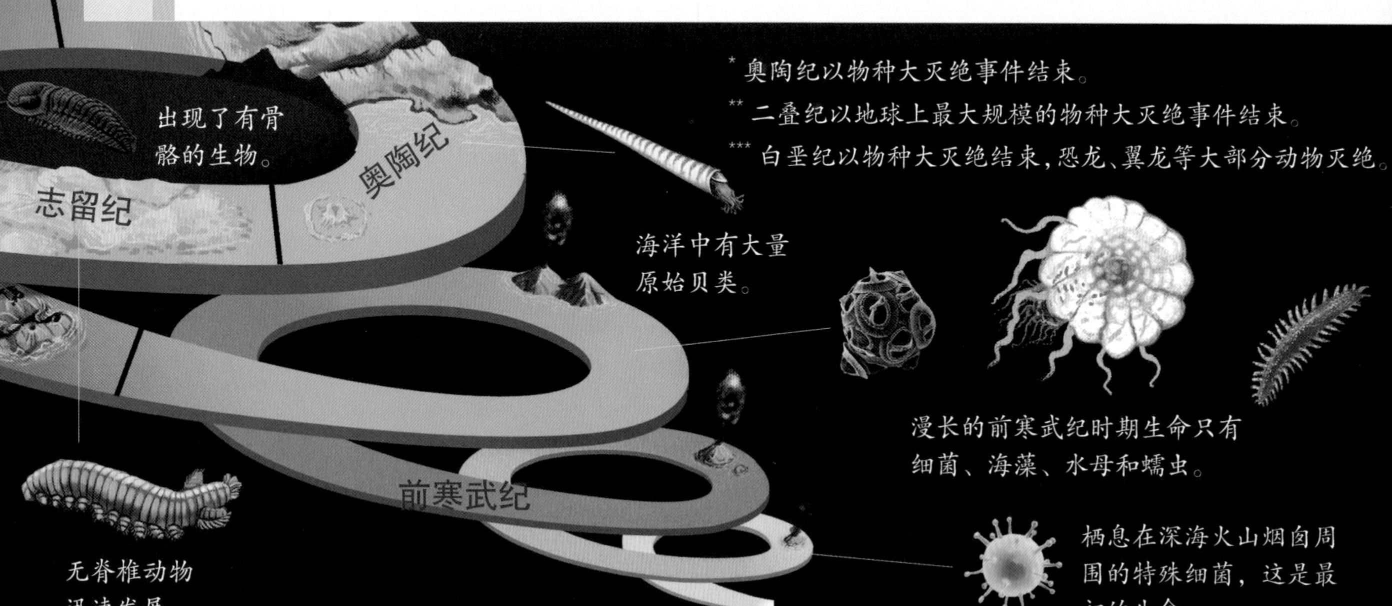

* 奥陶纪以物种大灭绝事件结束。
** 二叠纪以地球上最大规模的物种大灭绝事件结束。
*** 白垩纪以物种大灭绝结束，恐龙、翼龙等大部分动物灭绝。

前寒武纪

尽管早在30多亿年前，地球上最早的生命便出现了，它们是简单的细胞和细菌，但是进化却长期停滞在很低级的阶段。直到大约10亿年前，复杂的细胞和海藻终于出现，而到了前寒武纪末期，又出现了复合细胞的植物和动物。慢慢地，生命开始变得丰富。

前寒武纪大陆位置

大约9亿年前，大片的陆地连接成了一块超级大陆——罗迪尼亚。之后，罗迪尼亚大陆开始向南移动，并逐渐分裂为两半。

到处是火山坑和火山活动。

艾迪卡拉生物群

这是地球上第一种肉眼看得到的动物。它们没有头、四肢和尾巴，也没有嘴巴和消化器官，大概只是从周围的水中吸收营养。

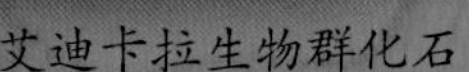

艾迪卡拉生物群化石

狄更逊水母

早期发现的化石多为痕迹化石。这种生物近似于一个两侧对称的呈肋状的椭圆形。

斯普里格蠕虫

狄更逊水母

查恩盘虫

查恩盘虫直立在水中，身体中部有一个叶状物，底部的基盘附着在海底，以滤食水中的营养物质为生。

查恩盘虫

寒武纪

寒武纪是生命开始丰富的年代，是生物演化过程中的第一次大飞跃。虽然陆地上依然是一片荒凉，但是海洋动植物却大量繁殖，地球上首次出现了具有坚硬的外壳和内骨骼的动物。

另外，由于海底的三叶虫异常活跃，寒武纪又被称为三叶虫时代。

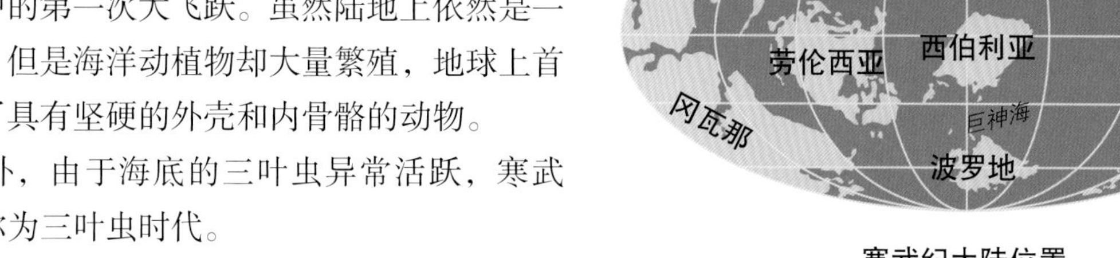

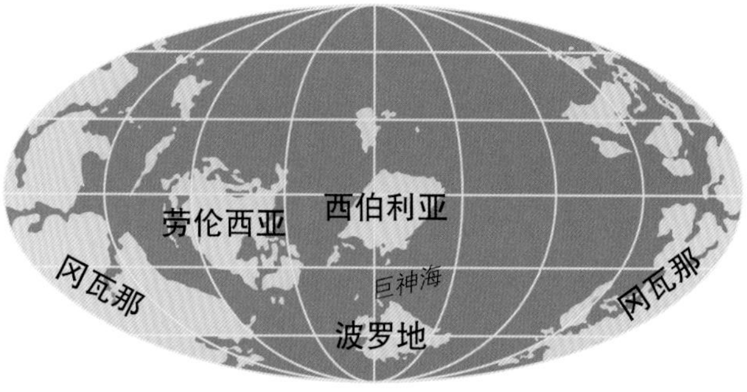

寒武纪大陆位置

罗迪尼亚大陆的运动速度加快，并且开始分解，陆地相互分离。

陆地上布满了大面积浅水区域。

欧巴宾海蝎

三叶虫化石

奇虾

奇虾有一对带柄的巨眼，虽不善行走，但能快速游泳。在5.3亿年前的海洋中，奇虾是最凶猛的捕食者，也是现在已知最大的寒武纪动物。

威瓦西虫

这是一种古老的软体动物，身体呈半球状，体表遍布板甲，两侧对称分布的尖棘用于防御和捕食。

三叶虫

三叶虫是第一种有眼睛的生物，其眼睛和昆虫一样是复眼，由于背壳纵分为三部分，故得此名。三叶虫在地球上生存了3亿多年，是一类生命力极强的生物。

奥陶纪

奥陶纪时期生命从海洋走向陆地。早期的叶苔类植物从海藻中进化出来，迅速占领了近海岸地区，与零星的海藻共同组成陆地生命。而在海洋中，早期的无颌鱼类开始出现。

但是，奥陶纪动物在浅海繁盛时，气候的变化给这段黄金时代画上了句号。到了奥陶纪晚期，地球变得异常寒冷，大多数物种消亡了。

奥陶纪大陆位置

随着巨神海不断扩展，大陆之间的距离越来越远。在4.4亿年前，现在的北非正处于南极点上。

奥陶纪以大冰期结束。冰川活动导致气候和海洋水平线变化。

鹦鹉螺

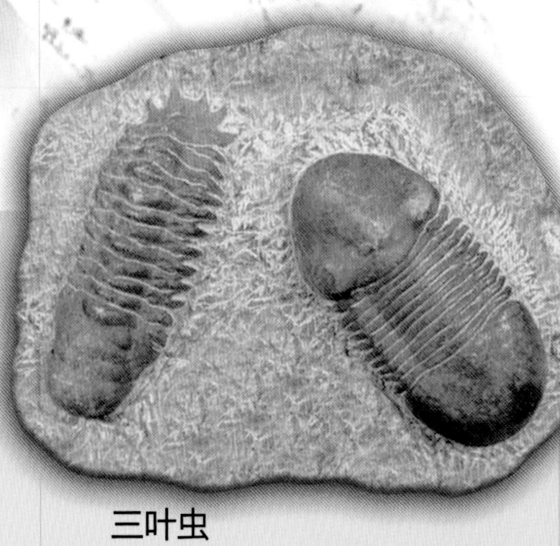

三叶虫

三叶虫在寒武纪和奥陶纪最为繁盛。高圆球虫是典型的奥陶纪三叶虫，身体分为11节。

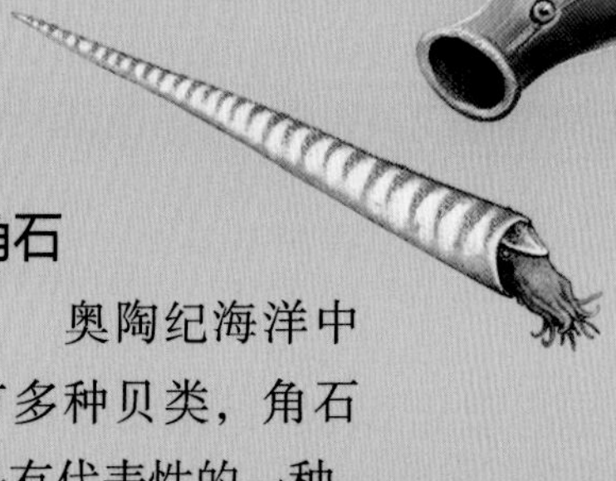

角石

奥陶纪海洋中有多种贝类，角石是有代表性的一种。

无颌鱼类

早期的无颌鱼类开始出现，它们身体柔软，嘴巴圆圆的，形状如水滴。

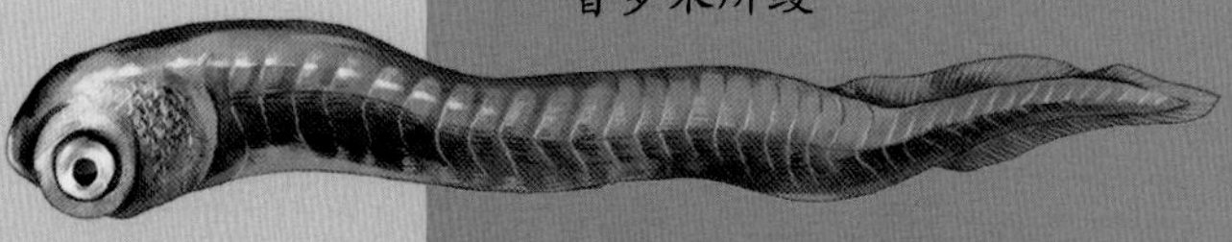

普罗米所鳗

志留纪

地球上气候转暖，海平面上升，引发了浅海的生物进化高潮。陆地上不再是单调的苔藓和叶苔，首次出现了真正的植物——沼泽地里长出了“丛林”，拥有枝干、根部和输送水分的管道。到了志留纪晚期，陆生动物已十分广泛，包括蜈蚣、蜘蛛和长得很像蝎子的节肢动物。

志留纪大陆位置

冈瓦那大陆仍旧在南极地区，但是所有陆地之间的距离都很近。

志留纪陆地上的风景因首批真正的植物出现而改变。水边的陆地长满了植物。

怪诞虫

海蝎

志留纪时期最大的海洋无脊椎动物，也是早期的海洋霸主。有的海蝎体长可达 2 米，游泳速度很快，对早期鱼类构成严重威胁。

棘鱼

进入志留纪，出现了已知最早的有颌脊椎动物。

泥盆纪

泥盆纪通常被称为“鱼类时代”。这个时期进化出种类繁多的鱼类，但是三叶虫和海蝎走向衰落。在陆地上，一部分植物进化出木质组织，地球上出现了第一批树木。但是随着气候变暖，干旱现象非常普遍，陆地上出现了沙漠，而海洋里进化出种类繁多的鱼类。

泥盆纪大陆位置

冈瓦那超大陆和劳伦西亚超大陆隔着巨神海相望，大部分地区漂移到赤道以南。

菊石

菊石是从早期的鹦鹉螺演化而来，比恐龙的出现早 1.7 亿年。体外的硬壳是它自己建造的蜗居，与鹦鹉螺的形状酷似。

第一批四足两栖动物从水中向陆地迁移。

早期鲨鱼

这种鲨鱼有流线型的身体、深叉形的尾巴，表明它是一个游泳高手，同时颌骨不断长出三角形牙齿，在泥盆纪晚期的海洋中捕食乌贼、小鱼和甲壳纲生物。

早期鲨鱼

盾皮鱼

盾皮鱼有一口终生不变的齿板，属有颌鱼类，在泥盆纪时期的海洋中十分常见。

盾皮鱼

石炭纪

随着海平面上升，地球气候变得温和湿润，陆地上出现了大片森林，河岸边的沼泽面积不断扩大。第一批爬行动物和第一批会飞的动物逐渐演化而成。石炭纪是一个主要的造煤时代，腐烂的植物大量堆积，形成厚厚的煤层，即现代的煤矿层，石炭纪便由此得名。

陆地大部分处于热带，在温暖湿润的气候下，长满了广阔的森林。森林里有高大的蕨类植物。在石炭纪晚期，爬行动物三个主要类群的代表都已出现。

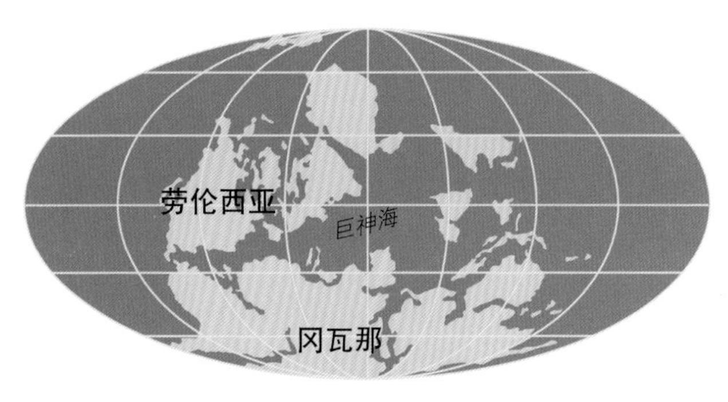

石炭纪大陆位置

大部分陆地组成了两块超大陆，相互靠近。

已知最早的爬行动物是林蜥，属于爬行动物中最原始的无孔类。比林蜥出现稍晚的有双孔类的代表油页岩蜥和下孔类的代表蛇齿龙。

大尾蜻蜓

大尾蜻蜓又叫巨脉蜻蜓，翅膀展开可达 75 厘米，是已知地球上曾出现的最大的昆虫物种。

大尾蜻蜓

双孔类 油页岩蜥

下孔类 蛇齿龙

无孔类 林蜥

二叠纪

随着超大陆向北漂移，地球气候发生了巨大变化。特别是劳伦西亚地区，开始变得干旱少雨，沙漠面积也逐渐增大，这使得许多两栖动物因无法适应环境而灭绝，同时喜潮湿的树种开始衰退，更适应干旱环境的针叶树及其他种子植物出现。

二叠纪以地球上最大的一场物种灭绝而结束，一半以上的动物物种消失了。

二叠纪大陆位置

劳伦西亚超大陆和冈瓦那超大陆在二叠纪晚期连成一片，形成泛古陆超大陆。全世界海平面下降，内陆沙漠面积增大，许多近岸浅海逐渐消失。

笠头螈

随着二叠纪气候发生巨大的变化，大面积沙漠环境对两栖动物产生毁灭性的影响。众多的两栖类动物走向灭绝，笠头螈就是未能幸免的一种。

巨头螈

由于湿润的环境越来越少，后来许多两栖动物灭绝了，为爬行动物的繁衍进化提供了空间。巨头螈为爬行动物中的一种，四肢粗壮，尾巴较短，背部有由骨质鳞甲重叠的甲胄，用来防御凶猛食肉动物的侵害。以陆地上的小动物为食。

基龙

基龙是巨大的植食性盘龙类，背上巨大的帆可能是调节体温之用。

异齿龙

巨大的肉食性异齿龙也是盘龙类，背上同基龙一样均有巨大的帆。

三叠纪

会飞的爬行动物**蓓天翼龙**

三叠纪大陆位置

泛古超大陆连在一起，横跨赤道，上下连接南北两极。当时两极也没有冰帽覆盖。

翼龙

翼龙是已知最早的会飞行的爬行动物。它们飞行能力很强，翅膀由很薄的皮肤薄膜组成，一端连接着大腿，另一端连接着前爪的第四指。

异平齿龙

异平齿龙

异平齿龙的上颌长有多排粗厚的牙齿，下颌只有一排牙齿，当它们进食时，可以用尖锐的喙状嘴有效地切割植物。

三叠纪是“恐龙的崛起时代”，这时期地球气候炎热干燥，大陆中心是荒凉的不毛之地。经过二叠纪晚期的物种大灭绝事件，直到三叠纪中期生命才逐渐丰富多彩起来，而恐龙直到晚期才进化出现。但这时恐龙的数量、种类都较少，且体型较小，并没有真正影响、改变陆地动物的生活。

始盗龙

在目前发现的诸多恐龙中，始盗龙是非常原始的一种。它能够快速奔跑，捕捉猎物，并会用指爪及牙齿撕开猎物食用。

最初的恐龙
始盗龙

侏罗纪

侏罗纪开始时，恐龙已在陆地动物中建立了自己的霸权地位。这时期气候温暖而潮湿，为庞大的植食动物提供了充足的食物，同时也为它们的进化创造了理想条件。因此恐龙逐渐分化为多支，当然期间也有一些恐龙因为灾难而灭绝了，比如鲸龙。

侏罗纪大陆位置

劳伦西亚超大陆和冈瓦那超大陆逐渐分裂成现代大的大陆板块，北美洲、欧洲、大洋洲、南极洲、非洲和南美洲开始形成。

新型翼龙

侏罗纪晚期进化出新型翼龙，它们尾巴缩短，在空中飞行更灵活。

滑齿龙

滑齿龙是侏罗纪中晚期欧洲海洋中的顶级掠食动物。它外形很像鲸鱼，捕食巨大的枪乌贼和鱼龙。

白垩纪

进入白垩纪，恐龙已经生存了八千多万年，这时期不仅出现了最早的开花植物，同时又有一些比较著名的恐龙进化出现，比如鸭嘴龙、泰坦龙、甲龙、霸王龙等。如果恐龙继续这么延续下去，它们无疑将继续统治地球，但是到了白垩纪晚期，一场突如其来的大灾难将恐龙和大部分爬行动物灭绝。而这也为后来哺乳动物，包括人类的出现提供了条件。

白垩纪大陆位置

海平面升高加速了超大陆的分裂过程，各大洲和大洋逐渐形成。南极洲几乎要到达现在所在的南极点，而欧亚大陆和北美之间仍有大陆桥相连。

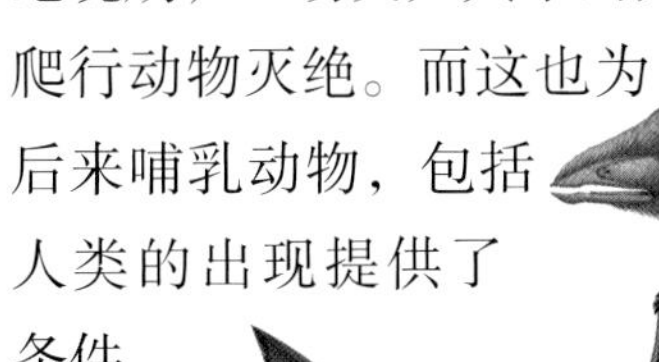

掠海翼龙

李氏凤凰翼龙

风神翼龙

白垩纪的天空依然是翼龙的天下。这一时期，翼龙的体形进化达到了巅峰，出现了地球史上最大的飞行动物——风神翼龙。

开花植物

三角龙

以三角龙为代表的角龙家族出现于白垩纪晚期，是这一时期最著名的植食恐龙。

沧龙

沧龙是白垩纪时期称霸海洋的顶级掠食者。它不仅对猎物凶猛残暴，有时同类之间也会拼得你死我活，往往把对方打得遍体鳞伤甚至粉身碎骨。

第一批地球征服者——无脊椎动物

无脊椎动物是一类原始、形态多样的族群，分布于世界各地，数量超过100万种，其种类约占世界动物总种类数的95%，主要包括海绵动物、棘皮动物、软体动物、腔肠动物、节肢动物、线形动物等。无脊椎动物除了没有脊椎和坚硬的内骨骼，几乎没有共性。

节肢动物	节肢动物在无脊椎动物中是数量最为庞大的一个门类，主要特点为：每个体节上都有1对分节的附肢，又叫节肢，主要用于爬行和游泳；体有外壳，且壳会随着成长过程脱换。不少节肢动物的祖先在寒武纪时便已发展健全，现在几乎在地球上任何地方都有它们的身影，比如蜈蚣、虾、蟹、蜘蛛及各类昆虫。
软体动物	软体动物形态差异较大，共同特征较少，主要为：体柔软而不分节，包括头、足和内脏团三部分；大多数具坚硬的外壳。 （1）大王乌贼腕展开可达12米长，是最大的软体动物。 （2）海螺是最小的软体动物，体长仅1厘米长。 （3）蛤、牡蛎、扇贝、贻贝等水生软体动物可食用，现在多养殖或捕捞。 （4）石鳖头部不发达，是一种行动迟缓的软体动物。

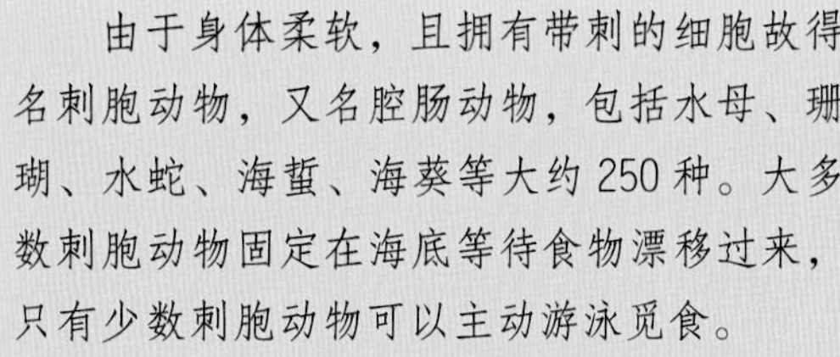

水母

刺胞动物

由于身体柔软，且拥有带刺的细胞故得名刺胞动物，又名腔肠动物，包括水母、珊瑚、水蛇、海蜇、海葵等大约250种。大多数刺胞动物固定在海底等待食物漂移过来，只有少数刺胞动物可以主动游泳觅食。

（1）水母是最大的刺胞动物，出现甚至比恐龙还要早。1870年，曾在美国发现一只北极霞水母，伞状体直径约2.28米，触手长可达36.5米，是目前发现的最大的水母。

（2）水蛇。

（3）珊瑚。

珊瑚

海星

水蛇

棘皮动物

棘皮动物是身体呈辐射对称、表皮布满棘的无脊椎动物，现在包括海百合纲、海参纲、海星纲、海胆纲、蛇尾纲五类。棘皮动物没有大脑，还没有在淡水水域发现，几乎全部生活在海底。

（1）海参几乎遍布全世界海底。

（2）海星的再生能力很强。

（3）长棘海星拥有锋利的针刺，每一根都可以向猎物注射大量毒液。

海参

水蛭

环节动物

迄今为止已在世界各地发现了超过1.2万种环节动物，其主要特点为：身体长圆柱形或长而扁平，由连续的多个分节组成。环节动物约3500种，遍布海水、淡水和土壤中，少数寄生。

（1）水蛭又称蚂蟥，是我国传统的特种药用水生动物。

（2）蚯蚓生活在土壤中，昼伏夜出，以茎叶、粪便、垃圾、泥土等为食。

蚯蚓

多孔动物

多孔动物又称为海绵，在过去很长一段时间被认为是植物。其实，它们是一种结构非常简单的动物，通常吸附在海底，以滤食海中生物为生。

海绵

牡蛎

遍布海陆空的脊椎动物

脊椎动物是人类非常熟悉的一类动物，但是在动物界数量比较少，目前被划分为：鱼类、两栖类、爬行类、鸟类和哺乳类。尽管外形、习性各不相同，但它们有着共同特征：脊柱由脊椎骨连接而成，并支撑着身体。

鱼类	鱼类是地球上最早出现的脊椎动物，可追溯到距今约 4.1 亿年前。现在世界上大约有 3.2 万种鱼，它们在水中生活，用鳃呼吸，具鳍，体温不恒定，属于卵生动物。 （1）鲤鱼现在是养殖最为广泛的淡水鱼类。但是在唐代，因为与唐皇室李姓同音，因此被禁止养殖、捕捞、销售和食用。 （2）青鱼、草鱼、鲢鱼、鳙鱼俗称四大家鱼，也是我国人民最为熟悉的四种食用鱼类。
两栖类	两栖类出现于泥盆纪时期，距今约 3.7 亿年前，是一种从水生过渡到陆生的脊椎动物，因此具有水陆两种动物的双重特性，即平时生活于潮湿的陆地，但产卵时需要回到水中。 （1）中国大鲵化石出土于中国内蒙古，是目前发现的世界上最大的两栖类动物。 （2）斑腿树蛙产出的卵好像一团白色的肥皂沫，又像一团奶油，黏附在水草上。

爬行类

爬行类是最早完全生活在陆地的脊椎动物，祖先为两栖类。它们皮肤干燥，由鳞甲覆盖，从而保持水分。现存爬行类约5000多种，常见的有蜥蜴、蛇、龟、鳖、鳄鱼等。

（1）蛇的毒液是从蛇头两侧的毒腺中分泌出来的。毒液是一种非常特殊的物质，可以消化猎物。

（2）龟是世界上存活的唯一长着硬壳的爬行动物。

海龟——脚呈鳍状，方便游泳。

陆龟——脚爪有趾，没有蹼，利于在陆地行走。

淡水龟——趾间有蹼，可以游泳，也可以在陆地爬行。

鸟类

鸟类出现于三叠纪时期，距今约2.25亿年前。它们是由恐龙演化而来，掌握了飞行技巧，且全身布满羽毛，除了用于飞翔，还可保暖。

（1）鸟类十分善于筑巢，它们能搜集到许多材料建造出漂亮的巢。

（2）许多鸟类有迁徙习性，冬天来临前，它们成群飞往温暖的南方，第二年春天又飞回来。

（3）不是所有的鸟类都会飞行，世界上至少有40种鸟丧失了飞行能力。

哺乳类

哺乳类几乎和鸟类同时出现。它们是最高级的脊椎动物，主要特点为：体温恒定、运动能力较强、胎生等。现在根据繁殖方式，哺乳类又分为胎盘类、有袋类和单孔类。

（1）鲸鱼外形很像鱼类，实际属于哺乳动物。

（2）非洲象是现在世界上最大的陆生动物。在非洲热带草原上，生活着斑马、羚羊、瞪羚、长颈鹿等许多种哺乳动物。

史前霸主恐龙

大部分植食恐龙都过着群居生活，这样大大提高了对肉食恐龙的防御性。

似棘龙的头部长有一个像长号一样的通气管，可以用来发出声音。

第一批恐龙大约出现在 2.3 亿年前，最后一批灭绝于 6500 万年前，其统治地球的时间长达 1.6 亿年之久，这段时间在地球历史中被称为中生代，具体包括三叠纪、侏罗纪、白垩纪。而每一个时期，恐龙都有不同的演化特点。

霸王龙拥有巨大的头部和锯齿状的牙齿，是恐龙时代最令人敬畏的动物之一。

拥有大型颈盾的原角龙，虽然是植食动物，也可以用强有力的喙状嘴攻击其他恐龙。

剑龙的体甲由骨头平片结节形成，它们不是直接附着在骨骼上，而是长在皮肤上。

地球史上的五次生物大灭绝事件

生物灭绝又叫生物绝种，迄今为止在地球历史上已经发生了五次，每一次都堪称惊心动魄！这种现象具有一定的周期性，大约 6200 万年发生一次，每次都有许多种群的动物全部死亡，而那些幸存的物种则会很快适应新环境，并迅速发展进化；陆生植物的灭绝没有动物那样显著。

第一次生物灭绝

时间 奥陶纪晚期（距今约 4.4 亿年前）。

事件 大约 85% 的物种绝灭。

代表生物 笔石、珊瑚、海百合、鹦鹉螺、三叶虫。

第一次物种大灭绝又被称为奥陶纪大灭绝。这段时期的地球表面海洋面积十分广泛，大部分地区都被海水覆盖。随着晚期气候变冷，大片冰川的形成和大气环流变冷，使得地球温度迅速下降，于是丰富的海洋生态系统被破坏，导致了 85% 的物种灭绝。

第二次生物灭绝

时间 泥盆纪晚期（距今约 3.65 亿年前）。

事件 海洋生物遭到重创。

代表生物 鲨鱼、菊石、盾皮鱼、肺鱼、棘螈。

第二次物种大灭绝又被称为泥盆纪大灭绝。这时期陆地上分布了大大小小的植物，出现了地球上第一批树木，也首次有了沙漠；而海洋中鱼形动物空前发展，出现了各种各样的鱼，因此泥盆纪也被称为“鱼类的时代”。不过，同样由于地球气候变冷和海洋退却，海洋生物遭受灭顶之灾，几乎全部灭绝。

第三次生物灭绝

时间 二叠纪晚期（距今约 2.5 亿年前）。

事件 陆地物种约 75% 灭绝，海洋生物约 96% 灭绝。

代表生物 盘龙、巨头螈、巨蜥龙、埃斯特短角蜥。

第三次物种大灭绝又被称为二叠纪大灭绝。这是地球上有史以来规模最大、最惨烈的一次灭绝事件，地球上的生命几乎全部灭绝。陆地上，代表性的两栖动物和肉食爬行动物彻底消失，昆虫类也大批死亡。海洋中的情况更糟，古老的海百合、珊瑚等群落被一扫而光，生存了三亿年之久的三叶虫也被完全葬送。至于这次大灭绝的起因，古生物学家认为是由气候突变、陨石突变、火山爆发、陆地沙漠化等一系列原因造成的。

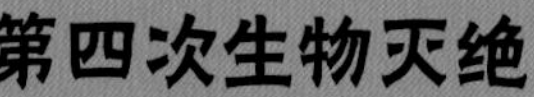

第四次生物灭绝

时间 三叠纪晚期（距今约 2 亿年前）。

事件 爬行类动物遭到重创。

代表生物 古蜥、南蜥龙、比斯特龙、飞龙、原龙。

第四次物种大灭绝又被称为三叠纪大灭绝。这次事件非常迅速，并没有特别标志，许多看上去可能会繁盛的爬行动物种群消失，而那些大型动物反而幸存下来，比如恐龙。其原因可能是大型陨石撞击所致。

第五次生物灭绝

时间 白垩纪晚期（距今约 6500 万年前）。

事件 恐龙灭绝，同时还有许多爬行动物灭绝。

代表生物 霸王龙、沧龙、古海龟、硬骨鱼。

第五次物种大灭绝又被称为白垩纪大灭绝、恐龙大灭绝。这是地球史上第二大生物灭绝事件，约 75% ~ 80% 的物种灭绝，其中最著名的当数统治地球近 1.6 亿年的恐龙从此灭绝。其原因主要认为是由小行星撞击或火山爆发所致。总之，这次灾难使辉煌的爬行动物时代画上了句号，同时也开启了哺乳动物进化的时代。

恐龙尺寸一览

恐龙究竟有多大？下面是恐龙与现代人类、非洲象及鲸的对比。

毫无疑问，蜥脚类恐龙是目前已知在地球上生活过的最大的陆地动物，其体重可能是现在活着的四肢动物（比如大象）的15倍左右。

和植食恐龙相比，肉食恐龙的体型明显小很多。

存活至今的恐龙后代

现代鸟类被认为是从恐龙演化而来——一种长着羽毛、掌握了飞行技巧的“恐龙”，恐龙是鸟类的祖先。而事实上，迄今为止已发现了许多恐龙带有羽毛和恐龙会滑翔的化石证据，因此这种观点在生物界得到普遍认同。在白垩纪晚期的大灭绝中，恐龙、翼龙全部灭绝，但是鸟类却幸存下来，并作为恐龙的唯一后代存活至今。关于这一切，至今仍是个谜。

恐龙和鸟类的演变示意图

很久以前，一些小型兽脚类恐龙进化出了羽毛，比如中国蜥翼龙。它的身体上长有绒毛状的羽衣，脖子和脊背上还长出了羽冠。不过，这种羽毛还无法用于飞翔。

长出羽毛的恐龙在陆地上跳跃着追捕猎物，于是前肢慢慢变得强健，并进化出了能够暂时飞离地面的特大型羽毛。

白垩纪时期，鸟类的数量和种类更多，同时体型越来越小，尾羽逐渐变短，翼爪退化消失，外貌与现代鸟类较像。

谁首先提出了恐龙和鸟类的进化关系?

赫胥黎是英国博物学家。在一次研究实验中，他比较了兽脚类恐龙巨齿龙和现代鸟类鸵鸟的后肢后，发现二者有共同特征，而这种特征却没有在恐龙和其他动物身上发现。因此他第一个提出了鸟类和兽脚类恐龙可能有着密切的亲缘关系。从此揭开了“恐龙向鸟类演化”的研究序幕。

孔子鸟

孔子鸟是迄今发现的第一种拥有真正角质喙嘴的鸟类，而雄性孔子鸟还带有长长的尾羽。它们在空气的托浮下，可以飞翔。

孔子鸟化石

羽毛化石

1996 年，在辽宁发现了世界上第一个长羽毛的恐龙化石“中华龙鸟”。这种恐龙身上长着黑色如头发丝的原始羽毛，为恐龙从鳞甲发展到羽毛提供了重要的信息，同时揭开了鸟类的羽毛是如何形成的这一谜题。

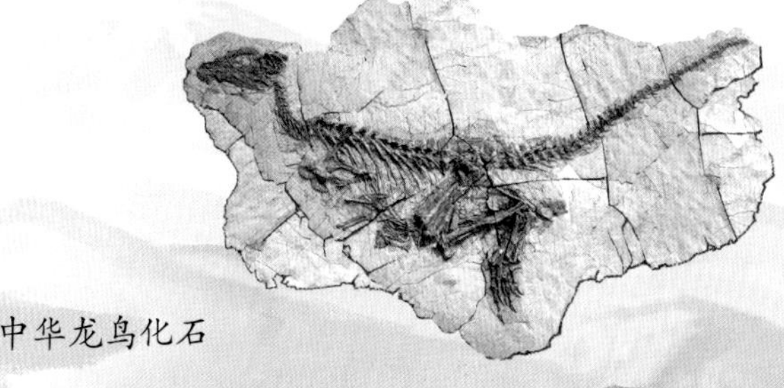
中华龙鸟化石

飞翔化石

小盗龙化石的出土为恐龙如何学会飞翔提供了线索。它们的四肢没有长长的飞羽，但全身披挂着羽毛，因此能在树林间滑翔。这可能就是早期鸟类的飞行方式。

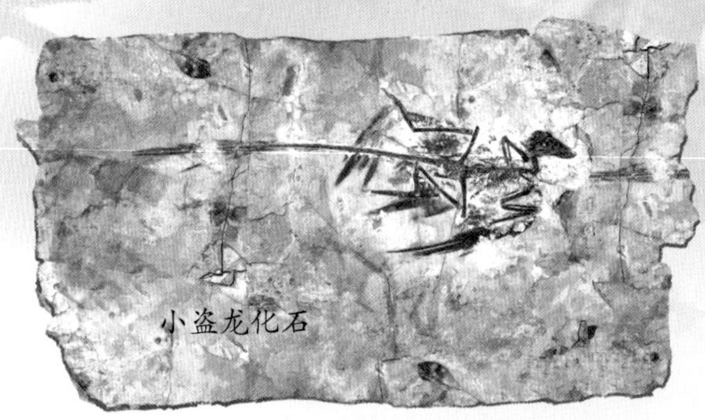
小盗龙化石

牙齿

早期的鸟类长着牙齿，后来进化的鸟类没有牙齿。

带有羽毛的近鸟龙化石

除了鸟类，一些爬行动物也逃过了白垩纪时期的巨大灾难，并在温暖潮湿的环境中迅速繁盛起来，成为现代爬行动物的重要成员。其中鳄鱼被认为和恐龙有着共同祖先。

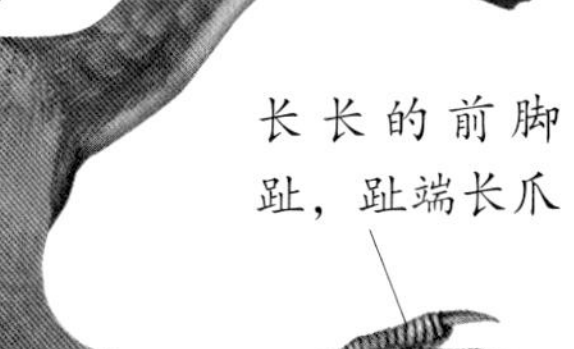

灵活的长脖子

长牙的喙状嘴

僵硬，多骨的尾部

长长的前脚趾，趾端长爪

三个向前指的后脚趾

美领龙

始祖鸟

始祖鸟与美领龙有许多相似之处。20世纪50年代发现的一只始祖鸟的化石曾被误以为是美领龙的化石，直到发现了羽毛的模糊轮廓，才辨明它的身份。

第二章 探秘恐龙王朝

如果把漫长的地球史浓缩为一个小时，那么恐龙从出现到灭亡大约只生存了两分钟。但是，它们却在地球史上留下了浓墨重彩的一笔，其惊心动魄、多彩多姿的称霸旅程使人类对它们充满了无穷无尽的探究欲望。

认知恐龙

自从第一块恐龙化石被发现，这种巨大的动物就给人类带来了无穷的想象，而关于它们的知识，全部来自于对其化石的研究。

什么是恐龙

恐龙在三叠纪早期，由最初的爬行类初龙进化而来，但是有区别于爬行动物的特征。它们最初被发现时，由于化石巨大，且之前从未发现过类似化石，因此被认为是一种大型蜥蜴，故得名 dinosaur，意思是“恐怖的蜥蜴”。但在我国和日本，dinosaur 一般被翻译为“恐龙”。

恐龙骨骼图解

通过对恐龙骨骼的分析和认识，可以更加深入地了解恐龙的身体结构和特征。图为一只三角龙骨架图。

恐龙的主要特点

生存时间于中生代（距今2.45亿年～6500万年前），外形、习性各不相同。

恐龙只在陆地生活，天空中的翼龙、海里的鱼龙等不是真正的恐龙，它们只能称为是恐龙的亲戚。

恐龙如何分类

迄今为止，已发现了大大小小、形态各异的恐龙超过600种。随着恐龙化石的不断发现和研究，科学家们发现，恐龙实际上包含着两类差异很大的动物群体。如同牛和马，虽然都属于有蹄类动物，但前者是偶蹄类，后者是奇蹄类。而两类恐龙的主要差别表现在腰带上。

按腰带分类

蜥臀类恐龙

蜥臀类恐龙大小悬殊，小的只有一只小鸡那么大，而大的可以有几十米长。其中颈短、头大、前肢短、后肢长，两足行走的被称为兽脚类；而颈长、头小，四足行走的被称为蜥脚类。

蜥臀类恐龙有像蜥蜴一样的臀部

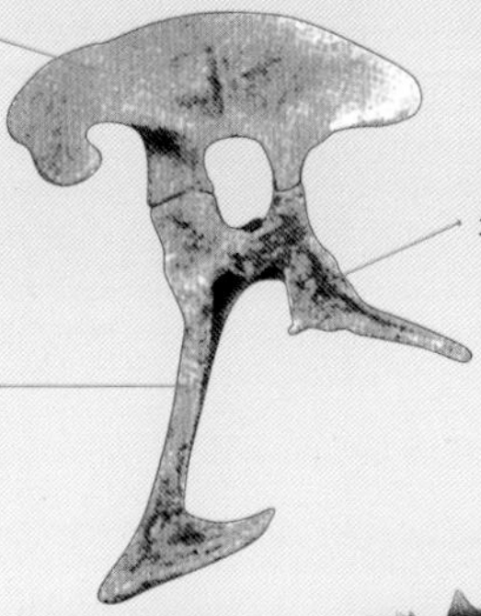

凶猛的肉食兽脚类 胜王龙

大型植食蜥脚类 阿马加龙

鸟臀类恐龙

鸟臀类恐龙有两个共同特点：两足或四足行走、食素。由于以植物为食，相比肉食恐龙，它们就缺乏必要的“攻击性装备”，于是它们只好把自己保护起来。保护的方式多种多样，比如甲板、甲片、棘刺、角等，这使得鸟臀类恐龙的外形看上去丰富多彩。

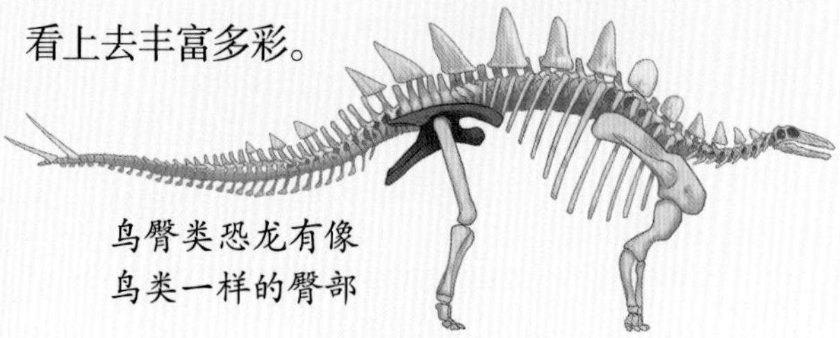

鸟臀类恐龙有像鸟类一样的臀部

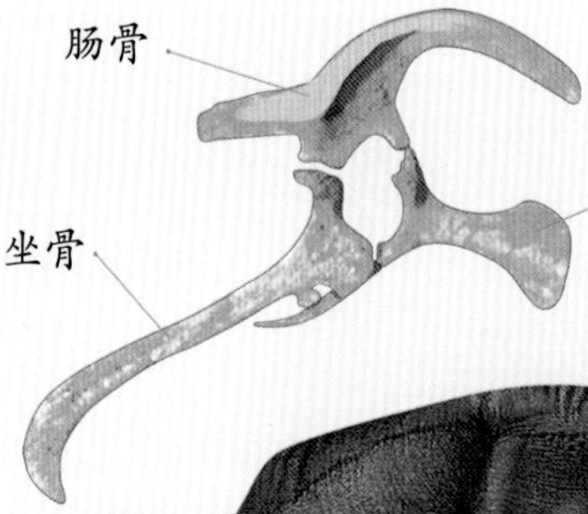

鸟脚类 慈母龙

角龙类 三角龙

认识恐龙的腰带

腰带，俗称骨盆，由肠骨、坐骨和耻骨 3 对骨头组成。这 3 块骨头的形态和排列方式揭示着恐龙在行走、生殖等方面的差异。恐龙在这个关键结构上表现得尤为明显，因此科学家便用腰带对其进行了分类。

按食性分类

肉食恐龙

这类恐龙身体强健，牙齿长而尖锐，呈匕首状，边缘有锯齿，颌骨结实，一般前肢短，后肢长，直立行走，善于奔跑。体型较小的肉食恐龙常常几只聚在一起行动，而体型较大的则选择单独行动。它们的食物主要有植食恐龙、昆虫、蜥蜴和哺乳类动物。

植食恐龙

这类恐龙以灌木、羊齿植物、树叶、树枝等为食，多为四足行走，头小体大，牙齿呈勺状、棒状或者叶片状。植食恐龙不具备进攻性武器，但部分有防御性结构，比如骨板、骨刺或角等。

肉食恐龙牙齿锋利呈尖刀状

植食恐龙牙齿平滑呈勺状或棒状

群居的小型肉食恐龙

不具备进攻性武器的植食恐龙

独行的大型肉食恐龙

有防御性结构的植食恐龙

恐龙的祖先

体型巨大的恐龙如何起源的呢？原来，恐龙是由一类长得较小的初龙进化来的。初龙类中有一类小的肉食动物，属于槽齿目假鳄类的兔鳄或假兔鳄，人们在三叠纪早期的岩层中发现了它的化石。

兔鳄大约有 1 米长，背有甲板，如果把它的头骨放大、加高，与早期恐龙头骨化石很相似。兔鳄的腰带上有 3 块骨头，已经呈三射形。兔鳄的前肢较短，后肢较长，当它追捕猎物的时候，常前肢抬起而用后肢奔跑，尾巴翘起，以保持身体的平衡。经过长时间的适应变化、自然选择，这种小动物的后肢变得长而有力，成了主要的运动器官，这也就让它的身体构架发生了变化，身体的重心支点转移到臀部，重量也加在了腰带上，腰带变得更加坚强，彼此愈合得更加坚固，后肢直立起来。而出现较早的始盗龙恰好是如此。因此，恐龙的祖先被认为是小型的兔鳄。

恐龙的进化过程

在中生代时期，爬行动物是地球上的霸主，任何其他动物都不是它们的对手。恐龙主宰着陆地，而天空和海洋被其他爬行动物成功占据。

到了三叠纪晚期，恐龙才真正出现。其祖先大约是 2.9 亿年前的某些早期的槽齿类动物。它们和鳄鱼长得非常相像，后来演化成用双脚行走的动物。恐龙出现后，并没有及时成为那个时代的主角。许多爬行动物为争夺统治权而进行你死我活的争斗，比如扁肯氏兽、波斯特鳄，而刚刚出现的恐龙只能在夹缝中生存。

三叠纪晚期爆发了一次大灭绝事件，几乎所有的动物和植物都死亡了，但是，恐龙却幸存下来。于是当进入侏罗纪时，恐龙轻而易举地在陆地动物中占据了主要地位，建立了自己的霸权地位。它们甚至已经分成好几支，数量、种类越来越多。

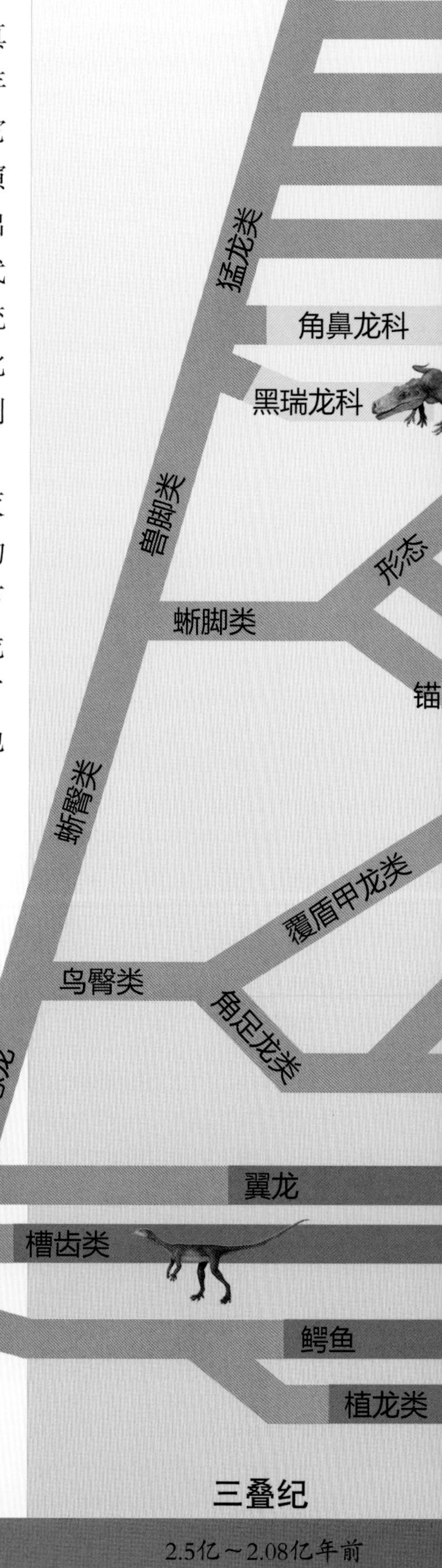

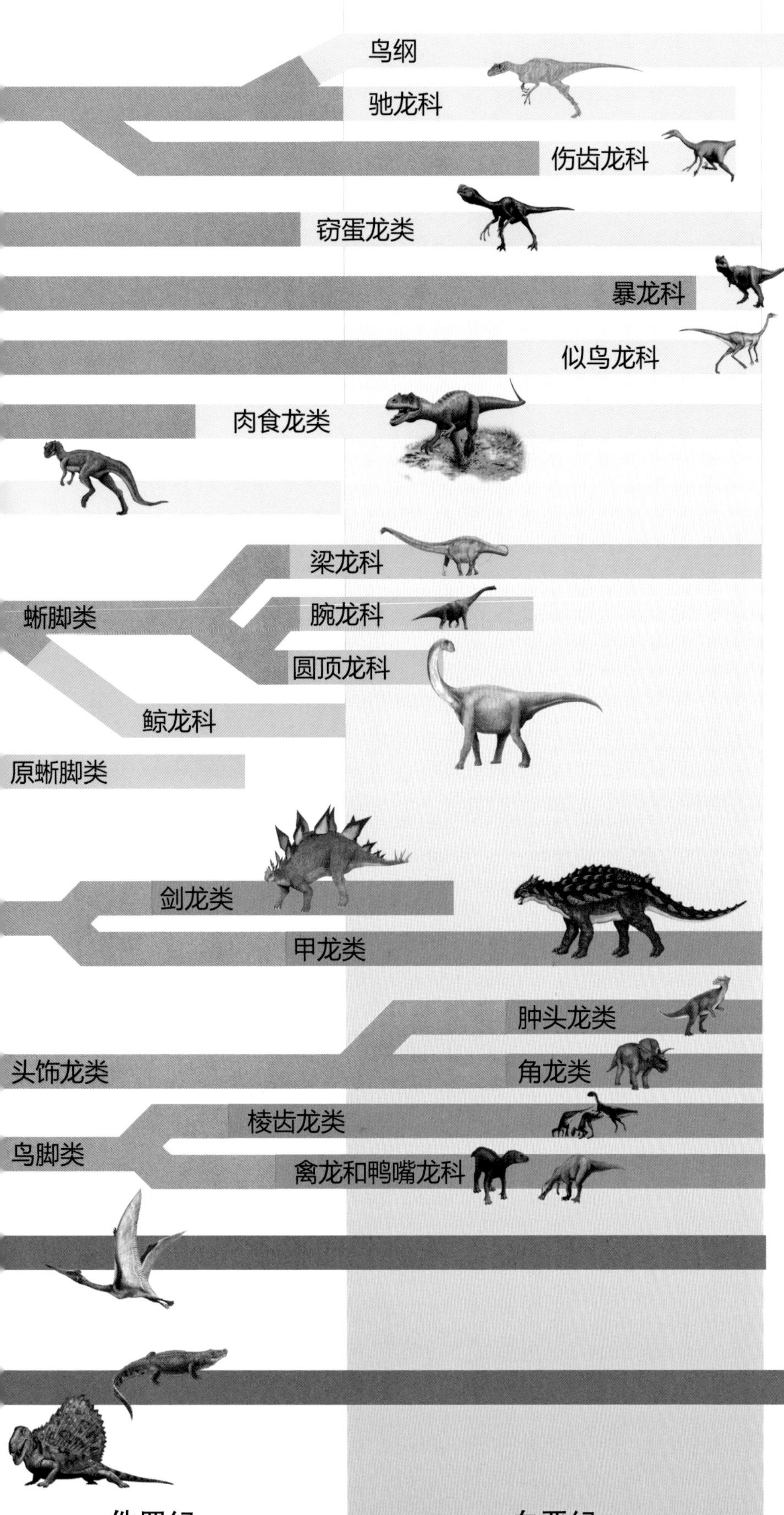

当然，恐龙在迅速发展的过程中，也遭遇了各种灾难，鲸龙等好几种恐龙都消失了。另外，这时期的海洋中出现了蛇颈龙、幻龙等新的海洋爬行动物，空中也有翼龙开始活动。它们都是恐龙的邻居。

进入白垩纪，恐龙迎来了自己的黄金时代。它们经过八千多万年的发展，已经没有外来对手，族群内部植食恐龙与肉食恐龙的竞争成了世界上最激烈的斗争。在爬行动物时代的最后岁月里，几种新的恐龙出现了，包括鸭嘴龙科、泰坦龙科和暴龙科；而海洋中的蛇颈龙科和鱼龙科被更为强大的沧龙科取代；天空则依然由翼龙主宰。

在6500万年前，恐龙和其他爬行动物突然全部消失。这宣告了中生代的结束，同时也意味着辉煌的爬行动物时代成为了历史。

鸟类的进化过程

恐龙在鸟类的进化过程中起到了重要作用，因此许多科学家认为，今天的鸟类实际就是蜥臀类恐龙的后代。不过，鸟类的进化伴随着恐龙的生存和发展，也经历了漫长的过程。

大约在三叠纪中期，鸟类的祖先从原始的爬行动物槽齿类的蜥龙分出来一支旁系，这时候的鸟叫做古鸟亚纲，代表有始祖鸟和原鸟。始祖鸟和原鸟都具有羽毛，且后者还有很多特征和蜥龙中的秃顶龙很像。由于这两种鸟是分开进化的，所以现在普遍认为现代鸟是由原鸟进化而来。

进入白垩纪，古鸟亚纲已经灭绝，进化出来了今鸟亚纲。其中，已灭绝的齿颌总目还具有牙齿，基本为水生，代表有黄昏鸟目和鱼鸟目等。

白垩纪中期开始，出现了突胸总目，即我们现在看到的鸟类；随后又进化出了平胸总目的鸵鸟和企鹅总目。

哺乳动物的进化过程

什么是哺乳动物呢？简单定义就是出生后需要哺乳的动物。现生的哺乳动物有单孔类和兽类。单孔类，是卵生的哺乳动物，仅产于大洋洲。兽类又分为有袋类和胎盘类，前者主要产于澳洲和南美洲，胎儿出生时未发育完全，需在育儿袋中抚育一段时间，比如大袋鼠、考拉等；后者则包含了所有其他现生哺乳动物，如牛、马、狗以及人类等。

而关于恐龙和哺乳动物之间的进化关系。有人认为，6500 万年前恐龙的突然灭绝，使得哺乳动物迅速发展，并成为新的地球主人。实际上，恐龙灭亡时哺乳动物还非常小，介于鼩鼱和猫的体型之间，并没有迅速繁荣起来。一直过了几千万年，现代哺乳动物——如啮齿类、猫科、马、大象以及人类的祖先才逐渐进化而来。

化石证据分类彩条（哺乳动物）

胎盘动物　单孔目动物
有袋类动物　多锋齿动物
原始哺乳动物

柱齿兽
三尖齿兽类
单孔目
犬齿类　摩尔根兽
始祖

化石证据分类彩条（鸟类）

平胸总目　黄昏鸟目
真鸟　反鸟亚纲
鱼鸟超目　原始鸟类

鸟纲
兽脚类

三叠纪　2.5亿～2.08亿年前

侏罗纪　2.08亿～1.45亿年前

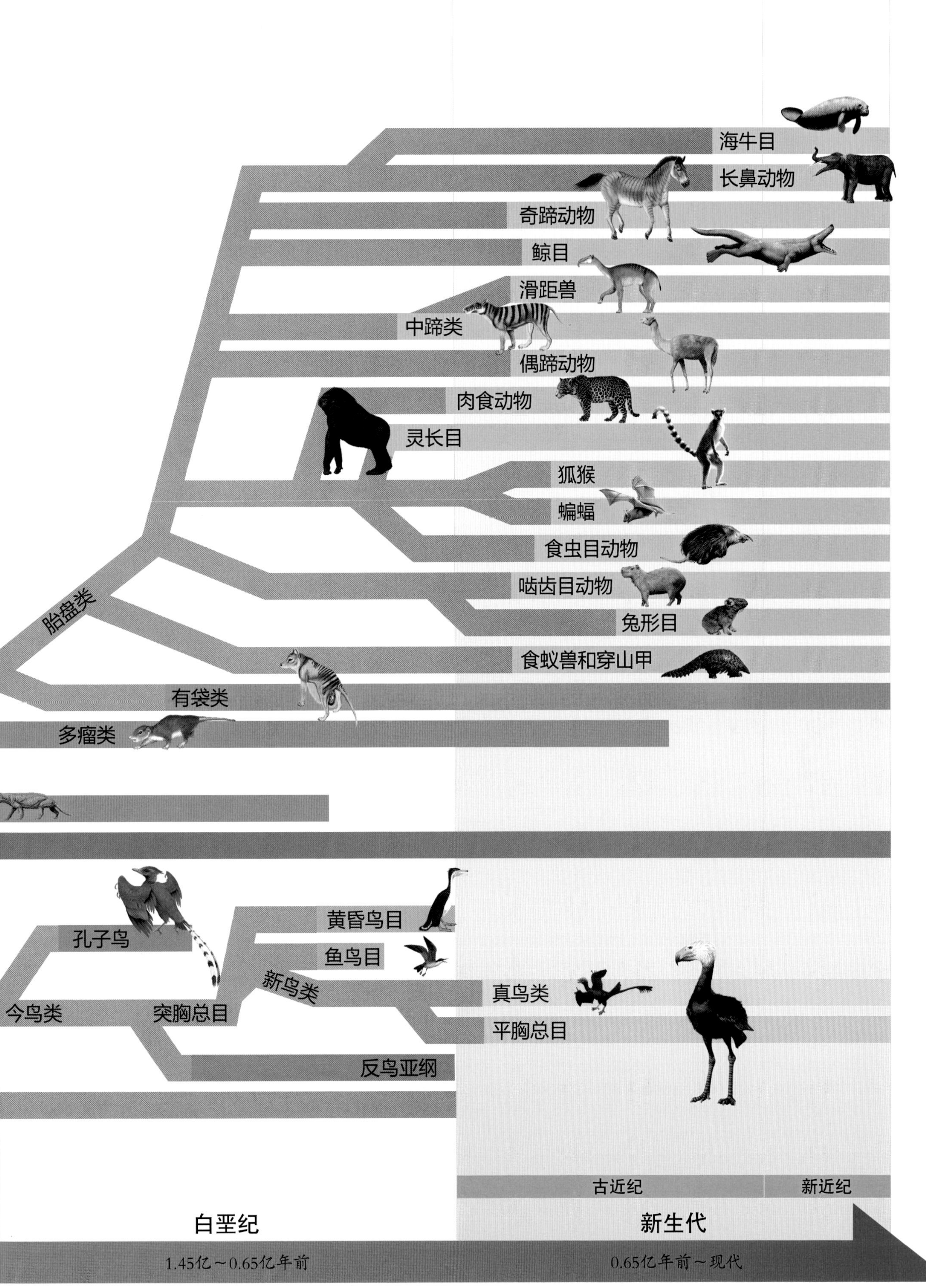
海牛目
长鼻动物
奇蹄动物
鲸目
滑距兽
中蹄类
偶蹄动物
肉食动物
灵长目
狐猴
蝙蝠
食虫目动物
啮齿目动物
兔形目
食蚁兽和穿山甲
胎盘类
有袋类
多瘤类
孔子鸟
黄昏鸟目
鱼鸟目
新鸟类
真鸟类
平胸总目
今鸟类
突胸总目
反鸟亚纲
古近纪
新近纪
白垩纪
新生代
1.45亿～0.65亿年前
0.65亿年前～现代

早期的恐龙

目前发现生存时间最早的恐龙有三种，分别是：丁字龙、埃雷拉龙和始盗龙。它们的化石全部保存于三叠纪晚期的地层中，而这时也正是恐龙的出现时期。因此古生物学家认为，这三种恐龙代表了早期恐龙的外形。

丁字龙

丁字龙化石最先发现于巴西，是一具不甚完整的骨架，长约2米，头部较大，口内有刀刃般的牙齿，属肉食恐龙的特征；后肢细长，两足行走，善奔跑。由于臀部化石至今未发现，因此无法确定属于鸟臀类还是蜥臀类。

埃雷拉龙

埃雷拉龙发现于阿根廷，身长约5米，重约180千克，是一种迅猛敏捷的肉食恐龙。它们长有长长的爪子，上下颌骨十分强壮，锯齿状牙齿长约6厘米，可以撕裂并吞下“大块头”。此外，古生物学家还发现了埃雷拉龙的耳骨化石，显示其已具备听力。

始盗龙

始盗龙是迄今为止最原始的恐龙，体长只有1米，头骨长约12厘米。它的后肢粗壮，前肢短小，两足行走。上颌前端牙齿呈叶状，与植食恐龙牙齿类似，但后部牙齿呈锯齿状，与肉食恐龙类似。因此这是一种带有较多原始特征的恐龙，可能正处于进化的过渡时期。

莱索托龙

在南非出土的莱索托龙被认为是最原始的植食性恐龙，身体结构轻巧，眼睛大，嘴部有角质尖喙，下颌纤细，牙齿简单排成一排；前肢短，拇指有抓握能力，后肢的拇趾呈钉状，用后肢行走和奔跑。食物除植物外，还包括小昆虫。

生活习性

恐龙的种类非常丰富，生活习性也因“龙”而异。本节将带领大家对于其基本习性，如食物、运动、体型、繁殖、迁徙等，进行初步认识和了解。

怎样测算恐龙的体重

许多人对于这个问题都感到很好奇，古生物学家只是掌握了恐龙的骨架化石，有的甚至是一堆零散的骨骼或头骨，他们究竟是怎样测算出恐龙的实际体重呢？其实，只需要以下几步就可以了：

第一步，按一定的比例将骨骼化石缩小，做出被测恐龙的模型；

第二步，测量出模型恐龙的体积；

第三步，根据模型恐龙的体积和缩小比例，算出被测恐龙的实际体积；

第四步，由于现代鳄鱼与恐龙具有亲缘关系，因此古生物学家认为它们的身体密度差不多，于是用鳄鱼的密度乘以恐龙的实际体积，就能大概推算出恐龙的实际体重。

皮肤与伪装

相对于恐龙体型的研究，关于其皮肤形态、皮肤颜色的研究更为困难，尤其是后者的化石信息非常少。但目前可以肯定，恐龙的皮肤表面覆盖着角质的鳞甲、骨板、骨钉、骨刺或羽毛，而肤色也可能因为种群不同而差异较大。

恐龙的伪装

与现代爬行动物中的变色龙类似，一些巨大的植食恐龙也具有“变色”本领。它们在遇到危险或有需要时，不仅会通过表皮的色素细胞进行变色，还会通过血流量改变肤色，从而达到伪装效果。

似棘龙 似棘龙体长可达 10 米，却是霸王龙的猎食目标，于是它们常常把身体变成绿色或褐色，躲藏起来。

剑龙 剑龙的背部长着几排骨板，血液通过骨板和皮肤表层。它们也可利用骨板来调节身体的温度，当增加血液供应时，身体就会“羞得通红”。

恐龙肤色

关于恐龙的皮肤颜色几乎没有任何化石信息可追寻。现在古生物学家都是根据它们的同类——爬行动物进行推测，认为大型恐龙的肤色可能比较深，颜色灰暗，而小型恐龙的肤色可能会比较鲜艳一些，有的甚至是色彩斑斓。

恐龙的皮肤

肉食恐龙

皮肤粗糙，有一排排凸出体表的角质大鳞甲。

植食恐龙

身体表面有一层近于平坦的角质小鳞甲。

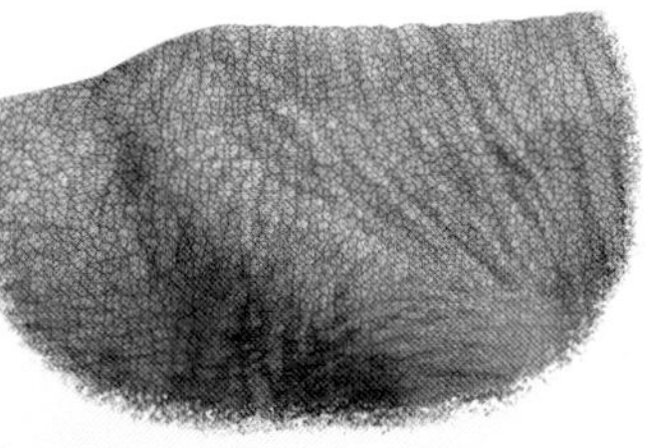

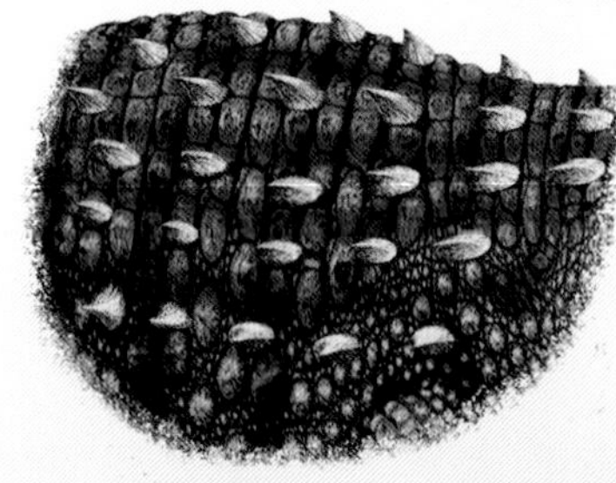

甲龙类恐龙

体表覆盖着甲板和骨钉、骨刺。

角龙类恐龙

表皮有瘤状突起物，瘤与瘤之间覆盖着小鳞甲。

关于恐龙声音的研究

古生物学家认为，中生代的地球不可能是一个无声的世界，处于统治地位的恐龙应该能发出声音。但是关于这点目前仍停留于推测，没有充足证据。不过有些恐龙的头骨结构也给予了人们这种想象的权利，比如鸭嘴龙、副栉龙等。

鸭嘴龙

鸭嘴龙头上长有棘突状饰物，内部有鼻管连接着鼻子和肺部，因此被认为能发出一种类似西洋乐器的声音。它们通过鸣叫与群体保持联系，寻找配偶。

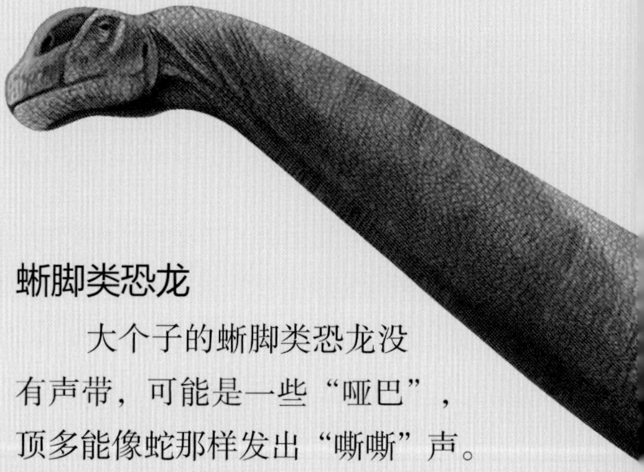

蜥脚类恐龙

大个子的蜥脚类恐龙没有声带，可能是一些“哑巴”，顶多能像蛇那样发出“嘶嘶”声。

似棘龙

似棘龙的肉冠上有一个长长的鼻管，且从原处折回，就像一个长号，形成了天然的共鸣腔。似棘龙只要鼓起两颊，用力把气流从鼻腔中吹出，就能发出声音。同时它们还可能利用鼻孔上的阀门控制声音的变化。

为什么说恐龙会发声?

对于恐龙，特别是植食恐龙，用声音来保持联系非常重要。比如，在进食时发出呼叫声，可以使大家聚集在一起不掉队；当肉食恐龙靠近时，可以发声警告，同时提醒同伴立即逃跑；而在繁殖季节，雄性恐龙也可能用声音呼唤雌性恐龙前来交配。

另外，动物发声有两种方法：靠身体摩擦发声和呼吸时带动声带振动发声。尽管至今并未发现恐龙的声带化石证据，不过古生物学家在恐龙的颅骨化石中，发现有容纳空气的空间和气管，所以恐龙很有可能会发出声音。

霸王龙

霸王龙也许能发出虎啸般的吼声，南美洲现生的宽吻鳄就能发出“如雷贯耳”的鸣声。

仿真恐龙

现在，在一些仿真恐龙的展示会上，商家会通过声、光、电等多种刺激让恐龙动起来并发出声音，从而带给人们很大的冲击力和震撼力！

恐龙是冷血动物还是温血动物？

现代的爬行类动物都属于冷血动物，比如蜥蜴、蛇、鳄鱼等，因此恐龙被发现后的很长一段时间，都被认为是一种冷血动物。直到 20 世纪 70 年代，一位美国科学家首次提出，恐龙可能像鸟类和哺乳类动物一样是温血动物（恒温动物），这才引起古生物界专家对这一问题的重视和研究。依据目前的研究情况分析，恐龙可能有的属于冷血动物，有的属于温血动物。

温血动物

体内有调温系统，通过新陈代谢保持稳定的体温，无论白天或夜晚，体温均可保持在35℃左右。代表动物：哺乳类、鸟类。

冷血动物

体温随着周围环境而变化，通常白天体温高，夜间体温低，晒太阳是其升高体温的手段之一。代表动物：爬行类。

关于恐龙的双重体温特征，主要来自于以下研究：

哈佛氏管

温血动物有一个重要的特点：如果动物幼体的骨骼生长迅速，那么就会产生拥有纤维和血管的“哈佛氏管”。而爬行类动物的骨骼只是拥有类似树木“年轮”般的痕迹。而法国巴黎大学的古生物学家利克雷教授对恐龙的骨骼进行解剖后发现，里面不是“年轮”，而是典型的哈佛氏管。虽然后来美国的一位动物学家证实运动也可在骨骼中形成哈佛氏管，但恐龙的哈佛氏管未必是运动所形成，因此恐龙是温血动物的观点依然得到了很多人的支持。

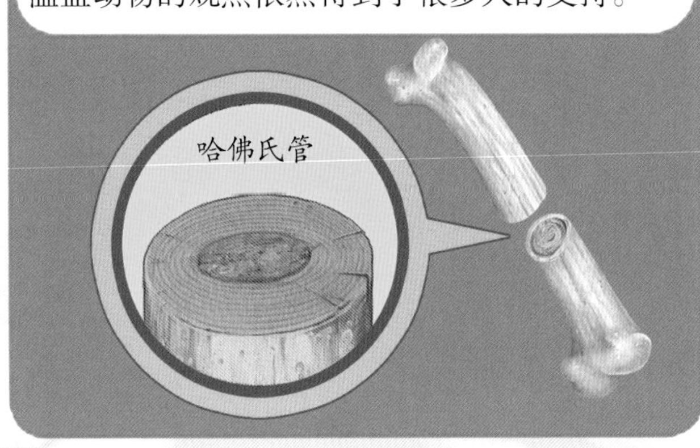

鼻甲

温血动物和冷血动物的鼻子部位有明显不同，那就是“鼻甲”。鼻甲由软骨或硬骨构成，覆有被膜。现有动物中，99%的恒温动物都具有一部分鼻甲，鼻甲可以使水分在呼吸系统中被循环利用。如果没有鼻甲，哺乳动物每天获取的水分中75%可能会很快地流失掉。而恐龙恰恰有鼻甲，这也是其成为温血动物的重要证据。

甲龙

心脏

如果是温血动物，恐龙就需要有一颗强大的心脏，以满足身体血液快速流通的需要，而且血液的流动路线应该是呈“8”字形，即双重循环系统。在2000年，古生物学家发现了一只奇异龙的心脏遗骸，通过医学扫描证实它的心脏确实有着双重循环，因此可能是温血动物。

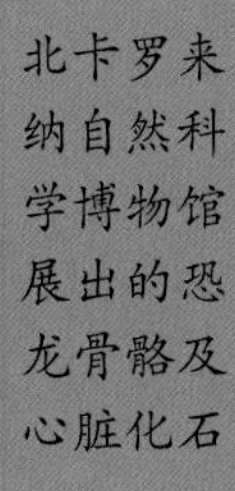
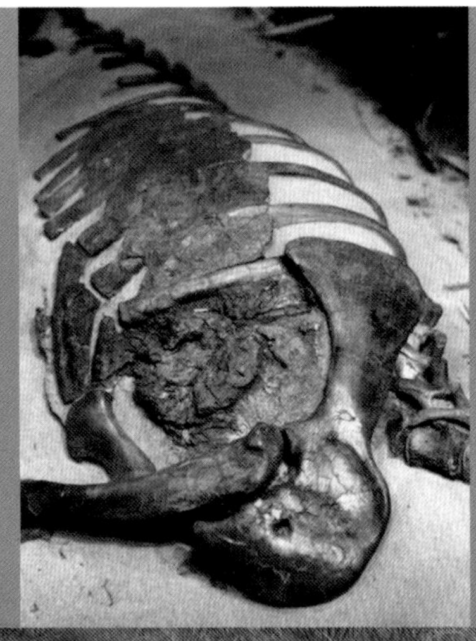
北卡罗来纳自然科学博物馆展出的恐龙骨骼及心脏化石

体型

温血动物维持体温稳定，离不开食物和运动，可是大部分植食恐龙都体型巨大，比如梁龙、阿根廷龙，如果它们是温血动物，每天需要吃多少食物、保持多少运动量啊！而这显然是不可能的。因此，目前这类身材巨大、行动缓慢的恐龙被认为是冷血动物，而那些行动敏捷的恐龙如虚骨龙则被认为是温血动物。

梁龙

虚骨龙

植食恐龙的食物和进食方式

尽管恐龙在刚出现时是肉食恐龙，但是随着进化发展，植食恐龙的数量逐渐增加。不管植食恐龙还是肉食恐龙，它们都具有相同形状的牙齿（个别恐龙无齿），称为同型齿。同型齿有撕咬的功能，没有咀嚼的功能，所以恐龙进食时都不能对食物进行咀嚼，只是囫囵吞下。

牙齿对比图

植食恐龙的牙齿大多数呈钉子状，且一生可以不断地更换。图为板龙、梁龙、异齿龙和剑龙的牙齿对比图。

板龙　梁龙　异齿龙　剑龙

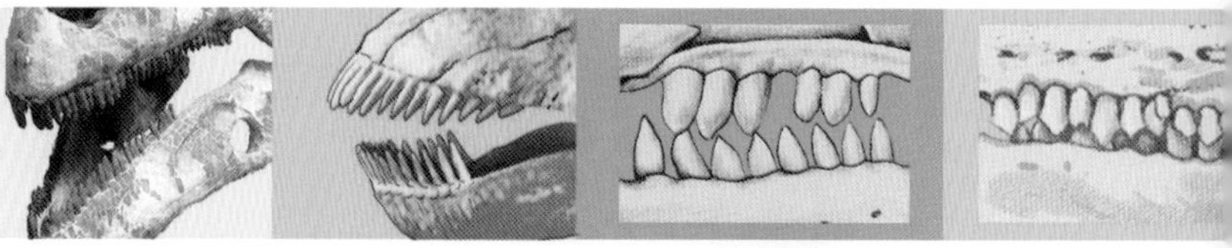

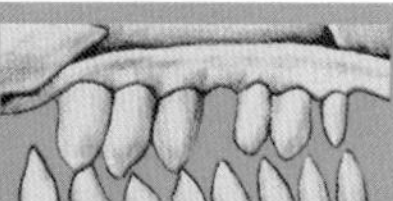

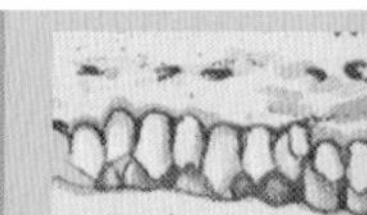

进食方式

蜥脚类恐龙　牙齿通常长在颌骨的前部，上下两排，只能咬下食物，无法咀嚼。

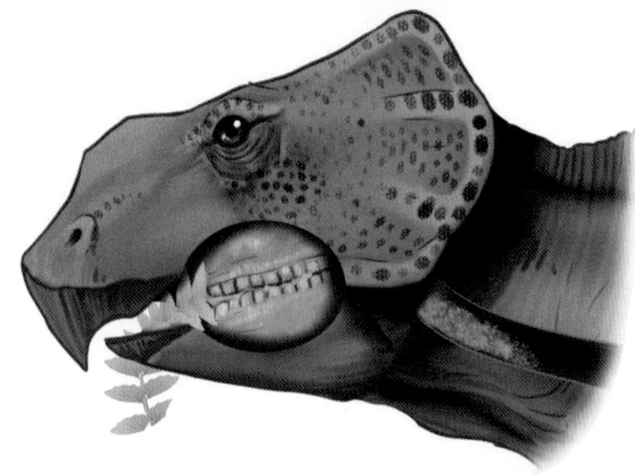

鸟脚类恐龙　嘴巴呈喙状，无牙齿。它们用喙咬下食物，送到口腔后部，再用此处的特殊牙齿将食物磨碎，送进胃里。大部分鸟脚类恐龙的颌骨后部长着少量牙齿，但是鸭嘴龙往往长着几百颗，十分罕见。

恐龙进食比较

原角龙体型较小，主要吃地面上低矮的植物

三角龙以低矮树木的树叶为食

腕龙体型巨大，可以吃到几十米高的树上的叶子

数量众多的植食恐龙由于进食不同地方的植物，因此减少了相互之间的竞争。

梁龙4小时内能吃1万平方米的苏铁林

植食恐龙的食谱

三叠纪时期

针叶树

侏罗纪时期

蕨类、苏铁类、木贼属等植物

白垩纪时期

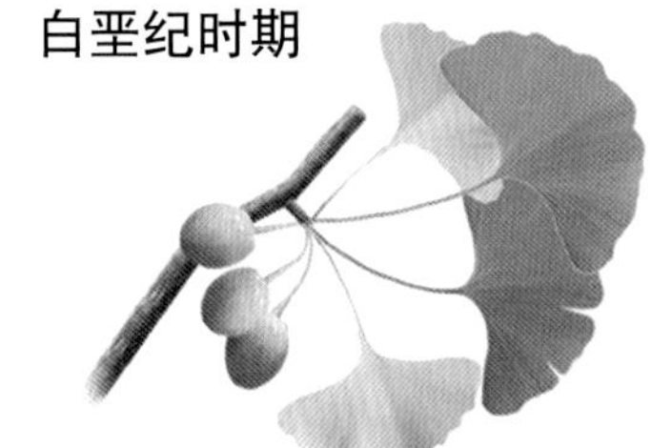

裸子植物、被子植物

胃石

胃石是在恐龙骨架化石的胃部或埋藏恐龙化石的岩层中发现的被高度磨光的小石子，几乎全部来源于植食恐龙，这与其无法咀嚼、“囫囵吞枣”的进食方式有关。另外，植食恐龙的身躯特别庞大，为了满足身体的需要，它们一天要吃下大量的树枝、树叶及其他植物，为了促进消化，它们只能吞下石子，利用石子在胃部的翻动过程来磨碎食物，从而达到消化目的。

胃石之最

目前在大部分植食恐龙的胃部都发现了胃石，大的像拳头，小的像鸡蛋，几乎都十分光滑。古生物学家曾经在美国新墨西哥州侏罗纪地层中挖出一条地震龙化石，它的肋骨间竟然有 230 颗胃石，这也是迄今发现胃石最多的恐龙化石。

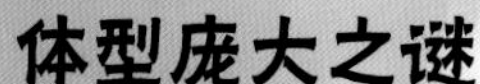

体型庞大之谜

同样是恐龙，但植食恐龙的体型明显比肉食恐龙大得多，这是为什么呢？其实，主要原因还是在于植食恐龙独特的身体结构和习性。

繁殖方式

研究发现，恐龙蛋大小一般与鸵鸟蛋类似，一窝数量几个至几十个，这样恐龙的生存机会比其他大型动物更多。

捕食范围

小小的头部使脊椎承受的重力较小，植食恐龙可以将脖子伸长，吃到高处或远处的食物，因此可以满足能量需要。

新陈代谢

恐龙的骨骼上有像树木年轮一样的生长线，这表示恐龙的新陈代谢很快，使得它们可以更快速地获得庞大体型。比如，非洲象一年体重大约增加 200 千克，可马门溪龙一年体重可增加 2000 千克，相差达 10 倍。

非限定生长

哺乳动物与爬行动物的生长方式不同。哺乳动物成年后，便衰老、死亡，寿命比较短，这种生长方式为限定生长。而爬行动物却具有无限的生长力，它们寿命比较长，只要它们不死，一辈子都在慢慢长个子，这种方式叫做非限定生长，这也使得恐龙可长成大个子。

盲肠发达

植食动物以植物为食，食量很大，特别是有些植物中含有大量难以消化的植物纤维，需要靠细菌在盲肠内帮忙分解，所以植食恐龙的盲肠特别发达。长而粗大的盲肠占据相当大的空间，因此植食恐龙的肚子很大，体型也显得很庞大。

阿根廷龙

庞大的身躯

阿根廷龙是迄今发现的最大的恐龙，体长可达 45 米，体重可达 100 吨。它们虽然行动笨拙，有点呆板，但是数十吨的身躯令人望而生畏，即使是再凶猛的肉食恐龙也不敢贸然进犯，因此阿根廷龙几乎没有任何天敌。

植食恐龙的防御大战

恐龙时代其实也是一个弱肉强食的时代，每一只植食恐龙都随时面临着肉食恐龙的威胁，为此它们不断地进化，许多恐龙都具备了防御敌害的本领和武器，也正是这种生存危机的刺激，使得蜥脚类恐龙在侏罗纪时期繁盛一时。

尖爪

大多数禽龙科恐龙有一个共同点：前肢拇指长有锋利的爪子。古生物学家认为，它们既没有庞大的身躯，也没有攻击性的尾锤，因此这个钉子般的尖爪就是它们的防御武器。

禽龙

禽龙的爪子

尾巴

一些植食恐龙将尾巴进化为武器，常常对肉食恐龙具有致命的危险。比如：梁龙的尾巴长达 10 米，既灵活又充满力量，当尾巴像鞭子一样抽中肉食恐龙的眼部或腿部，会让后者暂时失明或摔倒。甲龙的尾巴呈棒状或锥状，可以 180° 灵活摆动，其攻击可令敌人脑袋开花。剑龙的尾巴武装着锋利的刺突，可以将肉食恐龙的身体刺穿或打伤。

剑龙

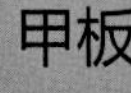

甲板

披甲类恐龙除了腹部，其他身体部位都覆盖有甲板，甚至包括头部，因此甲板是它们唯一的防御武器。图中一只包头龙遭到霸王龙的袭击，它趴在地上，保护腹部，防止被霸王龙攻击。

霸王龙

包头龙

入水

在植食恐龙中，鸭嘴龙是非常聪明的一种，它们视力很好，嗅觉灵敏，非常机警，常常生活在河湖边或沼泽地带，一旦发现敌害，便迅速冲入水中，游离岸边。此外，群居生活也大大提高了它们的生存概率。

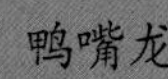

鸭嘴龙

肉食恐龙的食物和进食方式

肉食恐龙体型较小，大多数行动敏捷，其食物范围较窄，但捕食技巧多种多样。

大型肉食恐龙

通常情况，这类恐龙大都单独活动，依靠自己的力量捕食中到大型的植食恐龙，比如巨兽龙、巨齿龙等。霸王龙作为肉食恐龙演化的顶点，是典型的大型肉食恐龙。它们常采取伏击的办法，在猎物经常出没的地方隐蔽起来，抓住机会，发动突然袭击，用身体将猎物扑倒在地，张开血盆大口，使劲撕咬对方的皮肉，从而彻底征服、杀死猎物。

小型肉食恐龙

小型肉食恐龙大都善于奔跑，常常几只聚在一起，群体觅食。发现猎物后，伺机靠近，然后群起而攻之，用尖牙利齿撕咬猎物。它们的猎物主要是小到中型的恐龙，有的也会吃昆虫、鳄鱼、蜥蜴、乌龟等。

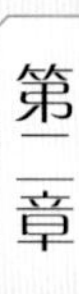

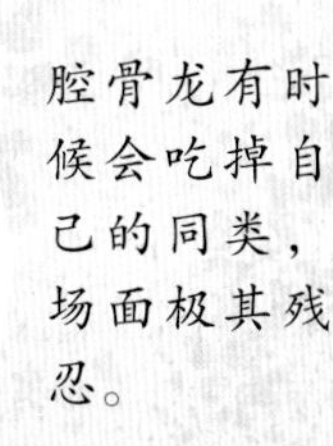

腔骨龙有时候会吃掉自己的同类，场面极其残忍。

美颌龙是一种体型较小、速度较快的猎食者。它们以蜥蜴、青蛙或昆虫等小动物为食。

和植食恐龙不同，肉食恐龙在寻找食物时需要花费更多的时间、精力，因此像霸王龙那样的大型肉食恐龙，一次捕食后，可以几天之内不用再吃食物。

杂食恐龙

有一些恐龙既吃植物，又吃肉类，属于杂食恐龙，比如镰刀龙、伤齿龙、窃蛋龙、似鸵龙、似鸡龙等。

攻击力排名榜

在肉食恐龙家族，除了人们熟悉的霸王龙，还有许多以凶猛著称的肉食恐龙，它们未必有厉害的武器、强壮的身体，但灵活的头脑、暴躁的脾气或残忍的方式都使得它们在肉食恐龙类中享有盛名。

常用攻击武器

头部 头部占身体的比例较大，强壮有力，可以将植食恐龙撞翻，甚至撞晕。

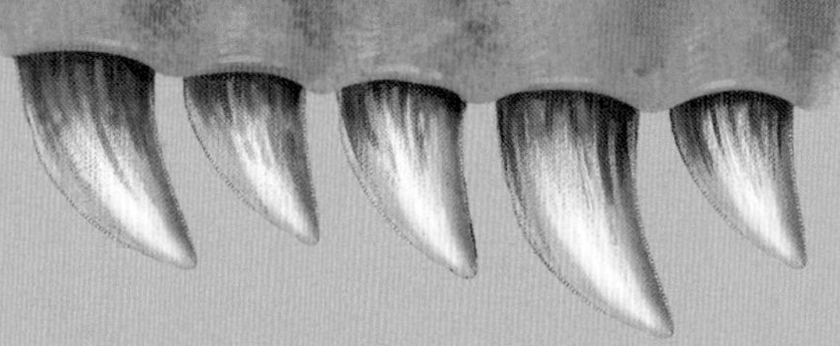

牙齿 血盆大口里长满匕首状的牙齿，长而尖锐，边缘有锯齿，可以快速咬死和撕碎猎物。

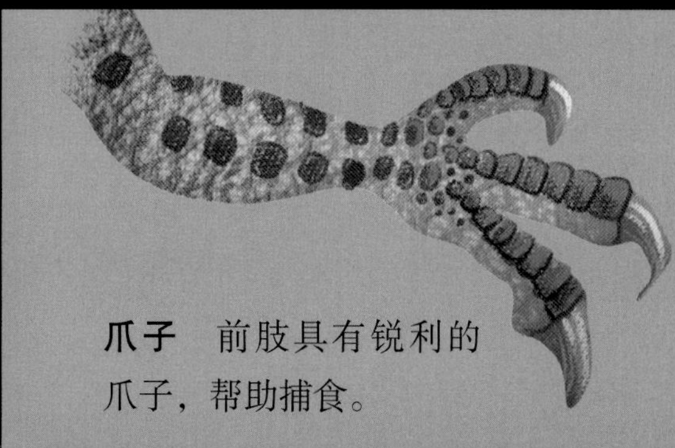

爪子 前肢具有锐利的爪子，帮助捕食。

二足 有的肉食恐龙可以用二足迅速奔跑，追赶猎物。

第一位：迅猛龙

迅猛龙又称为伶盗龙、速龙，体长约 2 米，体重约 15 千克，轻盈灵活。此外，它们的大脑较大，脑重与体重比在恐龙中堪称最大，因此十分聪明。由于具备了速度与智慧，迅猛龙在肉食恐龙家族中排第一位。

第二位：恐爪龙

恐爪龙视力出色，奔跑迅速，前后肢还拥有锋利的爪子。它们成群捕猎，可以吃下任何能捕杀并撕裂的动物。

第三位：巨兽龙

巨兽龙是目前所发现恐龙中第二大的肉食恐龙，它们以硕大的嘴巴和一口锋利的牙齿攻击猎物，目前排名第三位。

第四位：鲨齿龙

鲨齿龙是来自于非洲撒哈拉大沙漠的最大的肉食恐龙，仅次于巨兽龙。鲨齿龙巨大的头骨约 5.5 米长，长着一口又薄又利的牙齿，与现代的鲨鱼很像。凶猛度在肉食恐龙家族暂列第四位。

第五位：霸王龙

霸王龙又名暴龙，是最著名的肉食恐龙，牙齿粗大，形状类似香蕉，被称为“致命的香蕉”，排名第五位。

奔跑速度大比拼

说起恐龙，人们首先会想到巨大、笨拙、粗壮、摇摆等词汇，其实恐龙的种类非常多，而且每种恐龙都有其独特之处。现在，我们就通过一场恐龙竞走大赛解开关于它们是一群笨拙家伙的误会吧！

雷龙是蜥脚类恐龙的代表，它们四足行走，速度较慢，每小时可以走3~6千米。

角龙是跑得最快的植食恐龙。被肉食恐龙袭击时，它能以每小时32~48千米的速度逃离。

剑龙同样是植食的四足行走恐龙，但它们速度稍快，每小时可以走6~8千米。

虚骨龙类是肉食恐龙中的“飞毛腿”，它们身体轻盈，四肢细长，每小时可以奔跑80多千米。

鸭嘴龙两足行走，可以快速奔跑，它们平时走路的速度可达每小时18千米。

恐龙内部斗争

群居性恐龙内部常常会发生争斗，其原因主要为首领与配偶之争，只有胜利者才可以成为恐龙群的领导者，或者赢得配偶以进行传宗接代。

肿头龙的头盖骨非常厚实，它们在决斗时，与现代的鹿或山羊相似，彼此用头部顶着对方，同时翘起尾巴保持平衡。它们顶来顶去，直到一方倒下或认输争斗才会停止。此外，戟龙、三角龙也是采取这种形式的争斗方式。

角鼻龙在和同类的搏斗中，除了用头拼命地撞对方外，还会发出一声声嚎叫，震慑对手。

剑龙在决斗前仍保持着绅士风度。它们通过调整血液的供应，使背部的骨板“羞得通红”，从而向对手发出进攻“警告”。

求偶奇趣

大个子的恐龙怎么向心爱的“意中人”表达爱意呢？这方面古生物学家已经根据它们的骨骼形态作出了推测，从而向我们展示了一个充满奇趣的恐龙繁殖季。

头冠吸引

头顶长着漂亮的冠饰是鸭嘴龙的重要特征之一。起初，这些头冠被认为是调节体温或增加嗅觉灵敏度之用。不过，现在古生物学家认为，它们可能会利用这个器官发出古怪的声响来吸引配偶，同时恐吓对手。瞧，雄副栉龙正用那长长的肉冠发出声音，呼唤雌副栉龙。

生出羽毛

最近，研究人员分析了3具似鸟龙的骨架——两具幼年体和一具成年体。它们全部都覆盖有短的、绒毛样的羽毛，但有一点不同，成年似鸟龙的前肢上有着硬的中心轴，这是生长羽毛的特点。因此似鸟龙在繁殖季节可能会独出心裁地长出羽毛，像孔雀那样炫耀以吸引伴侣到来。

送礼物

相比于鸭嘴龙和似鸟龙的浪漫，霸王龙在求偶时则非常用心和实际。它们收敛起暴躁的脾气，亲自去抓来一只三角龙，献给心爱的雌霸王龙，以表心意。如果雌霸王龙看到食物时表现得很开心，说明它们已经接受了这只雄霸王龙。

筑巢和孵化

就目前所知，所有恐龙都是通过生蛋来繁殖后代的。通过对大量恐龙蛋化石、脚印化石及蛋巢遗迹的研究，专家发现有些恐龙非常细心和负责，会照料自己的蛋及孵出的幼崽。

筑巢

雌雄恐龙交配后，就开始变得忙碌起来。它们选地势较高、土质松软干燥、阳光普照的地方作为自己的产卵地，用脚或口鼻部在地上挖出一个直径超过 1 米的大坑，作为幼崽的巢穴，有的坑边缘还垒上一圈土，以防雨水漫进坑内。群居的慈母龙在繁殖季节异常壮观，可能会看到几十只恐龙筑巢的忙碌景象。

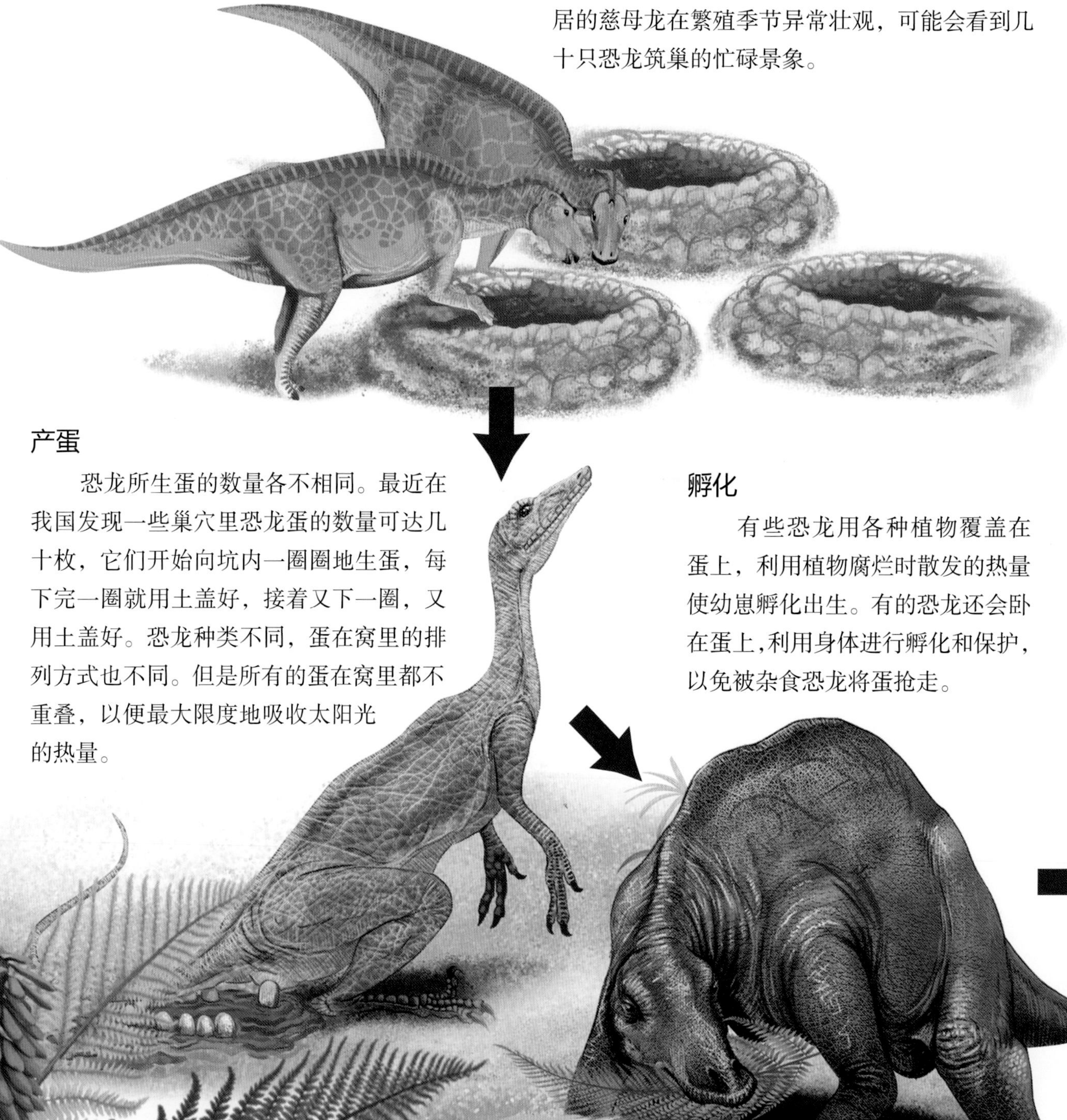

产蛋

恐龙所生蛋的数量各不相同。最近在我国发现一些巢穴里恐龙蛋的数量可达几十枚，它们开始向坑内一圈圈地生蛋，每下完一圈就用土盖好，接着又下一圈，又用土盖好。恐龙种类不同，蛋在窝里的排列方式也不同。但是所有的蛋在窝里都不重叠，以便最大限度地吸收太阳光的热量。

孵化

有些恐龙用各种植物覆盖在蛋上，利用植物腐烂时散发的热量使幼崽孵化出生。有的恐龙还会卧在蛋上,利用身体进行孵化和保护，以免被杂食恐龙将蛋抢走。

恐龙寿命

在现代动物中，爬行动物的寿命最长，尤其是乌龟，寿命通常可达200岁以上，而我国一些乌龟的寿命甚至达到2000～3000岁。古生物学家在研究了恐龙骨骼的生长环后发现，有的恐龙死亡时大约为120岁。但这并不表示它们是慢慢老死的，也可能病死或被肉食恐龙猎杀。在正常情况下，恐龙活到100～200岁应当不成问题。

胎生恐龙

恐龙是卵生的，这点从出土的恐龙蛋化石便可以确定。但是，有古生物学家在研究了雷龙的骨盆化石和足迹化石后，提出了雷龙是胎生的观点。它们可能和现在的大象一样，不产卵，而是直接生出宝宝，但这一观点尚无证据。

出壳

小恐龙的鼻子上可能有一个小角，帮助它们顶破蛋壳，从破蛋壳中钻出来，而小角会在几天内自动脱落。

抚育

一些种类的小恐龙出壳后，需由雌恐龙喂食、保护，直到它们变得强壮，能独立生活为止，比如慈母龙；而另外一些小恐龙一孵化出来就会离开巢穴，自己照顾自己。

恐龙视力

与人类不同，恐龙视力的好坏是由眼睛的大小和位置决定的。一般眼睛大的视力好，眼睛小的视力差，而眼睛位置对视力的影响在植食恐龙和肉食恐龙之间有明显区别。

肉食恐龙视力

肉食动物的双眼距离较近，且长在头部的前面，视野有一部分重叠，因此看物体立体感强，判断目标的距离准确迅速，利于捕食猎物。比如永川龙、霸王龙，它们的视力非常敏锐。

植食恐龙视力

植食恐龙的眼睛位于头顶两侧，双眼距离较大，这样的眼睛位置视野广阔，能水平范围进行观察，不仅能发现前面和侧面的危险，甚至连后面的敌人也能发觉。比如鸭嘴龙，它们不仅眼睛很大，且眼的位置又很靠后，因此视力相当好，可以及时发现和躲避霸王龙。

剑龙和甲龙的视力很差，它们可能是恐龙家族的“近视眼”。

角龙

角龙的智力不如鸭嘴龙，面对强敌时敢于拼死一搏。

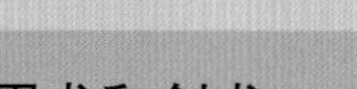

甲龙和剑龙

甲龙和剑龙的智力比角龙要低，是只会被动挨打和不懂反击的恐龙。

蜥脚类恐龙

蜥脚类恐龙行动迟缓，笨手笨脚，是恐龙王国中最愚笨的恐龙了。

恐龙智慧大比拼

在目前的恐龙研究中，古生物学家通常以大脑重量和身体重量之比评估恐龙的智商，一般比值越小的恐龙越不聪明，反之则越聪明。此外，肉食恐龙普遍比植食恐龙智商高。

小型肉食恐龙

大型肉食恐龙

鸭嘴龙

鸭嘴龙可能是最聪明的植食恐龙，它们视力出色，嗅觉灵敏，且非常机警，总能及早发现并躲避敌害。

肉食恐龙

肉食恐龙普遍比较聪明，尤其是小型肉食恐龙中的恐爪龙，比霸王龙机敏灵巧，捕食格外凶猛神速。

恐龙的“第二大脑”

大型蜥脚类恐龙拥有庞大的体型，但是脑袋却很小，因此大脑也比较小，这样的智力根本无法完成指挥全身行动的重任，于是它们在臀部又长出一个“第二大脑”——比如剑龙，臀部脊椎异常膨大，里面容纳膨大的脊髓，称为神经球。这个神经球比真脑要大 20 倍，负责主管后肢和尾部的运动。于是在前、后两个大脑的协助合作下，大型的蜥脚类恐龙的活动也显得不那么缓慢蠢笨了。

群居生活

通过恐龙的骨骼化石和足迹化石可以了解到，植食恐龙大部分都是群居生活的，比如蜥脚类、鸟脚类、甲龙类、角龙类及部分肿头龙类等，而肉食恐龙中过着群居生活的多是一些小型恐龙。群居生活可以增强恐龙对环境的适应能力和抵御敌害的能力，有利于其种群的生存和繁衍。

植食性的鸭嘴龙过着有组织的群体生活，它们在觅食、活动或迁徙时，内部可能有带头的首领，幼年个体会受到成年个体的保护。

三角龙在遇到攻击时，会将年老和幼小的三角龙围在中间，形成一个圆形的防御阵势。

大部分攻击者看到那一排排锋利的刺和角组成的“防御墙”，会无奈地离开，去别的地方寻找食物。

小型肉食恐龙，如虚骨龙类常常成群地在一起栖息、觅食，像今天的狼群一样。

霸王龙、永川龙等大型肉食恐龙，身体强壮，凶猛暴戾，有足够的力量称王称霸，它们通常独来独往，偶尔以小家庭为单位进行活动。

迁徙

迁徙是动物在自然条件发生变化或为满足生殖发育的需要而变化栖居地的习性，现代动物中的鸟类、鱼类、昆虫、哺乳类等都有迁徙的习性。那么，亿万年前的恐龙也会迁徙吗？这点，从恐龙化石中已得出答案——恐龙会进行迁徙。

1945年，古生物学家在北纬50°的艾伯塔省南部发现了第一个粗鼻龙化石；1986年，在该化石点以北约720千米的地方发现了第二个粗鼻龙化石；1987年，在更北边的北极圈内又发现了一个粗鼻龙的头骨化石。

最北的化石点距离最南的化石点约3000千米。在两个相距如此遥远的地方，同时演化出相同的动物几乎是不可能的，因此古生物学家认为粗鼻龙具有迁徙习性。而通过对其运动速度的研究认为，它们可能在一年之内实现南北之间的迁移。

长颈龙会迁徙数百千米去寻找新的食物。当它们从一处迁徙到另一处时，会让年幼的小恐龙走在中间，体型大的成年恐龙在旁边保护。

化石研究

化石是一种独特的记载方式，与文字、声音不同，化石更原始、更直接，同时也更高级。它将动物的一生浓缩在化石中，而人类往往通过研究可以知晓其一切。这便是化石的独特而神秘之处。

什么是化石？

化石是指埋藏在地壳中的古生物的遗骸和遗迹变成的石头样的东西。化石非常坚硬，保存时间较长，大多数化石至少有上万年的历史。通过化石，人类可以认识那些已经不存在的物种，了解它们怎么生活、以什么为食、如何繁殖等。同时，化石还能告诉我们，看起来毫无关系的物种有哪些共同点。目前，人类关于恐龙的知识，几乎全部来源于化石。

狼鳍鱼化石

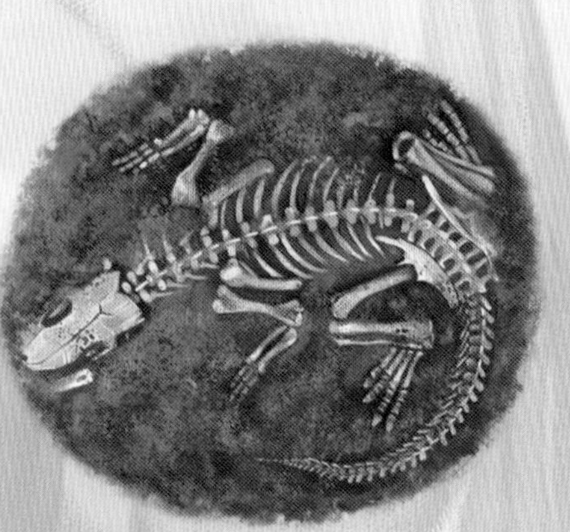

恐龙化石

石化了的树叶和小鱼，如同时间的雕刻

蝾螈化石

完整的原角龙骨架化石

化石的形成过程

动物死去后，不会全部形成化石。因为化石是一种特殊物质，只有具备一定条件才可以形成。

一只死去的恐龙坠落在湖水中，并慢慢沉入湖底，身体开始腐烂。

大量的泥土、沙子和碎屑物将湖水和恐龙掩埋，并把恐龙的骨骼压实。

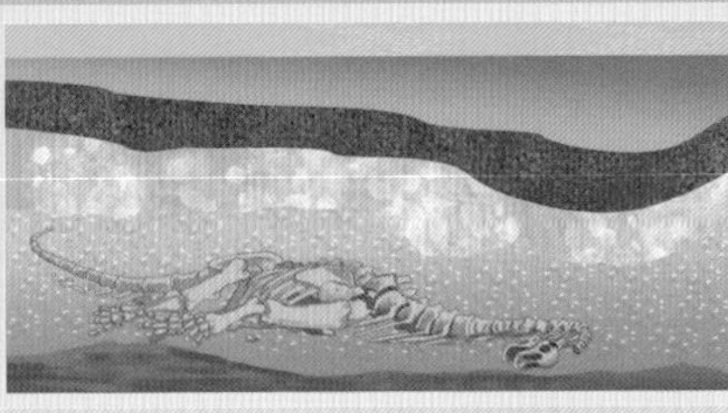

恐龙的骨骼和牙齿等坚硬部分在地下会分解和重新结晶，变得更为坚硬，这一过程被称为“石化过程”。化石逐渐形成。

过了很多年，随着地层的上升和长期的风化作用，恐龙化石被人们发现了。

除少部分化石是人为偶然发现，大部分化石都是被风化、侵蚀暴露出地面而被发现的。

有的恐龙死后，被肉食恐龙吃光了肉，这样它的骨头就会在腐烂后逐渐分解、消失，不会形成化石。

恐龙化石的首位发现者

世界上第一个发现恐龙化石的是来自英国的乡村医生吉迪恩·曼特尔。他虽然是一位医生，但从小对大自然充满了好奇心，特别喜爱收集和研究化石，因此其发现恐龙化石并不全是偶然。他开启了对恐龙化石的研究，化石研究也改变了他的人生。

禽龙牙齿化石

禽龙的发现

1822 年 3 月的一天，天气非常寒冷，曼特尔外出看病，久久未归。曼特尔夫人心里惦记他会不会着凉，于是带上衣服出门向着他出诊的方向去迎接他。经过一条正在修建的公路时，公路两旁新开凿出的陡壁露出一些亮晶晶的东西。因为受丈夫的影响，曼特尔夫人对自然界也充满了好奇心，她上前一看，发现是一些样子奇特的动物牙齿化石。曼特尔夫人从来没有见过这么大的牙齿化石，她兴奋极了，忘记了给丈夫送衣服，立刻将牙齿化石带回家。

曼特尔夫妇

曼特尔回到家，被眼前的牙齿化石惊呆了，他见过各种各样的动物化石，但是从没见过这么大这么奇特的牙齿化石。接下来的日子，又在发现化石的地点附近找到了许多这样的牙齿化石以及相关的骨骼化石。之后，曼特尔把化石带给了法国博物学家居维叶，请这位当时在全世界最有名的学者给予鉴定。结果，居维叶认为牙齿是犀牛的，骨骼是河马的，它们的年代都不会太古老。

曼特尔对居维叶的鉴定非常怀疑，他决定继续考证。两年后，他偶然结识了在伦敦皇家学院博物馆工作的生物学家山缪·斯塔奇伯里。斯塔奇伯里提出这些牙齿化石类似他在南美洲研究的一种已经灭绝的鬣蜥的牙齿。曼特尔先生十分赞同，于是把它命名为“鬣蜥的牙齿”，在我国这种动物被翻译为“禽龙”。

禽龙头骨化石

遗憾的荣誉

曼特尔在发现禽龙后，并没有享有很大声誉，这是因为一个叫威廉·巴克兰的牧师在英国牛津郡的采石场发现了另一块恐龙骨头，并把它命名为巨齿龙。同时，巴克兰写了一篇关于巨齿龙的文章，并先于曼特尔发表。这是历史上第一篇介绍恐龙的文章，因此人们并没有把第一个发现恐龙的功劳归功于更有资历的曼特尔。

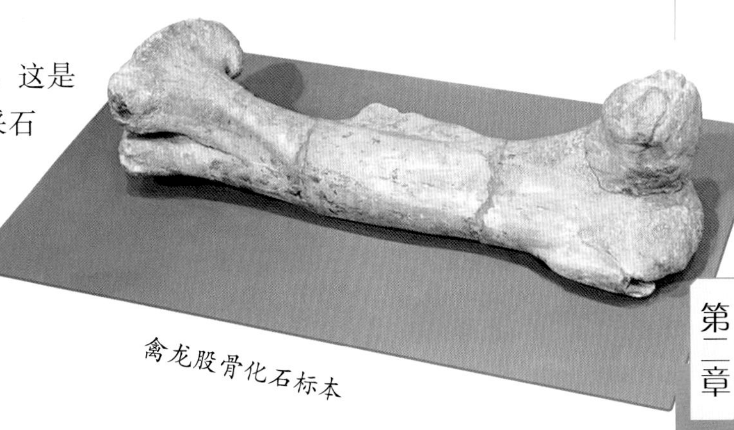

禽龙股骨化石标本

悲惨的结局

自从禽龙化石被发现，曼特尔对于化石研究更加投入和用心，他的大部分财产用于购买化石，另一部分用来支付他的书籍出版，但是购买者寥寥无几。后来，曼特尔又把房子改为"博物馆"，供人们免费参观。他中断了行医的工作，日久天长，生活异常艰难。最后，无法忍受的曼特尔夫人带着孩子离他而去。但是，真正击倒曼特尔的是一场车祸，这场车祸导致他脊椎严重受损，背部弯曲，走路跛脚，常年疼痛。同时，他的研究事业也因为受到另一位生物学家理查德·欧文的迫害和施压，很难有所起色。在 1852 年，曼特尔吃下 32 倍于治疗剂量的鸦片自杀。

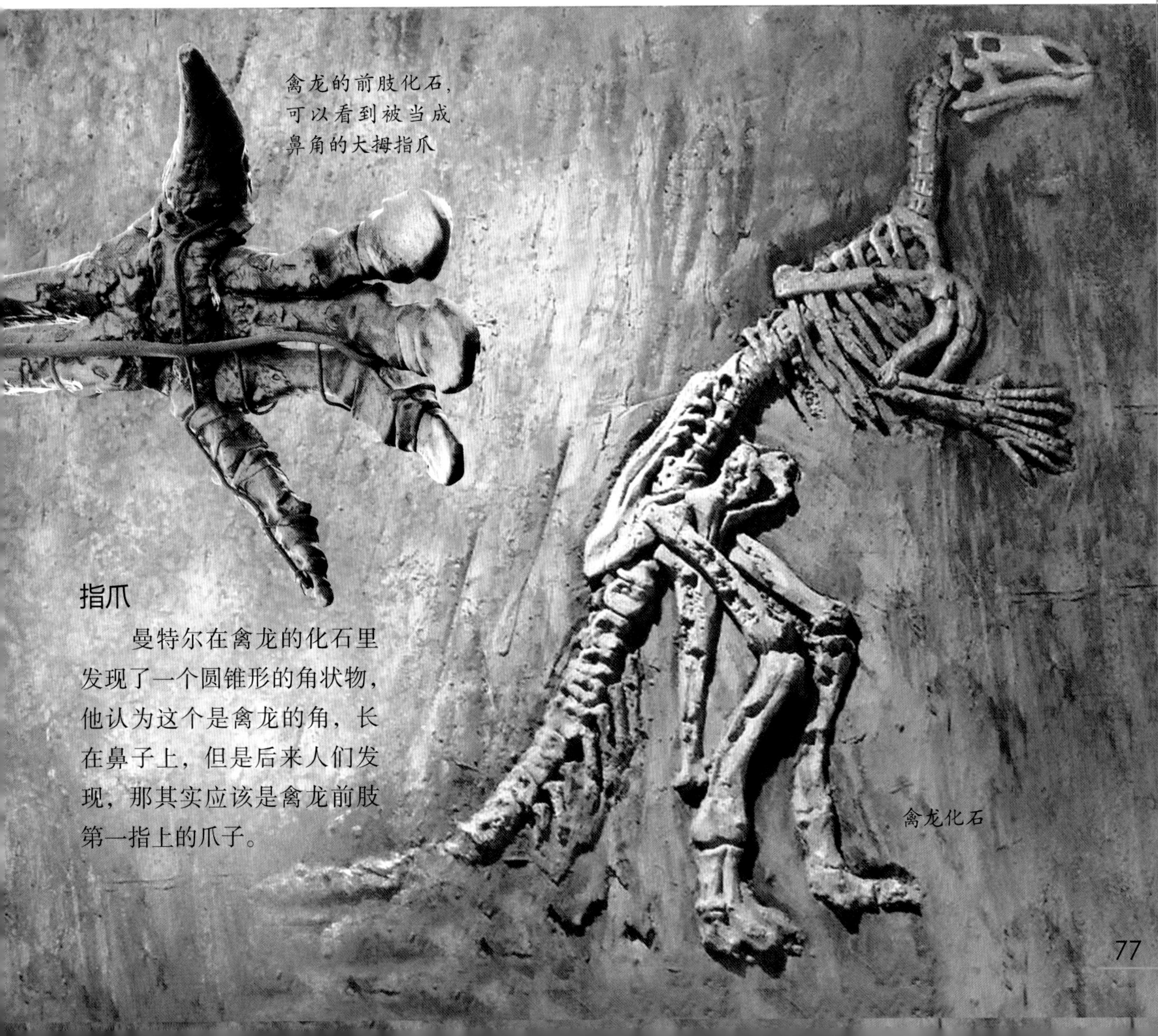

禽龙的前肢化石，可以看到被当成鼻角的大拇指爪

指爪

曼特尔在禽龙的化石里发现了一个圆锥形的角状物，他认为这个是禽龙的角，长在鼻子上，但是后来人们发现，那其实应该是禽龙前肢第一指上的爪子。

禽龙化石

各种各样的恐龙化石

化石是研究恐龙的主要依据，古生物学家以此推断出恐龙的类型、数量、食性、捕猎方式等诸多情况。其中，常见的牙齿和骨骼被称为躯体化石，而足迹、巢穴、粪便等被称为遗迹化石。

各种化石的意义

骨头 描绘出恐龙的身体结构。
牙齿 了解恐龙吃什么。
脚趾 推测恐龙的四肢。
角和棘刺 了解恐龙的体表特征。
粪便 知道恐龙死亡前吃了什么。
恐龙蛋 数量非常多，可以了解恐龙的孵化方式。

牙齿化石

牙齿是了解恐龙的食性以及进食方式的重要依据。最近，来自美国的古生物学家对 32 颗来自 1.5 亿年前侏罗纪晚期的大型植食恐龙的牙齿化石进行研究后发现，这些牙齿的氧化沉积物有阶段性的变化，表明它们会经常性、季节性地进行大规模的迁徙，以在不同的季节获取相应的食物和水。

在美国怀俄明州和犹他州出土的恐龙牙齿化石

霸王龙的牙齿有多大?

霸王龙是恐龙世界里的暴君，它们以凶猛残暴、血盆大口而著称。许多人认为它们的牙齿很大，甚至有 30 厘米长，真实情况是怎样呢? 右图是一个真实的霸王龙头骨图，而非模型，黑色线段表示 30 厘米长，而霸王龙的牙齿长度最多不超过黑线长的一半，也就是 15 厘米。

霸王龙头骨和牙齿对比图，黑色线段长为30厘米

头骨化石

头骨含有丰富的信息量，但是完整的头骨化石弥足珍贵。下图是一个梁龙的头骨化石，但与其庞大的体型并不相配，软弱的下颌骨显示，梁龙每天要吃大量的食物，而其棒状牙齿可以有效地剥离植物的叶子。

三角龙的头骨呈三角形，长着三个明显的角，是恐龙家族中最著名、最容易辨认的物种之一。

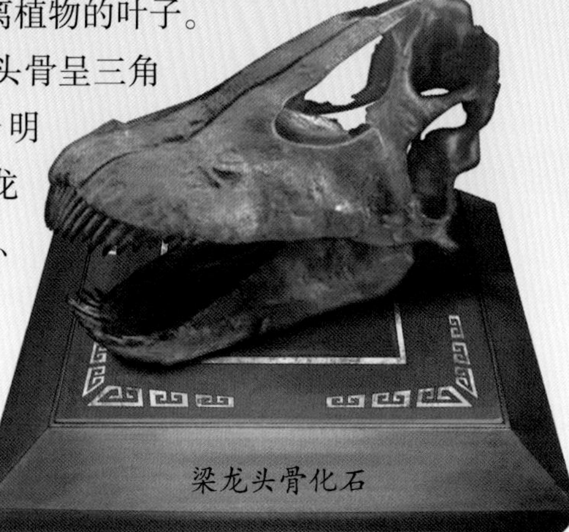

梁龙头骨化石

三角龙头骨化石

恐龙骨架化石

通过骨架化石，古生物学家可以描绘出恐龙的身体结构。中国第一具恐龙化石骨架于 1939 年出土于云南省禄丰县沙湾东山坡，我国著名古生物学家杨钟健院士将之命名为许氏禄丰龙。许氏禄丰龙不仅是中国第一具完整恐龙化石骨架，也是中国人自己发掘、研究、装架的第一条恐龙。

发掘自禄丰盆地的禄丰龙化石骨架

足迹化石

恐龙足迹化石，是指恐龙在温度、黏度、颗粒度都非常适中的地表行走时留下并石化的足迹。它不仅能反映恐龙日常的生活习性、行为方式，还能解释恐龙与其环境的关系。

在干硬的地面上，恐龙行走的足迹很浅，通常很快便消失。

在含水量较高的地面，由于土壤柔软，脚印会很快被周围流动的泥沙埋没。

一群禽龙从河滩上走过，留下清晰的足印，且足印适时地被外来沉积物所覆盖，这样就有可能形成化石。

足迹辨认

兽脚类恐龙的足迹和蜥脚类恐龙的足迹不同。前者是典型的三趾足迹，而后者是圆形足迹，且前端的小爪子清晰可辨。

估测速度

足迹化石除了能表明恐龙的行进方式，还可以估测恐龙的行走或奔跑速度。古生物学家根据脚印的距离可以计算出恐龙的腿长，之后便能进行速度测试。

最大的恐龙足迹

目前发现的世界上最大的恐龙足迹在中国甘肃省永靖县刘家峡地区，是由中国恐龙专家李大庆发现的。这是一个蜥脚类恐龙留下的足迹，生存时间大约在白垩纪早期。这个足迹大得惊人，直径超过 1.8 米。

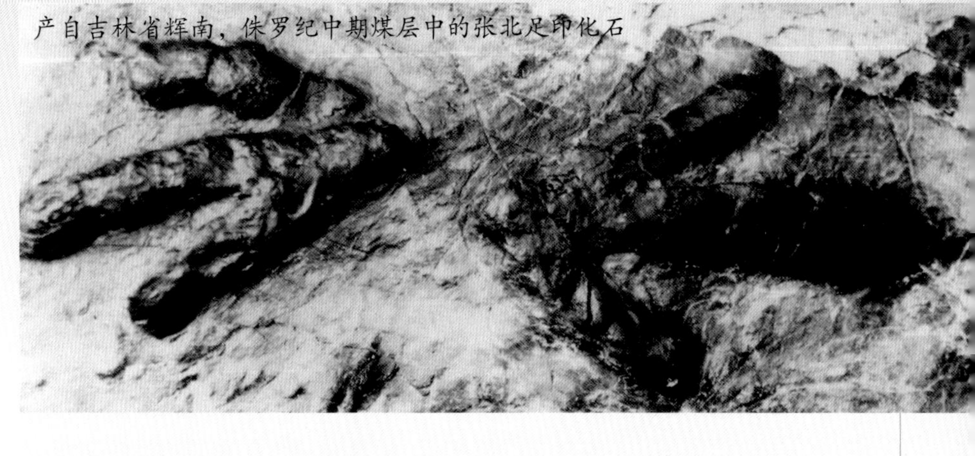

产自吉林省辉南，侏罗纪中期煤层中的张北足印化石

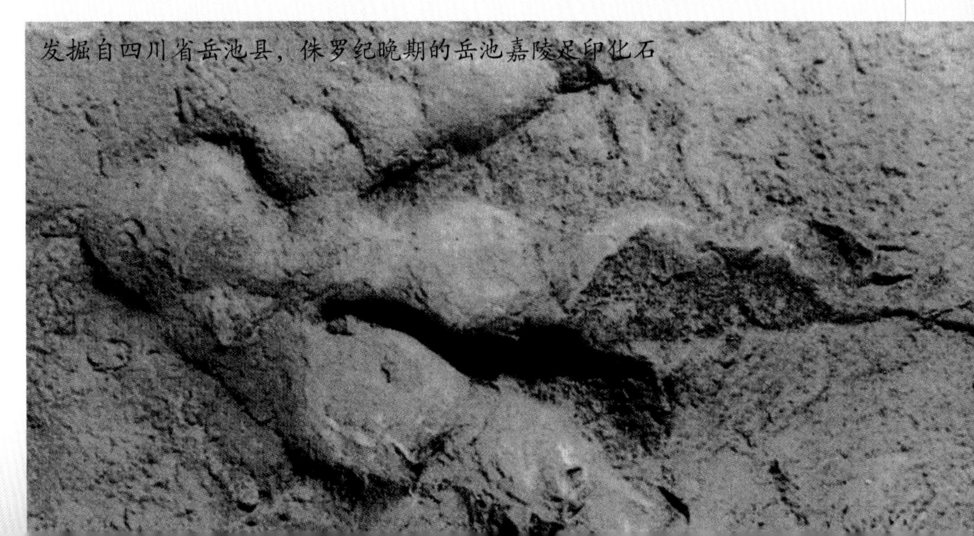

发掘自四川省岳池县，侏罗纪晚期的岳池嘉陵足印化石

粪便化石

恐龙胃口很大，排泄的粪便也特别多，但是成为化石保存下来的极少。这主要是因为粪便是软的，本身保存下来的可能性较小，同时当粪便被排出时，可能会被吃掉、践踏、变干、风化，甚至被雨水直接冲掉，因此很难具备形成化石的外在条件。此外，粪化石很难辨认，即使看到，一般情况下也会被当做石块错过。

如何研究粪化石

1995 年，在加拿大萨斯喀彻温省发现了一块可能是霸王龙粪便的化石，长约 45 厘米，直径达 16 厘米，估计刚排出时重约 2.5 千克。这块粪化石被带回实验室后，切成像纸张一样薄薄的片，放在显微镜下观察，发现其中有一些未完全消化的碎骨头。因此研究人员认为，这应该是一只年幼的肉食恐龙排出的粪便的化石。

阿根廷龙粪便

阿根廷龙是一种体型巨大的植食恐龙，每周可以吃掉 3 ～ 4 吨植物，排出的粪便可达 1 吨重。

恐龙粪的洞孔

一些植食恐龙的粪便化石表面有明显的蛀孔，这是那些在粪便中觅食、排卵的甲虫的杰作。

恐龙木乃伊

恐龙木乃伊是指保存有软组织的恐龙骨骼化石。当一些恐龙死去后，正好处于一个极低温、或极酸性、或极干旱、或盐度极高的环境中，便很有可能以木乃伊形态长久保存。恐龙木乃伊是极其少见的。

2008 年年初，在我国辽宁西部发现了一具鹦鹉嘴龙木乃伊化石，骨骼完整，石化的皮毛和肌肉也保存下来，体长约半米，曾在北京自然博物馆进行过展示。

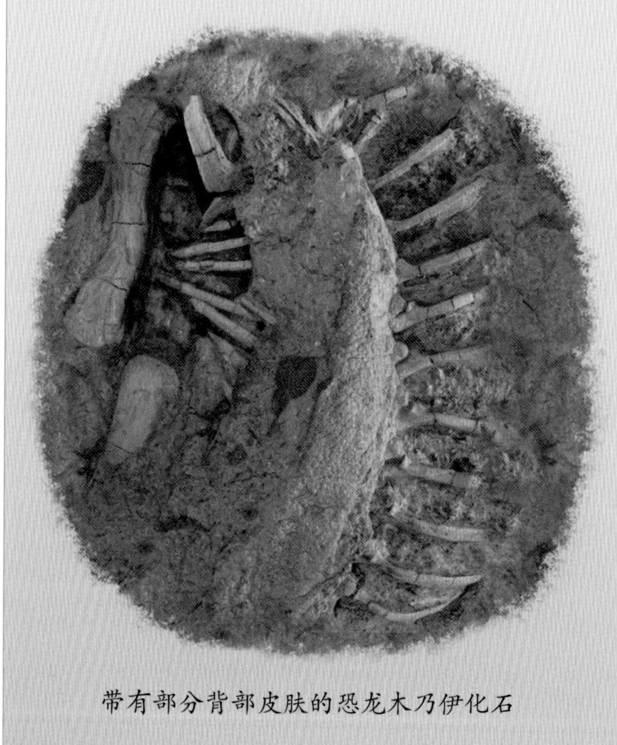

带有部分背部皮肤的恐龙木乃伊化石

恐龙粪便化石

野外考察队成员正在挖掘恐龙蛋化石。

中加恐龙考察队成员正在研究一块新采掘出来的恐龙头骨化石。（左二为本书作者董枝明）

展览馆的巨型山东龙骨架

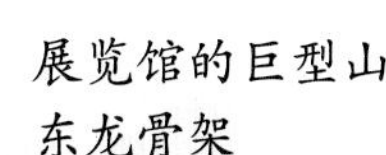

巨型山东龙化石是在1964年发现于山东省诸城市的，1972年巨型山东龙的正型标本首次在北京地质博物馆展出，长15米，高8米，是迄今为止世界上最高大的鸭嘴龙。特点是嘴宽而扁，很像鸭喙。头骨长，顶面较平，头后部较宽，齿骨牙列较长，有六十个齿沟。以两腿行走，前肢相对较小，后肢粗壮，趾间有蹼，并有一条很长的大尾巴。

巢穴化石

恐龙巢穴化石比较少见，而通过巢穴可以了解恐龙是否有抚育幼仔的习性。图为 2011 年，在蒙古国发现的巨大的安氏原角龙巢穴化石。这个巢穴宽约 0.7 米，年代可追溯到近 7500 万年前。最令人吃惊的是，巢穴里还有 15 个幼仔化石，据推测它们死亡时年龄应该是 1 岁左右。

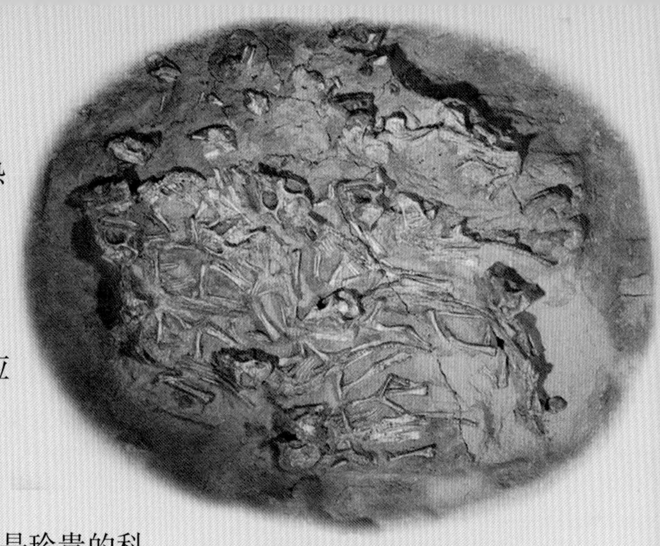

安氏原角龙巢穴化石

恐龙蛋化石

恐龙蛋化石是历经上亿年演变而来的稀世珍宝，是珍贵的科学和文化遗产。通过对恐龙蛋化石的研究，可以了解恐龙的繁殖行为，复原恐龙的生存环境，探索恐龙的起源和演变。迄今为止，除了南极以外，世界各地均有恐龙蛋化石分布。遗憾的是，现在大部分的恐龙蛋，人们都不知道是什么恐龙产下的。

形态和颜色

据研究，恐龙蛋化石的形态有圆形、卵圆形、椭圆形、长椭圆形和橄榄形等多种形状，大小悬殊，小的与鸭蛋差不多，最大的长度也不过鸵鸟蛋的 2 倍，蛋壳表面光滑，或具小的突起、细线纹等，颜色一般呈现黑、黄、青、灰、褐、红等。

带花纹的恐龙蛋化石

马门溪龙、梁龙和雷龙等用四肢行走的大型恐龙，蛋多为圆形。

鸭嘴龙等鸟脚类恐龙的蛋多为椭圆形。

一只窃蛋龙趴在窝上。

窃蛋龙、驰龙、伤齿龙等小型兽脚类恐龙的蛋一般呈长圆形。

震惊世界的恐龙蛋

1993 年，在我国河南西部南阳的西峡县发现了大批恐龙蛋化石。在这之前，全世界总共才发现了 500 多枚恐龙蛋化石，而西峡出土的恐龙蛋竟达 5000 多枚，且没有出土的估计还有上万枚。一时间，震惊了全世界。

古生物学家认为，白垩纪晚期的西峡是一个盆地，湖泊、沼泽很多，气候温暖湿润，而当时生活在这里的恐龙喜欢在水边、向阳且地势高的地方下蛋，因此很多都以化石形态保存至今。此外，一些蛋化石里甚至还发现了未孵化的小恐龙骨架化石。

一些蛋化石里甚至还发现了未孵化的小恐龙骨架化石。

恐龙蛋为什么很小？

恐龙长得十分巨大，可是恐龙蛋却很小，究其原因，与恐龙的繁殖有关。因为恐龙是一种卵生动物，幼仔需要从蛋壳中孵化出来。如果蛋很大，那么蛋壳必定很厚，这样对于嘴巴不像鸟类那样尖锐的小恐龙来说，破壳而出会异常困难。因此恐龙在进化过程中，产的蛋很小，利于家族繁衍。

各类的恐龙化石，包括恐龙骨骼、恐龙蛋、胃石、足印化石及恐龙皮肤化石。

恐龙化石的挖掘

除少部分化石是人为偶然发现，大部分化石都是被风化、侵蚀暴露出地面而被发现的。发现恐龙化石后，需要准备专用工具进行挖掘，以免对化石造成损坏，同时对挖掘过程也有严格的要求。

准备工具

化石挖掘是一项非常细致的工作，通常只能用人力慢工细活地逐步进行，因此要用到许多工具。

中加考察队在将军庙发掘到一具蜥脚类恐龙化石，图中照相者为加拿大Royal Tyrrel博物馆的Philip J.Currie博士。

登山袋 用来装一些考察中需要的工具。

样方 是一种标注着坐标的方格，用于调查化石数量而随机设置的取样地块。

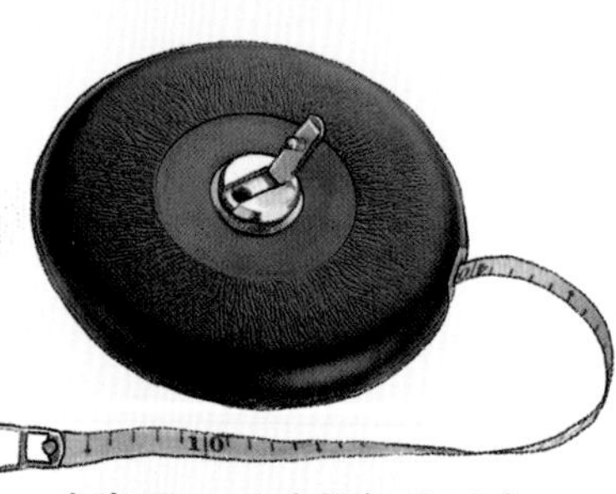

皮卷尺 测量挖掘坑深度、长度以及物品的位置。

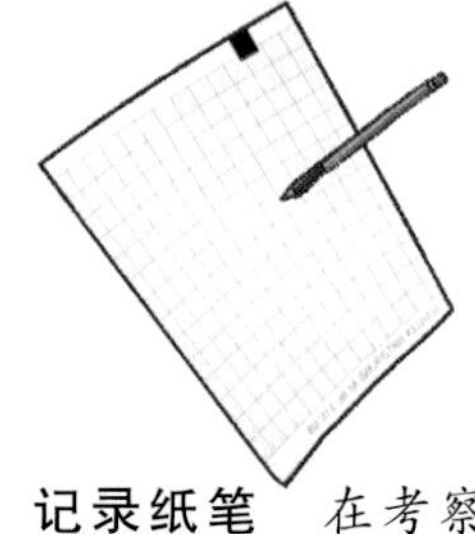

记录纸笔 在考察中用来记录的工具。

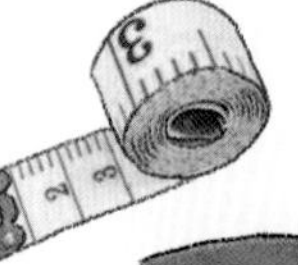

小卷尺 功用跟皮卷尺差不多，但是它的测量长度较短。

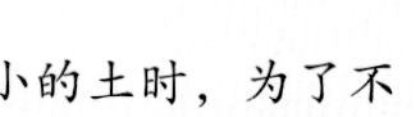

凿子 主要用于打眼。

小平铲 一般在挖掘时，都是用它来挖掘，因为这样挖到东西时才比较不容易损伤物品表面。

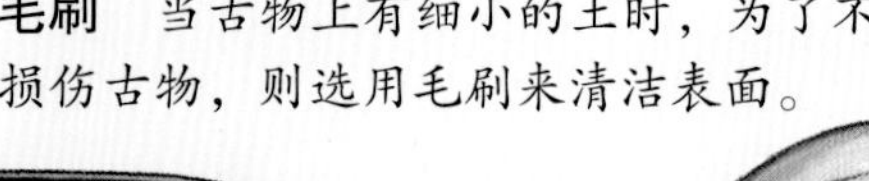

毛刷 当古物上有细小的土时，为了不损伤古物，则选用毛刷来清洁表面。

照相机 考察人员在挖掘中，是需要进行详细记录的，但是记录的不只是文字，也以图片形式进行记录，所以照相机是一个非常好用的工具。

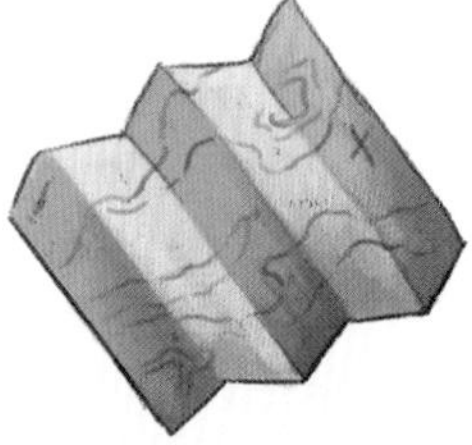

地图 用来寻找挖掘考察的地点在哪里。

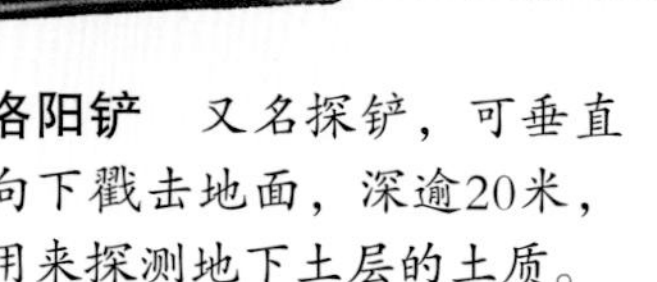

洛阳铲 又名探铲，可垂直向下戳击地面，深逾20米，用来探测地下土层的土质。

指北针 挖掘时，用来测量方位的工具。

挖掘过程

一些恐龙化石发现于坚硬的岩层中，常常要花费大量的人力和时间才能使其完整、完美地出土。

移除围岩

这是一项非常细心的工作，还需要极大的耐心，当围岩去除后，恐龙化石的形态就会显现出来。

扫去尘土

用刷子将化石上的泥土扫去，使化石更加清晰明了。

埋葬图

考察发掘人员将化石的埋葬图详细地画下来，成为重要的文字资料。

保护搬运

精心清理后的化石表面会被覆盖一层石膏绷带来保护、固定，以免在搬移过程中发生破损。

上车运走

“打包好”的化石用绞车从周围的岩床中拖吊出来，放在车上，运回博物馆进行研究。

有的化石发现于松软的泥土和沙漠中，有时只需要用手刨就能轻易取出来。

图中显示1984年，在准噶尔盆地进行恐龙挖掘工作的各个步骤。

在我国四川省自贡市大山铺地区挖掘裸露的李氏蜀龙骨架，其中脊椎骨、腰带及后肢保存完整。

恐龙化石的组装和展示

在实验室，古生物学家会对恐龙化石继续进行清理和研究，之后再对化石进行组装和展示，其过程大致如下：

化石站立

当古生物学家研究清楚这种化石属于什么恐龙、它们的头如何连接、关节如何运动、如何站立等，就会建造一个钢架，用以支撑整副恐龙的化石。

复制骨骼

如果恐龙化石缺少了一些骨头，那古生物学家就会利用其他相同恐龙的骨头加以复制。

肌肉和内部结构

接着，古生物学家要给骨头做“肌肉”，并根据恐龙的生活习惯和生活方式复制出恐龙皮肤下面身体内部的构造。

上色展出

体型确定后，古生物学家会凭借丰富的想象力和配色方案，给恐龙的皮肤上色！最后，一只完整的恐龙就站立在博物馆中，供人们观看欣赏。

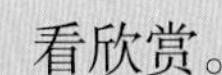

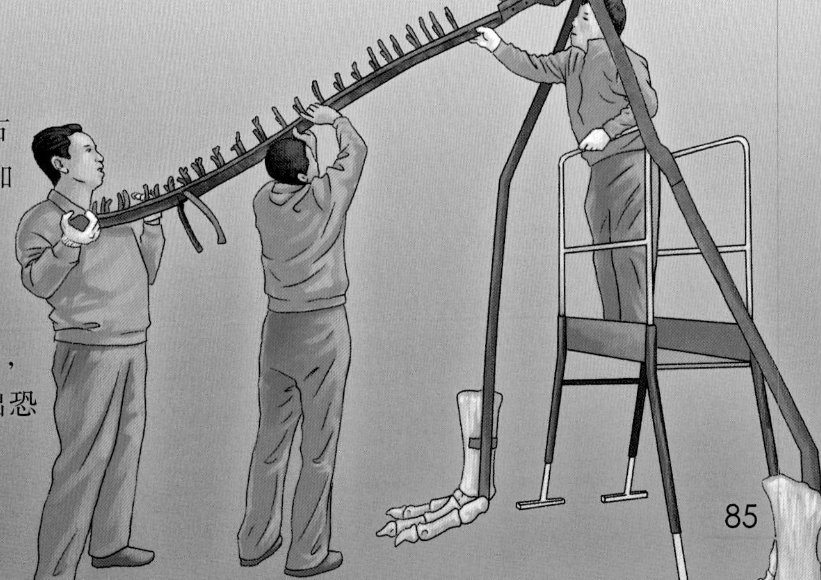

化石猎人

随着恐龙的名声大噪和化石数量、种类的不断丰富，在欧洲最先暴发了“化石猎人竞赛”——许多古生物学家和自然爱好者，甚至是一些普通人，为了发现恐龙化石而四处奔走，因此在19世纪，各种新恐龙层出不穷，从而推动了恐龙化石的研究进程。

玛丽·安宁

玛丽·安宁是一位英国早期的化石收集者与古生物学家。在当时的化石猎人中，女性处于弱势，但是安宁以自学成才为基础，以平和的心态、辛勤的劳动、坚韧的精神坚持着化石的收集工作。

她人生中发现的第一块化石后来被命名为鱼龙，是一种恐龙时代生活在水中的爬行动物。1821年，安宁在离家不远的悬崖上发现了第一个蛇颈龙化石；1828年，又发现了第一个几乎完整的翼龙化石，后来被命名为双型齿翼龙，这是第一次在德国以外的地方发现翼龙化石。

尽管安宁发现的化石意义重大，但是在当时并没有被广泛认可，而且安宁的生活一直很贫困。1947年，不到50岁的安宁因乳腺癌去世。

玛丽·安宁和双型齿翼龙化石

科普与马什的“化石之战”

相比于女性的温和与独立，爱德华·德林克·科普与奥斯尼尔·查尔斯·马什的化石之争反而让人唏嘘不已。这两位都是美国非常有名的古生物学家，起初还是关系不错的朋友。有一次，科普邀请马什去观看他最新发现的蛇颈龙化石。马什去后，发现科普把蛇颈龙的头骨安装在了尾巴上，于是当面指出了这个错误。科普听了恼羞成怒，就这样朋友变成敌人，并在北美洲地区开始了一场化石之战，最终科普只发现了约45种恐龙化石，而马什发现了80余种。

爱德华·德林克·科普

奥斯尼尔·查尔斯·马什

中国恐龙研究的开拓者杨钟健

杨钟健院士是我国古脊椎动物学的开拓者和奠基人，他一生研究了大量化石，记述了鱼类、两栖类、爬行类、鸟类及哺乳类共209个新属新种，对中国生物地层学的研究做出了巨大的贡献。

1977年，杨钟健（右）与本书作者董枝明（左）研究永川龙头骨化石

禽龙生活场景想象图

世界恐龙公墓

顾名思义，恐龙公墓是指埋葬恐龙的“墓地”。目前发现埋葬有大量恐龙遗骸的地方都可称为恐龙公墓。不过，其形成是一种自然现象，往往由某种灾难而使恐龙突然死亡所形成。恐龙公墓里的恐龙数量较多，种类为单种或多种，而且尸骨由于是被迅速掩埋，因此化石保存比较完整。

恐龙公墓的每一次发现都会引起轰动，是恐龙留给今天的最有价值的“遗产”之一。

伯尼萨特禽龙公墓

在比利时伯尼萨特有一个煤矿，1877 年，一支矿工队在此处挖掘坑道时，偶然发现了一些巨大的动物骨骼化石，后经比利时皇家自然历史博物馆的古生物学家鉴定，这些为禽龙化石。令人吃惊的是，随着挖掘的深入，又有三十多只禽龙化石出土，而且大部分骨架都保存得相当完整。古生物学家们花费了差不多三年时间，才将它们从地下挖出，送入博物馆进行研究。

形成原因

关于禽龙公墓的形成原因，古生物学家推测，大约在 1.4 亿年前，伯尼萨特地区生活着大量禽龙。而这附近应该有一个又深又陡的大峡谷，由于经常会爆发洪水，将觅食或活动的禽龙冲入峡谷底部摔死，并被沉积物所掩盖，其后在千万年的演化中变成化石。之所以这样分析的原因还有一点：这些禽龙化石显示，它们死亡的时间不相同。

艾伯塔尖角龙公墓

1985 年，古生物学家在加拿大艾伯塔地区，发现了数百只尖角龙的骨骼化石，它们被埋葬在一起，包括幼年龙、老年龙等。化石研究发现，这些尖角龙是同一时间死亡的。

形成原因

关于尖角龙公墓的形成原因，古生物学家推测，大约在 8000 万年前，一大群尖角龙浩浩荡荡地迁徙去往其他地方，寻找新鲜充足的食物。但是路途中突然山洪爆发，由于水势凶猛，尖角龙被淹死在水中，并被泥沙掩盖，千百万年后变成了今天的化石。

艾伯塔尖角龙公墓

最大的恐龙坟场

1997 年，科学家在加拿大西部艾伯塔省希尔达地区发现挖掘出了上千只尖角龙化石，这可能是全世界最大的“恐龙坟场”。

古斯特腔骨龙公墓

1947 年，在美国新墨西哥州一个叫古斯特的农场，竟然一下子发现了数百只腔骨龙化石骨架，它们有的大，有的小，杂乱无章地堆积在一起，场面惨烈。很显然，这是一种群居恐龙遇难所形成的“公墓”。

形成原因

对于恐龙集体性死亡的原因，目前为止分析只有一种可能性，即某种突发性的自然灾难，而最大的可能为洪水。

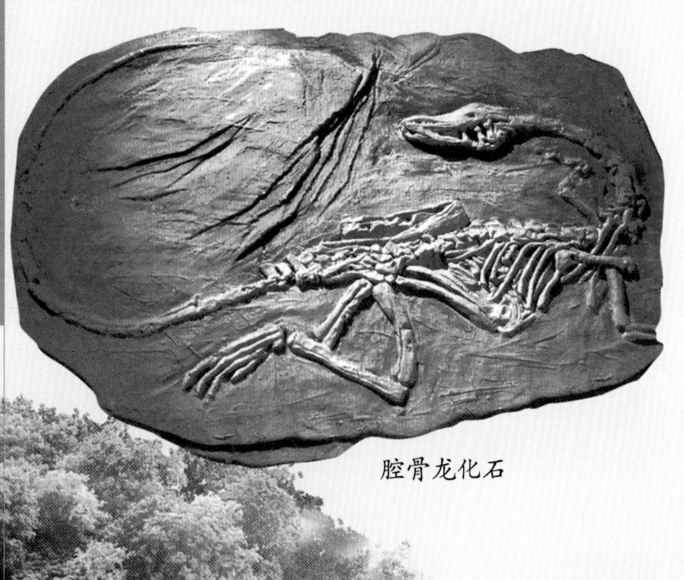

腔骨龙化石

四川自贡大山铺恐龙公墓

1977 年，在我国四川省自贡市的大山铺地区，考察人员发现了一个面积约 17000 米^2 的超大化石点。尽管只挖掘了不足 1/6 的面积，却出土了大量的恐龙化石及其他动物化石，因此被称为“大山铺恐龙公墓”。

目前在大山铺恐龙公墓发现了多种恐龙，其中以大型、植食的蜥脚类恐龙为主，另外还有鱼类、龟鳖类、蛇颈龙、翼龙、鳄类等其他动物化石。它们堆积在一起，有的零散，有的完整，景象十分壮观。

形成原因

关于这个恐龙公墓的形成原因，学者们认为：大约 1.6 亿年前，大山铺一带生活着大量的恐龙及其他动物。由于气候环境变得干燥炎热，植物、水源缺乏，致使恐龙大量死亡。之后，气候又变得温暖湿润，降雨增多，开始暴发洪水，而那些死去的恐龙尸体就被冲到一个相对低洼的地方沉积下来，经过漫长的时间，便形成了现在的大山铺恐龙公墓。此外，各种动物的尸体大部分都是被水“搬来的”，但搬动的距离应该很近，否则就不会有较完好的化石骨架了。

四川自贡大山铺恐龙公墓

中国著名的恐龙化石埋藏地

目前，我国很多地区都有恐龙化石的发现，其中一些地方的恐龙化石不仅数量多，而且保存得十分完整，甚至还有许多“新恐龙”出土，因此成为了国内外众多古生物学家进行挖掘、研究的恐龙化石埋藏地。

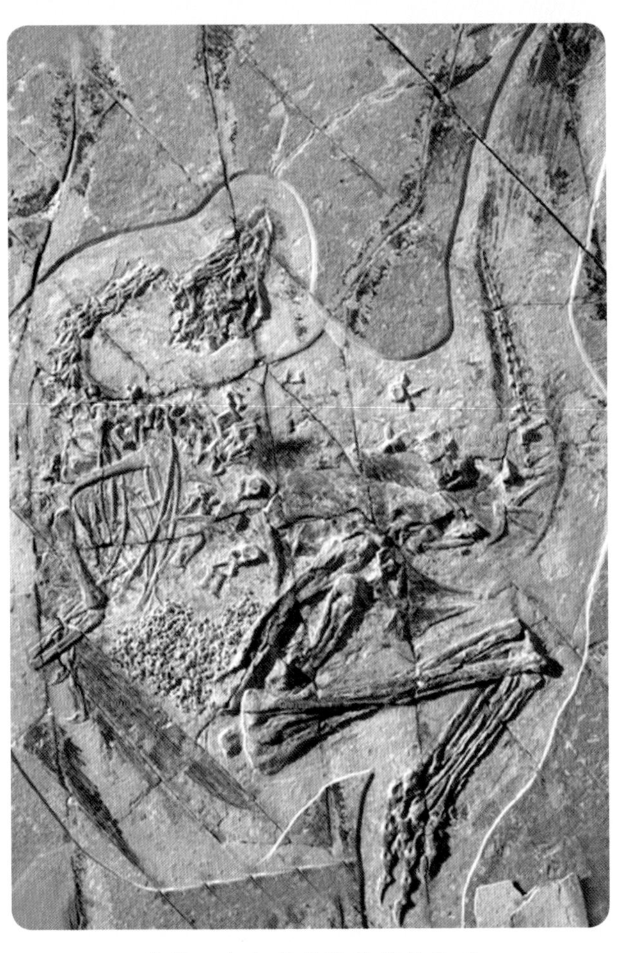

北票四合屯发现的尾羽龙化石

山东“龙骨涧”

我国山东诸城的王氏组地层享有“龙骨涧”之名。长久以来，当地居民就在溪涧中捡到许多的骨骼化石，习惯称做龙骨。1964~1967 年，北京地质博物馆组队前往挖掘，总计采集到 30 多吨的恐龙残骸，其中包括鸭嘴龙科和暴龙科恐龙化石。闻名中外的“巨型山东龙”就是在这里出土的。

山东“龙骨涧”

辽西北票四合屯

我国辽宁省朝阳市的北票四合屯也是著名的化石埋藏地，这里出土了大量的保存精美的植物、无脊椎动物和脊椎动物的古生物化石，是白垩纪早期世界上最重要的化石宝库，被誉为中国的“白垩纪公园”。其中，中华龙鸟、北票龙、中国鸟龙、尾羽龙、原始祖鸟等长羽毛恐龙的发现，为恐龙向鸟类的演变提供了重要证据。

云南禄丰县

我国云南省禄丰地区是侏罗纪早期恐龙化石的重要产地，是闻名于世的恐龙之乡。自 1939 年首次发现完整的恐龙化石之后，又陆续挖掘出数十具恐龙化石，著名的禄丰龙就是在这儿发现的。

出土在禄丰盆地岩层中原位的一具禄丰龙完整骨架

广东河源恐龙蛋化石区

广东河源地区是盛产保存完好的白垩纪晚期恐龙蛋化石的地区，迄今为止已出土了上万枚恐龙蛋化石，载入了吉尼斯世界纪录。

河源惊现一窝（20枚）恐龙蛋化石

河南南阳地区也以恐龙蛋化石著称。

四川盆地

四川盆地是侏罗纪时期恐龙化石的重要埋藏地，尤其以中、晚期的恐龙化石最为丰富。著名的蜀龙、马门溪龙、峨眉龙、永川龙、华阳龙、沱江龙等都产自该盆地。

天府峨眉龙与人对比图

天府峨眉龙的尾椎尖端接合形成骨质的尾椎，可能用来作为攻击的武器

天府峨眉龙的复原组装骨架

恐龙在世界的分布示意图

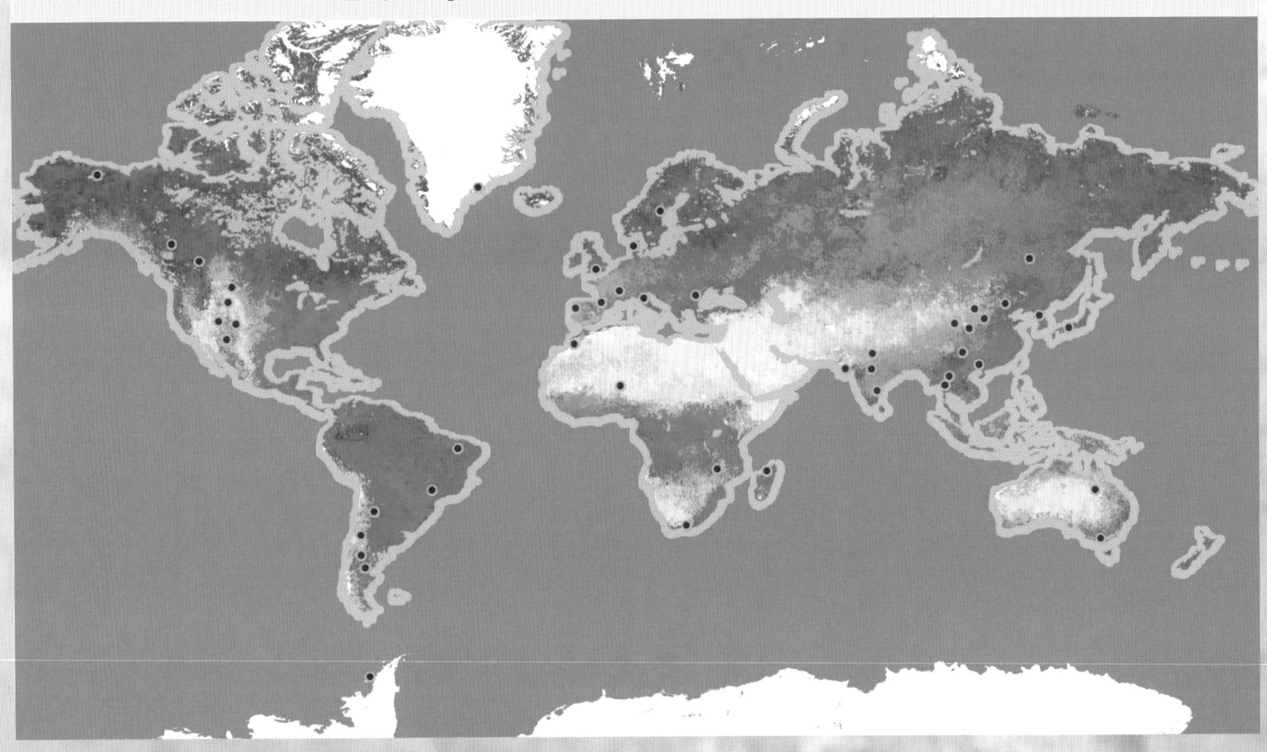

恐龙在中国的分布示意图

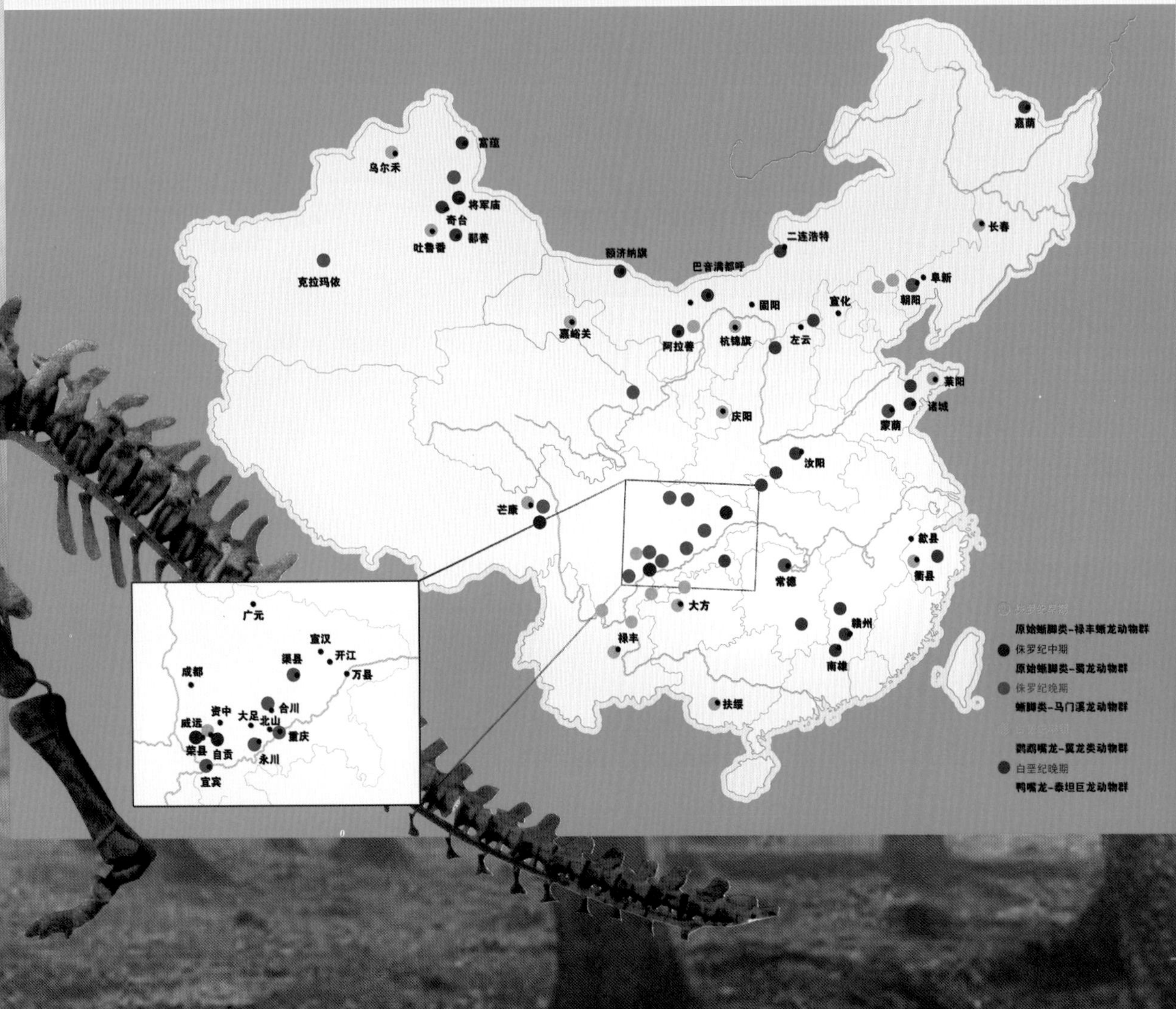

乌尔禾
富蕴
将军庙
奇台
吐鲁番
鄯善
克拉玛依
额济纳旗
巴音满都呼
二连浩特
嘉荫
长春
阜新
朝阳
固阳
宣化
嘉峪关
阿拉善
杭锦旗
左云
莱阳
诸城
庆阳
蒙阴
汝阳
芒康
歙县
衢县
常德
大方
赣州
南雄
禄丰
扶绥
广元
宣汉
开江
渠县
万县
成都
资中
合川
威远
大足
北山
重庆
荣县
自贡
永川
宜宾

原始蜥脚类-禄丰蜥龙动物群
侏罗纪中期
原始蜥脚类-蜀龙动物群
侏罗纪晚期
蜥脚类-马门溪龙动物群
鹦鹉嘴龙-翼龙类动物群
白垩纪晚期
鸭嘴龙-泰坦巨龙动物群

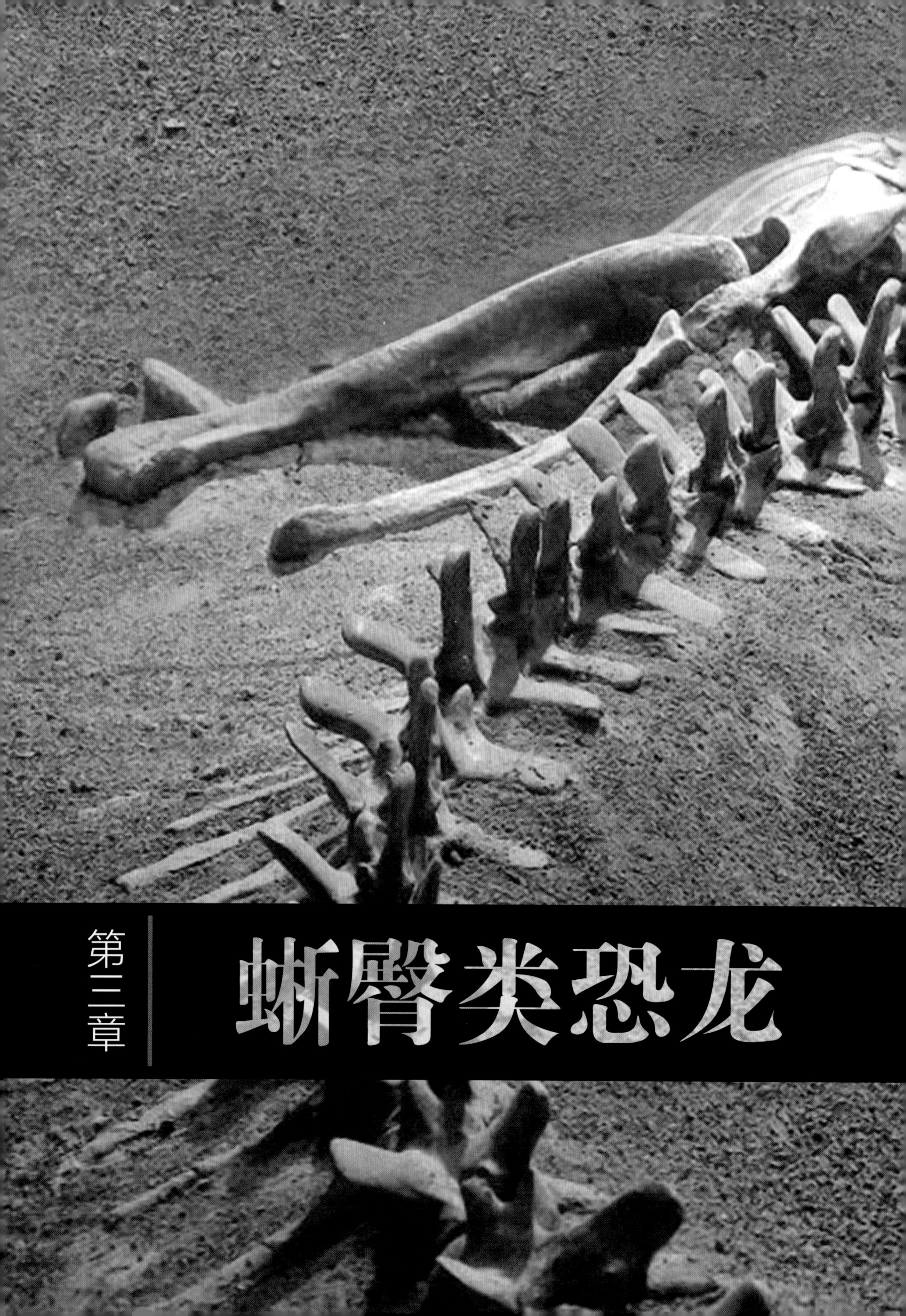

第三章

蜥臀类恐龙

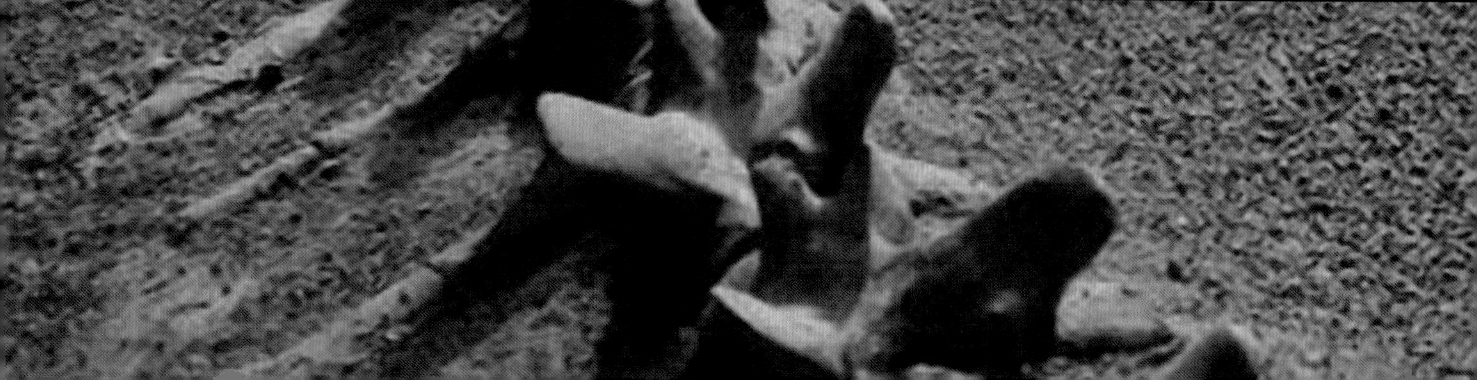

蜥臀类恐龙生存于三叠纪至白垩纪，有蜥脚类和兽脚类两大分支，种类十分繁多，代表恐龙有霸王龙、梁龙、雷龙、禄丰龙、马门溪龙等。

蜥臀类恐龙的主要鉴别特征为腰带中的耻骨向下向前伸展。有的古生物学家认为，蜥臀类恐龙可能是由原始的槽齿龙类演化而来，其演化较另一个恐龙大类——鸟臀类更早。

什么是蜥臀类恐龙?

在恐龙王国中，有一类恐龙的腰带由肠骨、坐骨和耻骨三部分组成，耻骨在肠骨下方向前延伸，坐骨则向后延伸，三块骨头从侧面看排列成三射形，这样的结构与蜥蜴相似，因此这类恐龙便被称为蜥臀类恐龙。

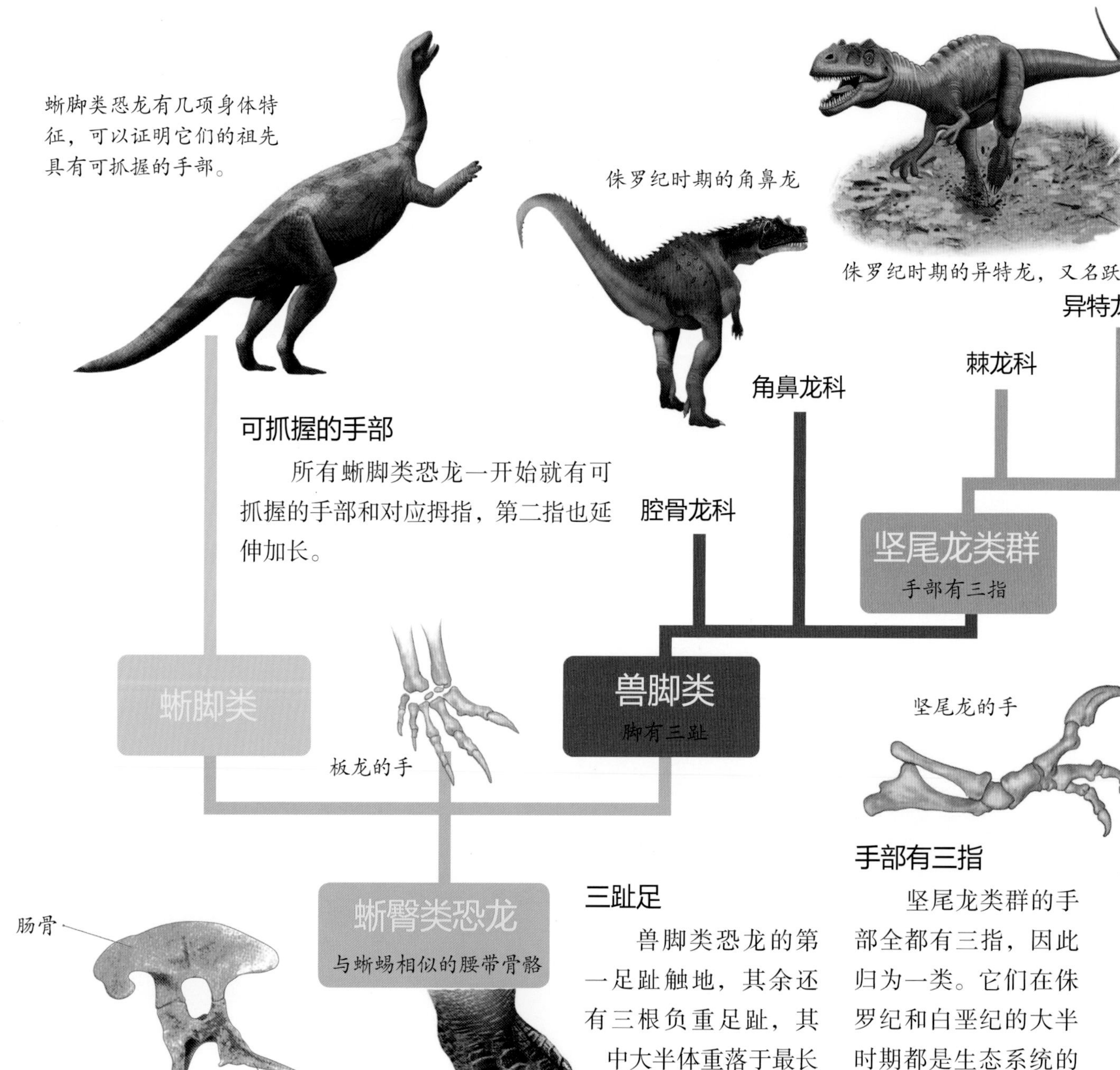

可抓握的手部

所有蜥脚类恐龙一开始就有可抓握的手部和对应拇指，第二指也延伸加长。

三趾足

兽脚类恐龙的第一足趾触地，其余还有三根负重足趾，其中大半体重落于最长的中指上。在三叠纪时相当繁盛的原始兽脚类称为角鼻龙类群。

手部有三指

坚尾龙类群的手部全都有三指，因此归为一类。它们在侏罗纪和白垩纪的大半时期都是生态系统的优势种群。

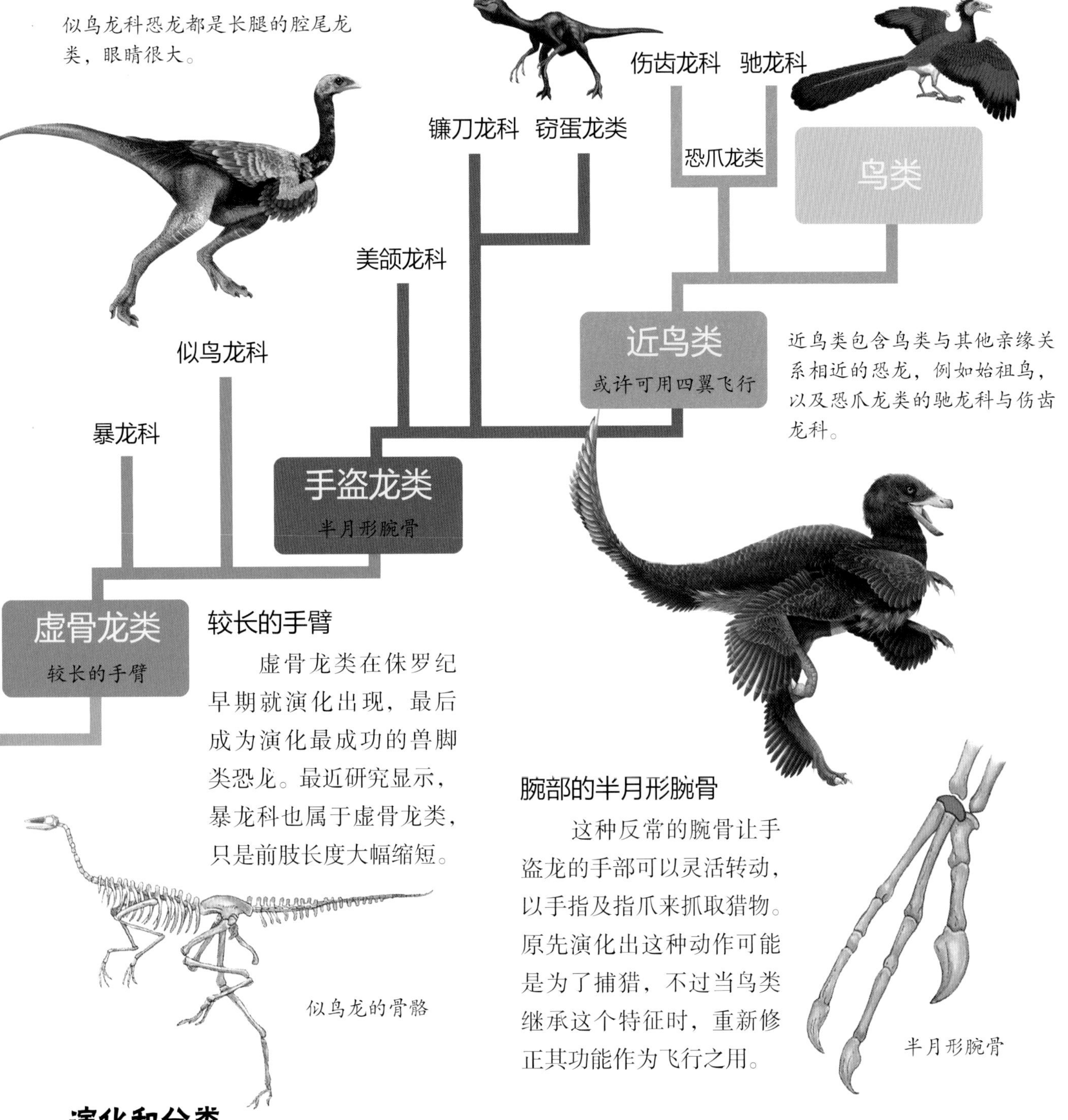

演化和分类

蜥臀类恐龙包括兽脚类和蜥脚类。

兽脚类属肉食恐龙。它们的化石一般具有三趾，指和趾端有弯曲的尖爪；头骨高而侧扁，前后呈三角形，上下颌骨上长有匕首形的牙齿。这种牙齿适于咬死猎物，并且能够将猎物身上的肌肉和肌腱割断，撕成碎片。

蜥脚类是恐龙世界中无可匹敌的“巨人”，与兽脚类恐龙不同，它们全部为植食恐龙，在以后的五千多万年，它们成了世界上已知的最大的陆地动物，其中有些蜥脚类恐龙体重已经超过 80 吨，接近四肢动物的极限。

兽脚类 Theropoda

兽脚类恐龙是最早的恐龙类群之一，生存时间从三叠纪中期一直到白垩纪晚期，种类很多，既有体型不足1米的小型种类，也有迄今为止陆地上出现过的最大的肉食动物——霸王龙。

这类恐龙是两足行走的肉食恐龙，前肢明显短于后肢，依靠锐利的爪子和锋利的牙齿，可以捕杀猎物。不过，也有一些种类捕杀能力较弱，只好以动物尸体等腐肉为生。

黑瑞拉龙科 Herrerasauridae

在恐龙成为陆地动物的主宰之前，黑瑞拉龙科恐龙曾兴盛一时。它们对于恐龙研究有着重要意义。因为黑瑞拉龙科恐龙的化石结构和其他恐龙相比非常原始，只是刚刚符合分类为恐龙的条件，所以黑瑞拉龙科恐龙又被称为“边缘恐龙”。它们的遗骸有助于古生物学家进行早期恐龙的演化研究。

家族档案

主要特征

- 头大颈短；
- 下颌有向内弯曲的大牙；
- 前肢短，后肢长，两足行走；
- 前肢有三个向后弯的指。

生活简介

黑瑞拉龙科恐龙生活于三叠纪晚期，这时期肉食恐龙非常少，所以它们尽管只有一米高、三四米长，在当时算是巨型了！

黑瑞拉龙 *Herrerasaurus*

- **生活时期** 三叠纪晚期（距今约 2.3 亿 ~ 2 亿年前）
- **栖息环境** 森林、沼泽
- **食　　性** 肉类
- **化石发现地** 阿根廷

黑瑞拉龙的化石全部发现于南美洲的阿根廷。它们骨骼轻巧，拥有锋利的牙齿和爪、有力的前肢，具有快速奔跑的能力，所以在当时可谓是敏捷的猎食者。也正是利用这种优势，兽脚类恐龙成为了陆地上最具优势的掠食者长达 1.5 亿年以上。遗憾的是，与后来的兽脚类恐龙相比，作为祖辈的黑瑞拉龙大部分时候只能捕食一些爬行动物来填饱肚子。

暴龙科 Tyrannosauridae

暴龙是凶猛与残暴的代名词，这类恐龙堪称是地球上有史以来最大、最可怕的掠食者，有“暴君蜥蜴”之称。不可思议的是，暴龙的祖先其实是一些小个子的、脾气还算和善的恐龙，身上也许还长着羽毛，只不过在进化过程中，它们一点点改变，最后变成了庞大的巨兽。

家族档案

主要特征

- 头部和颌骨宽大沉重；
- 颈部短而有力；
- 前肢短小强健，有退化的二指；
- 后肢粗壮，可以奔跑。

生活简介

暴龙科恐龙出现于距今约2亿年前的侏罗纪，最重14~15吨，最长可达15米，灭绝于白垩纪晚期。其化石可见于西欧、北美、东亚、中亚等多地。其骨骼化石告诉我们，世界各地的暴龙恐龙物种不尽相同。

达斯布雷龙 *Daspletosaurus*

- **生活时期** 白垩纪晚期（7700万~7400万年前）
- **栖息环境** 丛林
- **食　　性** 鱼类、恐龙
- **化石发现地** 加拿大、美国

达斯布雷龙又名恶霸龙、惧龙。在暴龙科恐龙中，达斯布雷龙的前肢与身体的比例是最长的，而且它们的后肢十分巨大，上有四趾，第一趾为反爪，无法接触地面。古生物学家研究推测，在体型相同的情况下，达斯布雷龙的攻击力可能超越了霸王龙。达斯布雷龙大多零零散散地分布在各处，比如洞穴、丛林，只有在迁徙时才会聚在一起。平时，达斯布雷龙以突袭的方式捕猎——用那粗大的尾巴狠狠地朝猎物扫去，将其打昏，再冲过去一口咬住。

蛇发女怪龙 *Gorgosaurus*

◉ **生活时期** 白垩纪晚期（7700 万～7400 万年前）

◉ **栖息环境** 河道泛滥的平原

◉ **食　　性** 肉类

◉ **化石发现地** 加拿大、美国

蛇发女怪龙有骨骼化石超过 20 具。从形态来看，蛇发女怪龙与近亲的艾伯塔龙最为相似：大大的头部、短而呈“S”形的颈部、小小的前肢、强壮的后肢，且第一个脚趾无法接触地面。蛇发女怪龙与达斯布雷龙生活在同一时期，不过它们分别位于不同的生态区，所以并不会发生激烈的斗争。作为顶级掠食者，蛇发女怪龙在食物链的最顶点，可能以大型的尖角龙、鸭嘴龙为捕食对象。

艾伯塔龙 *Albertosaurus*

◉ **生活时期** 白垩纪晚期（7100 万～6700 万年前）

◉ **栖息环境** 森林

◉ **食　　性** 肉类

◉ **化石发现地** 加拿大

艾伯塔龙由于化石发现于加拿大艾伯塔省，故得此名。和著名的霸王龙相比，艾伯塔龙的身体更轻盈，成年后身长约 9 米，体重只有 3.5 吨，再加上腿部较长，是已知暴龙科恐龙中跑得最快的恐龙。同时，艾伯塔龙横行天下也比霸王龙早了二三百万年。

目前，已发现了 30 多具艾伯塔龙的化石，其中有 22 具发现于同一地点，包括幼年和老年的艾伯塔龙。所以古生物学家认为，艾伯塔龙是一种群居恐龙，并且集体狩猎。这和大多数单独活动的暴龙科恐龙有很大不同。

霸王龙 *Tyrannosaurus*

- **生活时期** 白垩纪晚期（6850 万 ~ 6550 万年前）
- **栖息环境** 森林和岸边沼泽地
- **食　　性** 肉类
- **化石发现地** 美国、加拿大、墨西哥

霸王龙是人们熟知的恐龙之一，同时也是肉食恐龙家族中出现最晚、体型最大、最凶猛有力的一种恐龙。在白垩纪晚期，霸王龙凭借着一辆像公共汽车那么庞大的身体、强壮有力的头部，四处横行霸道，捕杀掠食，几乎没有对手，是恐龙王国中残暴的君王。

霸王龙骨架

头部攻击

1908 年，第一具霸王龙化石发现于美国蒙大拿州。霸王龙的头颅骨长可达 1.55 米，同时颌骨特别有力，据古生物学家推测，其咬合力可达到惊人的 20 万牛顿，所以如此强壮的脑袋也成为了霸王龙的重要武器。

香蕉牙

霸王龙的嘴巴里长满了牙齿，大约有 60 颗，每颗有 15 厘米长，不过这些牙齿大而厚，并不锋利，看起来像极了一根根香蕉，所以霸王龙的牙齿又被称为“香蕉牙”。

视力

视力的好坏是由眼睛的大小和位置决定的。霸王龙虽然眼睛不大，但因为长在高高头颅的上方，就像一架双筒望远镜，所以不仅看得很远，还能将双眼的视力集中起来，因此看到的物体呈立体感觉，非常清楚，同时判断位置也十分精准。

后肢

霸王龙的后腿很长，肌肉十分强健，每小时可以奔跑40千米。不过，由于庞大沉重的身体是个极大的负担，所以霸王龙很少奔跑，以防不慎摔倒对身体造成致命伤害。平时，霸王龙会用后肢攻击猎物，当猎物倒下后，它们还会用后肢将猎物狠狠踩住，然后张开血盆大口，一块一块进行撕咬。

特暴龙 *Tarbosaurus*

◉ **生活时期** 白垩纪晚期（7000 万 ~ 6500 万年前）
◉ **栖息环境** 潮湿的泛滥平原
◉ **食　　性** 肉类
◉ **化石发现地** 亚洲（蒙古国、中国）

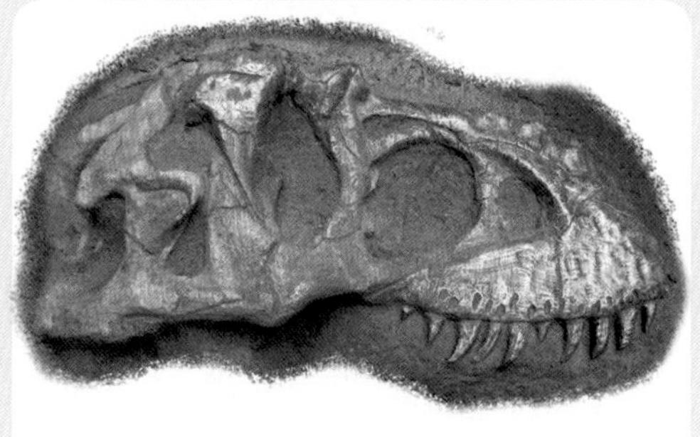

岩层中的特暴龙头骨化石

特暴龙意为“令人害怕的蜥蜴”，是一种大型的二足掠食恐龙。成年特暴龙体重可达数吨，颈部呈 S 状弯曲，前肢是暴龙科恐龙中最短小的，有两根迷你型手指；后肢长而粗厚；长而重的尾巴可以平衡身体。特暴龙和霸王龙有亲缘关系，目前已发现数十个标本，大部分挖掘于蒙古国境内，而我国发现了更多的破碎骨头和牙齿化石。

角鼻龙科 Ceratosauridae

角鼻龙科恐龙可从头部的角状物来与其他角鼻龙下目恐龙分别开来。角鼻龙与阿贝力龙的身体结构类似。目前已知角鼻龙有两种形态的牙齿：其中一种有长齿龈，而另外一种有平滑的珐琅质。两种形态的牙齿都具有剖面为泪滴形的齿冠，中间有齿脊。这些牙齿的剖面因所处位置不同而有不同，前部牙齿的剖面较不对称。

家族档案

主要特征

- 前肢有4个手指；
- 有两种形态的牙齿。

生活简介

角鼻龙科恐龙属肉食恐龙，化石首次发现于北美洲的侏罗纪岩层，跟角鼻龙科恐龙化石一起发现的还有数只同为肉食恐龙的异特龙科恐龙化石，这说明角鼻龙科恐龙跟其他肉食恐龙共同生存。

角鼻龙 *Ceratosaurus*

- **生活时期** 侏罗纪中晚期（1.65亿年前）
- **栖息环境** 森林覆盖的草原
- **食　　性** 肉类
- **化石发现地** 美国、坦桑尼亚

角鼻龙得名于鼻子上方的一只奇怪的短角。不过，这只角实在太短、太小了，既不能作为武器攻击、抵抗，也无法用来炫耀和求偶，所以关于它的用途至今仍是个谜。另外，角鼻龙从脖子到尾巴有一串骨质甲片，是兽脚类恐龙中唯一拥有骨质甲片的恐龙，这一点也让它们名声大噪。

群居生活

在“巨龙时代”的侏罗纪，角鼻龙算是一种小个子的恐龙，也许正是这个原因，角鼻龙常常会结伴猎食。当碰到小型植食恐龙时，角鼻龙会毫不犹豫地扑上去；可如果是大型植食恐龙，它们会聪明地放弃，除非那只恐龙是年老病残者。

捕食

角鼻龙的捕食场面非常残忍、血腥。它们总是用尖锐的爪子将猎物制服，然后用锋利的牙齿使劲撕咬，直到猎物鲜血淋漓，奄奄一息。

巨齿龙科 Megalosauridae

巨齿龙科恐龙是一群肉食恐龙，著名物种包括：巨齿龙、美扭椎龙以及蛮龙等。目前，巨齿龙科恐龙化石广泛发现于欧洲、北美洲、南美洲以及非洲等地，它们可能是棘龙科恐龙的近亲。

家族档案

主要特征

- 体型大小不等；
- 牙齿尖锐；
- 前肢具3个指爪。

生活简介

巨齿龙科恐龙生存于侏罗纪中期至晚期，生活范围较广，食肉。

蛮龙 *Torvosaurus*

- **生活时期** 侏罗纪晚期（1.53 亿 ~ 1.45 亿年前）
- **栖息环境** 多树平原
- **食　　性** 肉食
- **化石发现地** 美国

蛮龙是侏罗纪时代最大型的肉食恐龙之一，凶猛残忍，参差不齐又异常锋利的牙齿是辨认的主要依据。1972 年，第一件化石在美国科罗拉多州莫里逊组的干梅萨采石场被发现。虽然到目前还没有发现完整的骨骼化石，但在非洲发现的蛮龙化石，测量其上颌骨长可达 47 厘米，头颅骨长可达 1.8 米，通过这种巨大的头部结构可以推测，蛮龙绝对是一只大型的肉食恐龙，体型甚至超过了异特龙。

蛮龙是第一种被命名的恐龙——巨齿龙的“亲戚”，不过蛮龙的进化更为先进。

迪布勒伊洛龙 *Dubreuillosaurus*

◉ **生活时期** 侏罗纪中期（距今约 1.7 亿年前）
◉ **栖息环境** 红树林沼泽
◉ **食　　性** 鱼及其他海生动物
◉ **化石发现地** 法国

迄今为止只发现了一件迪布勒伊洛龙头骨化石。这个头颅骨长而低矮，据此估计，迪布勒伊洛龙成年后身长约 9 米，是一种中型的肉食恐龙。和巨齿龙一样，迪布勒伊洛龙的前肢短而有力，长有 3 指爪，后肢肌肉结实，尾巴僵直，可以保持身体平衡。另外，迪布勒伊洛龙的嘴巴里长满了尖尖的牙齿，它们会在浅水域捕捉滑溜溜的鱼吃。

美扭椎龙 *Eustreptospondylus*

◉ **生活时期** 侏罗纪中期（1.64 亿 ~ 1.61 亿年前）
◉ **栖息环境** 森林
◉ **食　　性** 植物
◉ **化石发现地** 英格兰

美扭椎龙是典型的兽脚类恐龙：头颅骨有空洞，大大减轻了身体重量；前肢短小、直立，且长有 3 指爪；后肢强壮，双足行走；尾巴坚实。目前只在英格兰南部的海洋沉积岩中发现了一具美扭椎龙化石。古生物学家推测，这具化石可能是一只幼年的美扭椎龙，死亡后被河流冲刷到海洋中。

非洲猎龙 *Afrovenator*

◉ **生活时期** 白垩纪早期（1.36 亿 ~ 1.25 亿年前）
◉ **栖息环境** 沙漠
◉ **食　　性** 肉类
◉ **化石发现地** 非洲

迄今为止只在非洲撒哈拉大沙漠发现过一具非洲猎龙化石，其完整度较高，包括头骨、脖子、躯干、上肢、后肢、尾巴等大部分骨骼。遗憾的是，由于非洲气候炎热，再加上年代久远，所以头骨的下颌骨不幸缺失了。不过，古生物学家还是精确地描述出了非洲猎龙的外貌：身长 8~9 米；牙齿锐利，长约 5 厘米；长有 3 指爪，是一种大而灵巧的兽脚类恐龙。

巨齿龙 *Megalosaurus*

◉ **生活时期** 侏罗纪中期（1.64 亿～ 1.59 亿年前）
◉ **栖息环境** 森林
◉ **食　　性** 肉食
◉ **化石发现地** 英国、法国、摩洛哥

早在 1677 年，一位英国牧师便零星地发现了许多巨齿龙的骨骼化石，不过他当时并不知道这是动物的化石，于是把它们当作是“巨人的遗骨”。直到一百多年后，又发现了巨齿龙的颌骨和牙齿化石，这才引起了生物学界的极大重视，最终为这些巨大的化石命名为巨齿龙。

外形

成年巨齿龙是一个成年人的2倍高，体长比两只犀牛还要长，头很大，嘴巴里长满了巨大的牙齿，四肢还长着长长的可怕的爪，是一种残暴、危险、充满攻击性的肉食恐龙。

牙齿

巨齿龙的上下颌骨长满了牙齿，每一颗牙齿相当于小型哺乳动物的整个颌部那么大，而且尖锐、弯曲，边缘呈锯齿状，齿根长在颌骨的深处，即使是经历一场激烈的打斗和撕咬，也不用担心牙齿会脱落。它们的名字也源于此。

气龙上颌骨化石

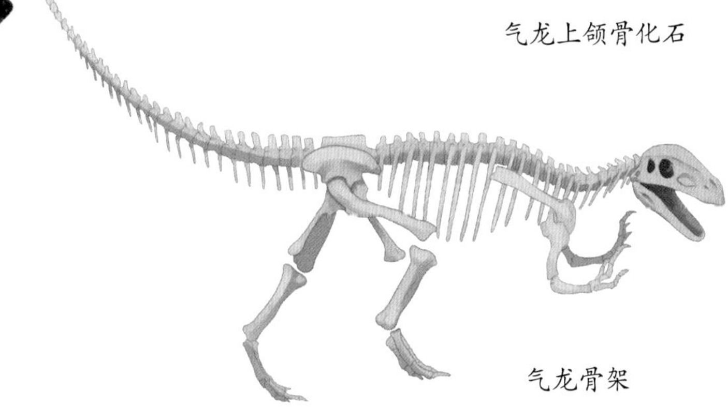

气龙骨架

气龙 *Gasosaurus*

- **生活时期** 侏罗纪中期（1.60亿～1.55亿年前）
- **栖息环境** 树林
- **食　　性** 肉食
- **化石发现地** 中国

其实，气龙和生气没有一点关系。因为它们的化石是我国一个调查天然气的工程队在四川省自贡市大山铺首先发现的，由于不知道是什么恐龙，就干脆叫它们气龙了。

古生物学家对气龙的头骨和骨架进行复原后发现，气龙的骨骼强壮得令人恐怖，它们在捕猎时，只要用“撞击法”就能杀死很多猎物。不过，气龙也可能根本没这么做过，因为它们的牙齿很锋利，边缘呈锯齿状，这能让它们轻松地咬死猎物，撕碎生肉。

棘龙科 Spinosauridae

棘龙科恐龙是群相当大型的二足掠食动物，生活在沼泽和江河入海处，脊背上的帆状物是它们独特的标志。从现在所发现的化石进行推测，古生物学家认为棘龙科恐龙是一种半水生的恐龙，它们可能和现代的鳄鱼、河马很像，既可以在陆地生活，也能在水中生活。而在食物方面，棘龙科恐龙凭借细长的吻部和巨大的爪子，很擅长捕食那些巨大的史前鱼类。

家族档案

主要特征

- 类似现代长吻鳄的颌部与牙齿；
- 圆锥状牙齿；
- 强壮的前肢，长着巨大的爪子；
- 背部有帆状物；
- 二足行走。

生活简介

棘龙科恐龙出现于侏罗纪晚期（距今约1.55亿年前），繁盛于白垩纪早期，当时是遍及非洲、南美洲、亚洲、欧洲等各大洲的恐怖掠食者，然而到了白垩纪中晚期，自然环境遭到严重破坏，棘龙科恐龙由于食物缺乏逐渐走向衰落和灭亡。

重爪龙 *Baryonyx*

- **生活时期** 白垩纪早期（距今约 1.25 亿年前）
- **栖息环境** 河岸
- **食　　性** 鱼类，也可能吃肉类
- **化石发现地** 英国、西班牙、葡萄牙

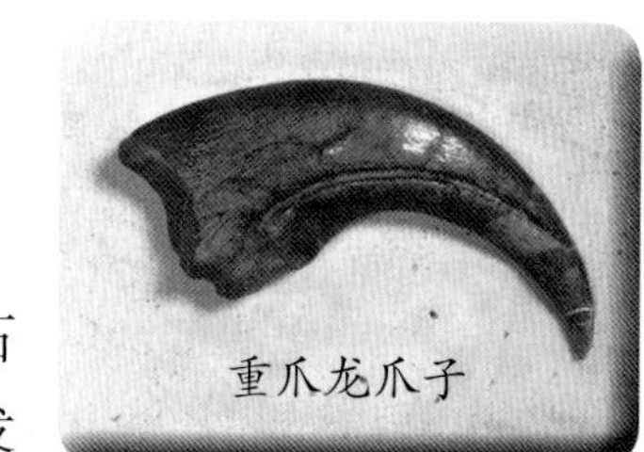
重爪龙爪子

1983 年，一个叫做威廉·沃克的化石收藏家在英格兰东南部一个泥坑里偶然发现了一个大爪子。因为这个爪子比他所见过的任何恐龙的爪子都要大，于是他就为这只巨爪的主人起名为“重爪龙”。

其实，这个巨爪是重爪龙拇指上的一个尖爪，长可达 35 厘米，像极了一对锋利的钩子。在巨爪的帮助下，重爪龙可以轻松地从湖水中捕鱼食用。而和现代的熊很像，重爪龙每次抓到鱼，总会用嘴叼住，钻到蕨树丛中慢慢享用。

似鳄龙 *Suchomimus*

- **生活时期** 白垩纪早期（距今约 1.2 亿～ 1.1 亿年前）
- **栖息环境** 多水沼泽地
- **食　　性** 鱼类，可能还有肉类
- **化石发现地** 非洲

似鳄龙得名于那像极了鳄鱼一样的细长吻部和锋利牙齿！似鳄龙的嘴巴里长着100多颗牙齿，牙齿向后弯曲，就像一把耙子。另外，似鳄龙也喜欢在河里抓鱼吃，这一点和鳄鱼也很像。不过，似鳄龙在发展进化的过程中走向了灭亡，而较小的鳄鱼却一直生存到今天。

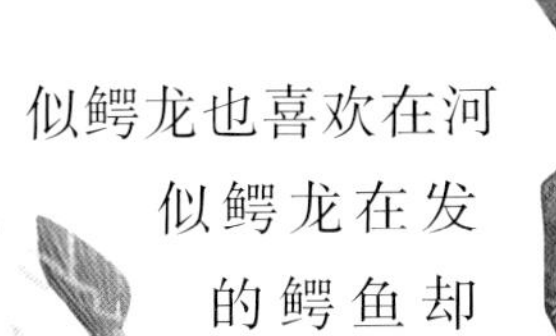

激龙 *Irritator*

- **生活时期** 白垩纪早期（距今约 1.1 亿年前）
- **栖息环境** 海岸附近
- **食　　性** 鱼类、腐肉
- **化石发现地** 巴西

激龙的化石相当不完整，到现在为止只发现了一些零散的骨骼化石：一个头颅骨、一个三节荐椎、一个六节尾椎、一个骨盆、一根大腿骨、一些背帆骨头和一根肋骨。幸运的是，头颅骨化石近乎完整，只缺少颌部前段，因此可以肯定的是，激龙的牙齿呈圆锥状，直而长，很适合咬住那些滑溜溜的东西，比如鱼类；而且它们的鼻孔位于头骨后方，这样即使将头浸在水面下捕食也不用担心被淹死啦！

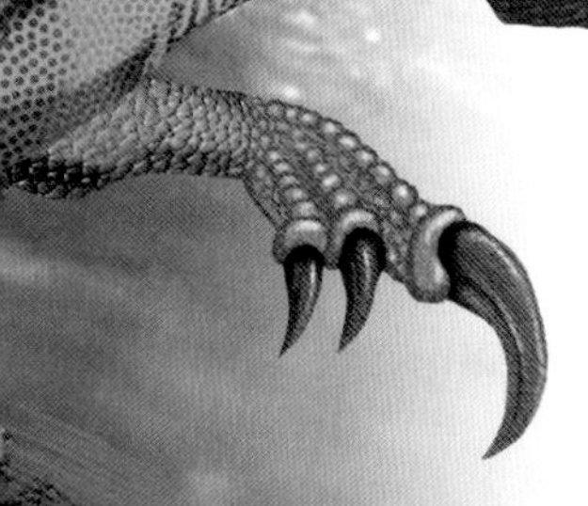

奥沙拉龙 *Oxalaia quilombensis*

- **生活时期** 白垩纪中期（距今约 9800 万 ~ 9300 万年前）
- **栖息环境** 河流、湖泊附近
- **食　　性** 鱼类、腐肉、小型恐龙及翼龙
- **化石发现地** 巴西

直到现在，奥沙拉龙的化石只发现了两块——一个前上颌骨，一个左上颌骨，并且仅有的两块化石都不完整。依靠残缺的“证据”，古生物学家经过细心的研究和推测，认为奥沙拉龙身长约为 12~14 米，体重约 7~10 吨，是目前在巴西发现的最大的兽脚类恐龙，而在全世界的兽脚类恐龙中，奥沙拉龙的体型仅次于棘龙、霸王龙、巨兽龙和魁纣龙。

棘龙 *Spinosaurus*

- **生活时期** 白垩纪早期（11200 万～9500 万年前）
- **栖息环境** 热带沼泽地
- **食　　性** 肉类，也可能吃鱼类
- **化石发现地** 阿根廷、北非

棘龙不仅是最大的兽脚类肉食恐龙，还可能是地球上有史以来最大的肉食动物。一只成年棘龙体长可达 18 米，高可达 6 米，体重可达 19 吨，甚至连著名的霸王龙、巨兽龙都甘拜下风！当然，棘龙最独特的地方还是背部那块高大的“帆”——脊椎骨上长出的一根根脊柱，被皮膜包裹后就成了一面巨大的帆。这块“帆”有一个成年人那么高，也是棘龙成名的重要原因。

有力的前肢

在肉食恐龙家族，大部分恐龙的前肢总是又短又小，几乎没什么大用处。可是棘龙的前肢却充满力量，不仅能下海抓鱼，还能捕杀陆地动物，可谓是横行海陆两地的“利器”。在这方面，凶狠的霸王龙也只能用那可怜的前爪挠痒痒了。

背帆之谜

棘龙的背帆到底有什么作用？直到今天，依然是个谜。不过，许多古生物学家对此进行了研究和推测。有人认为，棘龙在繁殖季节用背帆吸引异性。也有人认为，背帆是棘龙的一个“脂肪仓库”，类似于现在骆驼的驼峰，可以在缺水断粮时为自己提供能量。还有人认为，背帆是一个体温调节器，当感觉热时，棘龙就把背帆向着风，使血液温度下降；当感觉冷时，棘龙就将背帆朝着太阳取暖。

棘龙骨架

棘龙、鲨齿龙、霸王龙头骨对比

美颌龙科　Compsognathidae

在人们眼中，恐龙俨然已成为“庞大”“巨兽”等词语的代表，可是，并不是所有恐龙都长得高大又可怕，你瞧，在恐龙王国里，有一些恐龙竟然还不如一只鸡大，它们行动敏捷，有的身上还长着绒毛，到处抓捕小动物食用，这类恐龙属于美颌龙科。

美颌龙科恐龙完全改变了人们对恐龙的印象，它们算得上是个子最小的恐龙了。

家族档案

主要特征

- 体型小而轻盈，长有绒毛或鳞状皮肤；
- 头骨中空；
- 尾巴较长，在奔跑时可以平衡身体。

生活简介

美颌龙科恐龙最早出现于侏罗纪晚期，距今约 1.5 亿年前。它们大部分可能生活于海岸环境，周围主要是鱼类、介虫、棘皮动物、海洋软体动物等，所以小小的美颌龙科恐龙在当时可谓是顶级捕猎动物。大约在距今 1.08 亿年前的白垩纪早期，美颌龙科恐龙灭绝。

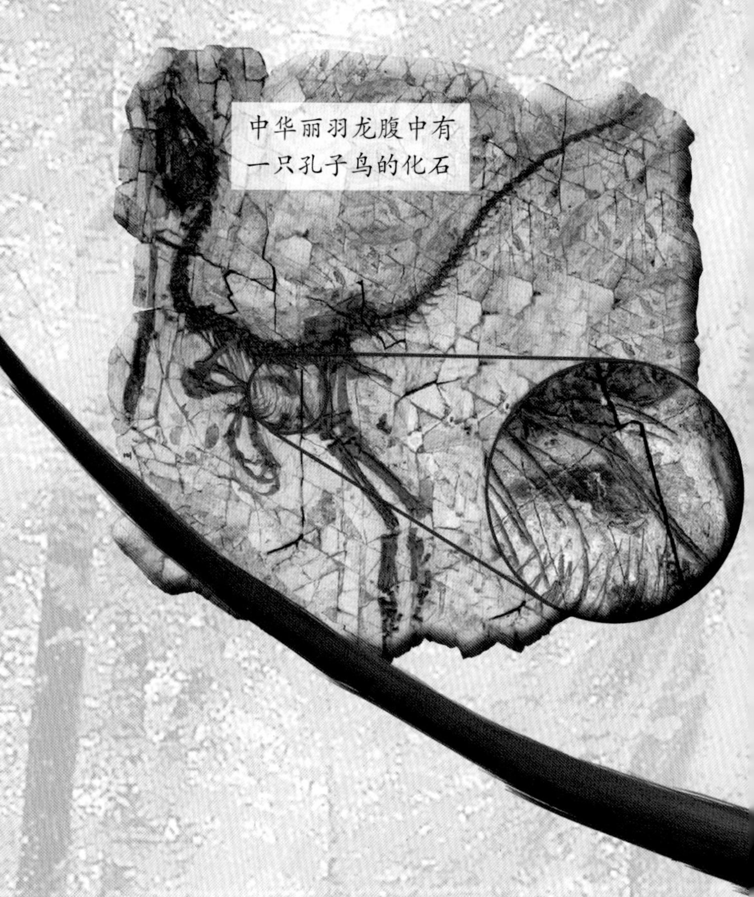
中华丽羽龙腹中有一只孔子鸟的化石

美颌龙　*Compsognathus*

- **生活时期**　侏罗纪晚期（1.55 亿 ~ 1.45 亿年前）
- **栖息环境**　温暖湿润的地区和低地
- **食　　性**　昆虫、蜥蜴、小型哺乳动物
- **化石发现地**　德国、法国

除了陆地追击，美颌龙还是厉害的爬树高手！每当猎物顺着树干爬上去时，美颌龙就会迅速跟上，上树将它抓住。

美颌龙是一种很有名气的恐龙，它们不仅娇小轻盈，拥有漂亮中空的头骨，还具备灵敏的视觉、纤细的后肢、长长的尾巴，这使得它们行动起来十分敏捷、出击十分准确。最特别的是，美颌龙的前肢比后肢更细小，前肢有三指，都长着利爪，这大大方便了它们抓取猎物。

侏罗猎龙 *Juravenator*

- **生活时期** 侏罗纪晚期（1.5 亿年前）
- **栖息环境** 森林或山地
- **食　　性** 肉类
- **化石发现地** 德国

大部分科学家都认为美颌龙科恐龙是一种长有羽毛的恐龙，不过，在德国巴伐利亚州的索伦霍芬发现的侏罗猎龙化石却没有任何羽毛的痕迹，而是有许多鳞甲的印痕，这也说明羽毛的进化是相当复杂的。当然，也不能从化石来完全肯定侏罗猎龙是没有羽毛的恐龙，因为这件化石可能是幼体，而只有成年侏罗猎龙才会长出羽毛；或者侏罗猎龙会季节性地长出或脱落羽毛；甚至是化石本身未能保存羽毛。

侏罗猎龙化石

中华丽羽龙 *Sinocalliopteryx*

- **生活时期** 白垩纪早期（1.246 亿年前）
- **栖息环境** 森林
- **食　　性** 肉类
- **化石发现地** 中国

中华丽羽龙意为“中国的美丽羽毛”，其化石发现于中国辽宁省义县尖山沟。体长达 2.37 米，是迄今为止发现的最大的美颌龙科恐龙化石，也是已知最大型的有羽毛恐龙。和中华龙鸟相似，中华丽羽龙的身体表面也覆盖着一层羽毛，最长的羽毛位于大腿后侧、臀部及尾巴基部，各部位羽毛长度不同，最长可达 10 厘米。

中华丽羽龙骨架

中华龙鸟 *Sinosauropteryx*

- **生活时期** 白垩纪早期（1.3 亿～1.25 亿年前）
- **栖息环境** 森林
- **食　　性** 肉类
- **化石发现地** 中国辽宁

中华龙鸟化石的发现是近百年来恐龙研究史上最重要的发现之一。1996 年，在我国辽宁省朝阳市的北票四合屯发现了一件震惊全世界的化石——看起来既像鸟，又像恐龙，最令人兴奋的是它的背部从头到尾长着细丝状的皮肤衍生物，毫无疑问，这是羽毛。于是，古生物学家就为其起名为“中华龙鸟”。这是世界上第一个保存有类似结构的恐龙化石，不仅对研究鸟类起源有着重要意义，还是研究恐龙演化的重要证据。

另外，中华龙鸟身体结构比始祖鸟更原始，所以中华龙鸟已经超越始祖鸟，成为了恐龙向鸟类演化的鼻祖。

中华龙鸟化石

似鸟龙科 Ornithomimidae

似鸟龙科恐龙拥有细长颈部、喙状嘴，外形极像鸟，所以又被称为“鸟类模仿者”。在恐龙家族中，一般植食恐龙会吞食石块来促进消化，不过在似鸟龙科恐龙的化石中也发现了胃石，所以古生物学家认为似鸟龙科恐龙是一种植食恐龙。但是，这类恐龙都是从肉食恐龙演化来的，所以它们也可能吃一些小型肉食动物，比如小型哺乳动物、蜥蜴等，所以似鸟龙科恐龙可能是一种食谱很广泛的杂食性恐龙。

家族档案

主要特征

- 体形与鸟相似；
- 脖颈细长；
- 后肢修长，可以迅速奔跑；
- 长长的尾巴用来平衡身体。

生活简介

似鸟龙科恐龙出现于白垩纪早期，距今约 1.3 亿年前。它们以与鸟类相似的体形而成名，虽然没有厉害的武器保护自己，只有逃跑一种生存技能，但还是在竞争残酷的恐龙王国生存了将近七千万年，直到白垩纪晚期才灭绝。

似鸟龙 *Ornithomimus*

- **生活时期** 白垩纪晚期（7600 万～6500 万年前）
- **栖息环境** 森林、沼泽
- **食　　性** 杂食
- **化石发现地** 美国、加拿大

有翼飞行的起源一直是古生物学界的一个热门讨论话题。在对似鸟龙的化石进行细致研究时，科学家发现类翼前肢和数百个细丝状痕迹，说明它们长有羽毛。似鸟龙所在恐龙种群的化石记录的历史比手盗龙早数百万年。这一发现说明翅膀和羽毛出现的时间早于手盗龙类。不过，据研究人员估计，似鸟龙并不会飞。它们的体重在 150 千克左右，翅膀可能拥有其他功能，例如求爱或者孵化幼仔。

似鸵龙 *Struthiomimus*

- **生活时期** 白垩纪晚期（7600 万 ~ 6400 万年前）
- **栖息环境** 开阔地带、河岸
- **食　　性** 杂食
- **化石发现地** 美国、加拿大

似鸵龙因为外形与鸵鸟相似而得名。不过，它们在最初被发现时，由于化石看起来很像似鸟龙，所以人们一直认为它们是一种恐龙。不过，似鸵龙的前肢更长，拇指和其他手指并不对称，这才将二者区分开来。

似鸵龙也是一种十分善于奔跑的似鸟龙科恐龙，而且它们还有独特的装备——脚上长着平直而狭窄的爪子，好像跑鞋上的鞋钉，可以防止脚下打滑；一条长长的尾巴笔直地伸着，可以保持身体平衡。快速奔跑是似鸵龙保护自己、逃脱追捕的唯一本领。

似鸵龙的骨骸，位于牛津大学自然历史博物馆

似鸡龙 *Gallimimus*

- **生活时期** 白垩纪晚期（7400 万 ~ 6500 万年前）
- **栖息环境** 沙漠、平原
- **食　　性** 杂食
- **化石发现地** 蒙古国

似鸡龙被称为“鸡的模仿者”。但是成年似鸡龙体长可达4~6 米，体重可达 440 千克，这可不是一只鸡可以相比的，所以似鸡龙还是最大的似鸟龙科恐龙。似鸡龙最有趣的地方还在于它的前肢——又短又小，长着 3 根锋利而弯曲的指爪。遗憾的是，看上去很厉害的爪子既不能攻击敌人，也无法撕开生肉，平时似鸡龙只用它们勾住树枝或扒开泥土，寻找食物吃。

似鸡龙还有令人刮目相看的地方——它们是恐龙家族中的“短跑之王”！当一只似鸡龙迈开大步奔跑时，简直像一阵风，可以轻松地超越一匹赛马。

灵鳄

- **生活时期** 三叠纪晚期（距今约 2.1 亿年前）
- **栖息环境** 丛林
- **食　　性** 未知，可能为杂食
- **化石发现地** 美国

灵鳄生活在三叠纪时期的北美洲西部丛林中。这种动物不仅长得很像恐龙，而且行为、食性也可能与恐龙十分相似。不过，它的脚踝构造却与鳄鱼更相近，因此现在许多古生物学家认为，灵鳄并不是恐龙，只不过演化出了与恐龙家族中的似鸟龙科恐龙相似的体形，实际上它们属于爬行类动物中的一个分支。

灵敏的身体

灵鳄是一种行动比较灵活的动物，拥有小小的脑袋和大大的眼睛，由于前肢短小，一般用粗壮的后肢行走和奔跑，同时长尾巴负责平衡身体。

在三叠纪晚期，像灵鳄这样的爬行动物十分常见，它们可能是由于火山喷发引起气候变化而最终灭绝。

灵鳄头骨

食性之谜

灵鳄的嘴巴前端突出呈喙状，不过却没有牙齿，所以对于它的食性一直无法确定。古生物学家推测，灵鳄行动机敏，可能会捕食小型动物，比如蜥蜴，不过它也有可能用喙来啄食松果或蛋类。所以，目前普遍观点认为，灵鳄是一种杂食动物。

幽灵牧场展出的化石骨架

幽灵牧场

窃蛋龙类　Oviraptorosauria

窃蛋龙是一种不会飞行、长着羽毛的恐龙，它们与鸟类非常接近，因此有的科学家认为，窃蛋龙是早期不会飞的鸟类的祖先。

窃蛋龙类恐龙化石最早发现于蒙古国。由于古生物学家第一次发现窃蛋龙化石时，发现它正趴在一窝蛋上面，于是认为这是一只正在偷蛋的恐龙，就给它们起了这个充满嘲讽意味的名字。后来，随着越来越多化石的发现，人们才意识到这类恐龙并不是在偷蛋，而是像鸟类一样具有筑巢、孵蛋和保护幼仔的行为。可惜根据动物命名法，它们的名字已经无法更改了。

家族档案

主要特征

- 头颅骨有许多气腔；
- 嘴巴呈喙状，吻部短，无齿；
- 鼻孔位于口鼻部后方非常高的位置；
- 头顶有装饰的脊冠；
- 身披羽毛。

生活简介

窃蛋龙类恐龙生活在距今8400万～6500万年前的白垩纪。迄今为止，窃蛋龙类恐龙的巢穴、蛋以及胚胎化石，大多数发现于中国和蒙古国的戈壁沙漠。

窃蛋龙　*Oviraptor*

- **生活时期**　白垩纪晚期（8500万～7500万年前）
- **栖息环境**　草原或半沙漠地带
- **食　　性**　植物或肉类
- **化石发现地**　中国、蒙古国

正在孵蛋的窃蛋龙

窃蛋龙是窃蛋龙类恐龙的代表。它们体型娇小，看起来就像一只火鸡，全身也许还披满羽毛；头顶有一个高高耸起的骨质头冠，十分显眼；嘴巴里没有牙齿，但是尖锐的喙强而有力，可以敲碎坚硬的骨头。因此古生物学家推测，窃蛋龙除了食果实外，还会找一些软体动物来吃，所以它们应该是一种杂食性的恐龙。

窃蛋龙喜欢群体生活，常常结伴活动或寻找食物。它们行动敏捷，当遇到危险时，飞速逃离是它们唯一的选择。

前肢

窃蛋龙的前肢很强壮，每个手掌长着三个指，而且每个指都长着尖锐弯曲的爪子。不过，第一个指较其他两个指短，就像人们的大拇指，却可以向着其他两个指呈弧状弯曲，从而把猎物紧紧抓住。

成员

我国内蒙古地区曾经生活过两种窃蛋龙：一种叫做爱角龙窃蛋龙，生活在炎热缺水的沙漠地区；另一种叫做蒙古窃蛋龙，生活在潮湿草原和森林边缘。所以说，窃蛋龙并不单单是指一种恐龙，还包括其他家族成员。

孵化

孵化宝宝对窃蛋龙来说是一件非常重大的事情。每次产蛋前，窃蛋龙夫妇都会一起建造一个大坑，然后在坑里铺上各种植物，利用植物腐烂后散发的热量来孵化恐龙蛋。有时，雌窃蛋龙还会像母鸡一样伏卧在蛋上护巢，而雄窃蛋龙也守在旁边，除了寻找食物很少离开。当小窃蛋龙出生后，窃蛋龙夫妇还会细心照顾很长时间，直到它能独立生活。

尾羽龙 *Caudipteryx*

- **生活时期** 白垩纪早期（1.36 亿～1.2 亿年前）
- **栖息环境** 湖边
- **食　　性** 植物
- **化石发现地** 中国

尾羽龙是一种外形十分独特的恐龙，全身布满短绒毛，前肢呈翼状，且长着大片华丽的羽毛，尾巴上还有一束束扇形排列的尾羽，不过它们的羽毛无法用于飞行，是用来保暖和吸引异性的。而对于古生物学家来说，尾羽龙的羽毛还有更重要的研究价值——这些羽毛具有明显的羽轴，也发育有羽片，总体形态和现代鸟类羽毛非常相似，是鸟类从恐龙演化而来的最明确的证据。

切齿龙 *Incisivosaurus*

- **生活时期** 白垩纪早期（距今约 1.28 亿年前）
- **栖息环境** 森林、草地
- **食　　性** 植物
- **化石发现地** 中国

切齿龙是目前发现的最原始的窃蛋龙类恐龙。它们的头骨发生特化，和鸟类十分相似，所以有一些学者认为它们或许本身就是一种不会飞行的鸟类。切齿龙最特别的地方在于它的牙齿形态：前上颌骨长着 1 对非常大的门齿，与现在的老鼠很像，而且牙齿上还有在植食恐龙中常见的明显的磨蚀面，这些特征都表明切齿龙是一种植食恐龙。

这也是在兽脚类恐龙中首次发现植食恐龙。

巨盗龙 *Gigantoraptor*

- **生活时期** 白垩纪晚期（距今约 8500 万年前）
- **栖息环境** 沙漠、平原
- **食　　性** 杂食
- **化石发现地** 中国

唯一一具巨盗龙化石在 2005 年发现于内蒙古，这是一只幼年巨盗龙，直立高度大约是人体的 2 倍，古生物学家以此推测，成年巨盗龙体长可达 11 米，高可达 6 米，体重可达 4 吨，是目前已知体型最大的窃蛋龙类恐龙。巨盗龙长着像海龟般的喙，虽然还没有找到长着羽毛的直接证据，但窃蛋龙类恐龙包括了很多有羽毛恐龙，所以古生物学家认为巨盗龙也可能长着羽毛。于是很长一段时间里巨盗龙就成了体型最大的长羽毛的恐龙，直到 2012 年华丽羽王龙的发现，才打破了这个纪录。

葬火龙 *Citipati*

- **生活时期** 白垩纪晚期（距今约 7500 万年前）
- **栖息环境** 沙漠、戈壁或荒原
- **食　　性** 杂食
- **化石发现地** 蒙古国

葬火龙是体型第二大的窃蛋龙类恐龙，它们最特别的地方在于头顶的脊冠，与现代的食火鸡非常相似。同时，葬火龙的蛋还是窃蛋龙类恐龙中最大的。目前已发掘了多具葬火龙化石，其中多数都是成年葬火龙坐在巢穴里护蛋的情景。它们的蛋一般排列成三层的同心圆，一次可以孵多达 22 个蛋。蛋的形状像拉长了的椭圆形，长可达 18 厘米，比窃蛋龙的蛋还长了 4 厘米。不过，葬火龙想要用前肢把巢穴周围覆盖住，除非长着羽毛，否则大部分蛋都会暴露在身体外面。

河源龙 *Heyuannia*

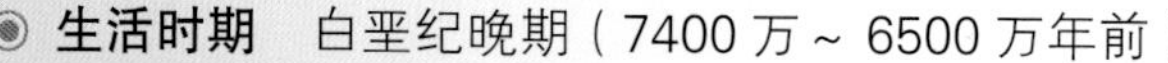

- **生活时期** 白垩纪晚期（7400 万 ~ 6500 万年前）
- **栖息环境** 沙漠、平原
- **食　　性** 杂食
- **化石发现地** 中国

黄氏河源龙是第一个在中国发现的窃蛋龙类恐龙。1999 年 7 月，在广东河源市出土的 7 具恐龙化石，其身体构造与鸟类相当接近，同时为感谢河源市博物馆馆长黄东为此所作的贡献，这些恐龙化石便被命名为黄氏河源龙。虽然当时 7 具骨骼化石的肢体非常不完整，可因为资金紧缺，发掘工作未能继续下去，这也使得黄氏河源龙成为了无头龙。直到四年后，河源市再次进行抢救性挖掘，这才使黄氏河源龙的趾骨、股骨、头骨等一系列化石出土。黄氏河源龙的手臂及手指很短，拇指更已经退化。

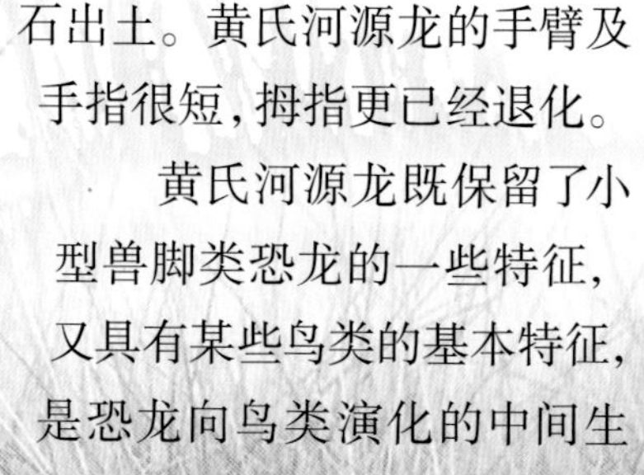

黄氏河源龙既保留了小型兽脚类恐龙的一些特征，又具有某些鸟类的基本特征，是恐龙向鸟类演化的中间生物，具有十分重要的研究意义。

驰龙科 Dromaeosauridae

驰龙科恐龙是一类中小型的细长的肉食恐龙，目前发现最小的大黑天神龙体长只有 70 厘米，而最大的犹他盗龙体长可达 6 米。驰龙科恐龙的外形与鸟类非常相似，有些化石的身体保存着绒羽，手、臂、尾巴都保存着正羽，还有些化石虽然身体上没有羽毛，但前臂骨头上有突起，可能曾经有羽毛附着。总之，古生物学家认为这类恐龙是有羽毛的恐龙，甚至是鸟类的近亲。不过，作为兽脚类恐龙，驰龙科恐龙虽然也以后肢行走，但不是三根脚趾接触地面，而只是用第三、第四脚趾支撑身体重量，将锋利的第二趾翘起，是一种双趾型动物。

家族档案

主要特征

- 头部大，牙齿边缘呈锯齿；
- 眼睛大而向前，具有立体视觉；
- 颈部细长，呈 S 形；
- 前肢有三根手指，第一指最短，第二指最长，各指上有大型指爪；
- 第二脚趾上有大型、弯曲趾爪；
- 尾巴修长。

生活简介

驰龙科恐龙最早出现于距今约 1.67 亿年前的侏罗纪中期，繁盛于白垩纪，存活时间超过 1 亿年，到白垩纪晚期灭绝。目前，化石已在世界各地甚至南极洲都有发现。不过侏罗纪时期的驰龙科恐龙化石只发现了牙齿。

犹他盗龙 *Utahraptor*

- **生活时期** 白垩纪早期（1.26 亿年前）
- **栖息环境** 平原和林地
- **食　　性** 肉类
- **化石发现地** 美国

犹他盗龙是一种身体条件非常出色的恐龙：个子高而体重很轻，跑起来很快；视力与老鹰相当，可以准确追踪猎物；反应速度超快，1 秒内可以对多种事物作出反应；大脑膨胀较大，是一种高智商的恐龙，会自己解决问题；第 2 脚趾长约 35 厘米，是非常厉害的攻击武器。除了智商高、反应快、武器厉害，犹他盗龙身体还很灵活，当它们在空中高高跃起时，可以突然转过身来，实在令人惊讶。另外，犹他盗龙每小时可以奔跑大约 50 千米，这种速度在肉食恐龙家族中算是相当快的了。

恐爪龙 *Deinonychus*

- **生活时期** 白垩纪早期（1.15 亿～ 1.08 亿年前）
- **栖息环境** 森林和沼泽
- **食　　性** 肉类
- **化石发现地** 美国

恐爪龙骨架

恐爪龙被认为是20世纪中期最重要的发现，它的出现改变了人们对于恐龙臃肿又愚笨的印象，甚至古生物学家开始认为，恐龙可能是一种温血动物。无论如何，恐爪龙长久以来都被赋予了“恐怖杀手”之称，虽然个头并不高大，但是以速度和屠杀成为了白垩纪早期最凶猛的肉食恐龙之一。

恐爪龙因为长着一对巨大的趾爪而名声大噪。不过，它们“镰刀爪”的大小和形状，可能会因为个体、年纪不同而不同，而且镰刀爪也不是用来割破猎物的肚皮，而是用来刺戳猎物的，同时也可能是爬上动物身体的重要工具。

伶盗龙 *Velociraptor*

- **生活时期** 白垩纪晚期（8500 万年前）
- **栖息环境** 沙漠、灌木丛
- **食　　性** 蜥蜴、哺乳动物、小型恐龙
- **化石发现地** 蒙古国、中国

伶盗龙又叫迅猛龙，是一群行动敏捷的盗贼。虽然身体覆盖着短羽，看起来就像一只火鸡，大小更是没法和暴龙、异特龙等相比，但是它们有锋利的牙齿和尖锐的爪子，而且奔跑迅速，十分聪明，所以在肉食恐龙家族中，迅猛龙算得上是一位“狠角色”。1971 年，在蒙古国挖掘出一具伶盗龙化石，可以清晰地看到一只伶盗龙正在和一只原角龙进行激烈的搏斗。可能是沙丘突然坍塌或者沙漠风暴突然来袭，将它们迅速掩埋在地下。

驰龙 *Dromaeosaurus*

- **生活时期** 白垩纪晚期（7600 万 ~ 7400 万年前）
- **栖息环境** 森林、平原
- **食　　性** 肉食
- **化石发现地** 加拿大、美国、中国

目前驰龙的化石只发现了一件不完整的头骨和少量骨骼，所以还无法进行组装和复原。不过，古生物学家通过这仅有的几块化石，还是对这种恐龙有了初步认识，比如：驰龙的脑袋很大，是一种比较聪明的恐龙；有一双大眼睛，视力出色；四肢修长，可以迅速奔跑；身上有羽毛痕迹，是恐龙向鸟类进化的重要证据之一。最令人兴奋的是，驰龙是人类发现的第一种脚上长着镰刀爪的恐龙——它的第 2 脚趾十分锋利，既能砍，又能劈，是一件厉害的“武器”。

小盗龙 *Microraptor*

- **生活时期** 白垩纪早期（1.3亿～1.25亿年前）
- **栖息环境** 森林
- **食　　性** 蜥蜴、昆虫、小型哺乳动物
- **化石发现地** 中国辽宁

小盗龙是已知最小的恐龙之一，目前在我国已发现很多化石，有超过20多具骨骼保存完好。这种恐龙大小跟现代的鹰相似，全身覆盖着羽毛，但不属于鸟类，也没有鸟类用来飞行的“飞行肌”。所以有的古生物学家猜测，小盗龙之所以会飞，是因为它们平时可能居住在树上，张开四肢，借助羽毛在树林中滑翔，经过很多年便学会了飞行本领；也有的古生物学家认为，小盗龙居住在地上，它们在追捕猎物时用力地奔跑，经过很多年便练出了飞行绝技。

其实，无论哪种观点，都是对鸟类是从恐龙进化来的这一假说的新的、有力的支持。

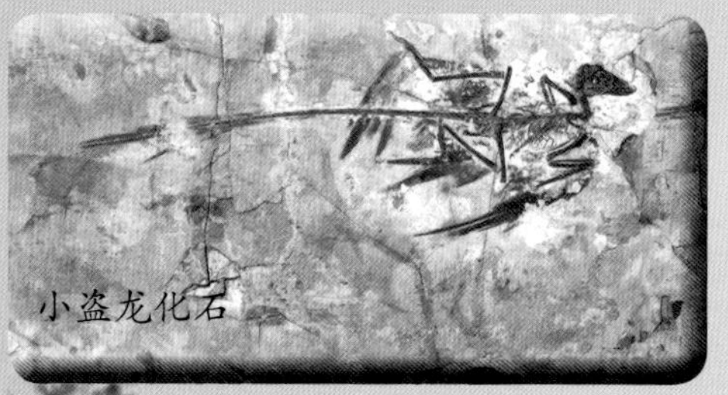
小盗龙化石

牙齿

大多数肉食恐龙的牙齿两侧都有锯齿，这使得其牙齿像牛排餐刀一样，用于撕咬猎物，可是小盗龙的牙齿只有一侧有锯齿，且牙齿向前勾。这意味着小盗龙不会在猎物挣扎时将其撕开，而是像鳄鱼一样，将猎物整个吞下。

食物

很长一段时间以来，古生物学界认为小盗龙只猎食鸟类和陆地小动物。直到在中国的火山灰中发现了一块小盗龙化石，发现其胃部有鱼的化石，人们这才相信，小盗龙有着多样化的食性，它们会捕食鱼类，甚至其他更大的猎物。

顾氏小盗龙

顾氏小盗龙有着“四翼恐龙”之称。因为它们的四肢长着鸟类家族的飞羽。当四肢张开时，就像张开了四只翅膀，真是奇怪又有趣。

赵氏小盗龙

小盗龙家族还有另一位重要成员——赵氏小盗龙。虽然四肢没有长长的飞羽，但全身披挂着羽毛，所以赵氏小盗龙可能是一种居住在树上的恐龙，除了可以在林间滑翔，它们还是十分厉害的爬树高手。

中国鸟龙 *Sinornithosaurus*

◉ **生活时期** 白垩纪早期（1.3 亿 ~ 1.25 亿年前）

◉ **栖息环境** 森林

◉ **食　　性** 肉食，或许为杂食

◉ **化石发现地** 中国辽宁

中国鸟龙化石

1999 年，中国鸟龙的化石首次发现于我国辽宁省朝阳市的北票四合屯，几件化石保存得相当完整，其中有一块叫“戴夫”的化石完好程度更是令人赞叹！这件化石从头到尾有清晰的羽毛覆盖痕迹，说明中国鸟龙是长着羽毛的恐龙。

中国鸟龙是第五个发现的有羽毛恐龙，也是有羽毛恐龙中最接近鸟类的一种，同时也被认为是鸟类的鼻祖。但是，中国鸟龙不会飞翔。

沟槽牙齿

中国鸟龙可能是世界上第一种分泌毒液的恐龙。这是因为它的牙齿长长的，上面有细细的沟槽，这和现代的毒蛇、毒蜥蜴非常相似。所以古生物学家猜测，中国鸟龙是有毒恐龙，它们咬住猎物，接着注入毒液，从而麻痹并杀死猎物。

鸟类特点

中国鸟龙是驰龙科的早期成员，尽管不会飞，但是已进化出了许多鸟类特征，比如：头后骨骼和大多数恐龙都不相同；肩带结构与德国始祖鸟几乎没有区别；骨骼系统已经具备了拍打式飞行的要求……这一系列特征使得中国鸟龙的发现成为了兽脚类恐龙向鸟类演化的重要依据之一，同时也为之前一些重要形态特征的演化提供了连接的环节。

腔骨龙科 Coelophysidae

腔骨龙科恐龙是一群原始的肉食兽脚类恐龙。其实，在腔骨龙科这一名称诞生的14年前，古生物学家已经命名了一种快足龙科，它是现在腔骨龙科的异名。不过，由于快足龙科恐龙的模式标本在一次大火中遭到破坏，无法再与其他新发现的化石进行对比分类，因此快足龙科被取消，被新的腔骨龙科取代。

家族档案

主要特征

- 身体小而轻盈；
- 头颅骨有孔洞，较轻；
- 善于奔跑。

生活简介

腔骨龙科恐龙繁盛于三叠纪晚期至侏罗纪早期，以肉类为食，但食性较为广泛。

理理恩龙 *Liliensternus*

- **生活时期** 三叠纪晚期（2.25 亿 ~ 2.13 亿年前）
- **栖息环境** 森林
- **食　　性** 肉类
- **化石发现地** 德国、法国

理理恩龙是一种生活在三叠纪时期的小型肉食恐龙。它们非常聪明，常常几只聚集，隐藏在河水中对高大的板龙进行偷袭。不过，理理恩龙有一个很大的弱点——头上有两片薄薄的脊冠，很不结实，一旦在捕食或搏斗中断掉，理理恩龙就会因为剧烈的疼痛而放弃猎物并逃走。

并合踝龙 *Syntarsus*

◉ **生活时期** 三叠纪晚期（距今约2.194亿年前）
◉ **栖息环境** 林地及河岸
◉ **食　　性** 鱼、动物腐尸、小型爬行动物，也可能吃同类幼儿
◉ **化石发现地** 津巴布韦

并合踝龙成年后体长只有3米，体重约32千克。可千万别小瞧它们，这种恐龙成群生活在一起，许多小动物见到它们都会退避三舍。并合踝龙体态均匀，骨架中空，奔跑速度非常快；眼睛大似灯泡，可能是一种夜行性动物；拥有锋利的尖爪和锯子般的牙齿，可以轻易地撕咬猎物。所以说，小小的并合踝龙其实一种十分凶猛的恐龙。

并合踝龙头骨化石

腔骨龙 *Coelophysis*

◉ **生活时期** 三叠纪晚期(2.08亿～2.00亿年前)
◉ **栖息环境** 沙漠、平原
◉ **食　　性** 蜥蜴、鱼类和小腔骨龙
◉ **化石发现地** 北美

腔骨龙有一辆小汽车那么大，可重量却跟一个七八岁孩子差不多，你知道为什么吗？其实，答案就在于它们的头部和四肢。腔骨龙的脑袋大大的，但是上面有许多大孔，这样就减轻了头颅的重量；同时它们的骨架非常纤细，而且四肢骨头又都是空心的，所以庞大的腔骨龙就变得很轻盈。

关于腔骨龙还有一件令人激动兴奋的事，那就是在1998年，一块陈列在卡内基自然历史博物馆中的腔骨龙头颅骨化石搭乘美国奋进号航天飞机飞上了太空，并进入和平号空间站接受试验。这是继慈母龙之后第二种登上太空的恐龙化石。

双嵴龙 *Dilophosaurus*

◉ **生活时期** 侏罗纪早期(2.01亿～1.89亿年前)
◉ **栖息环境** 河岸
◉ **食　　性** 肉类
◉ **化石发现地** 美国、中国

双嵴龙最引人注目的地方就是头顶上长着一对高高耸起的骨质头冠。这对头冠从前额延伸到后脑勺，呈半月形，薄而脆弱，除了作为"装饰品"吸引异性、辨认自己，头冠几乎不可能有其他用途，更无法作为武器进行打斗。凭借独特的外形，双嵴龙成为了一种很受欢迎的恐龙，在著名电影《侏罗纪公园》中，它们就曾出演过重要角色。

中华盗龙科 Sinraptoridae

侏罗纪晚期是肉食恐龙的繁盛时期，目前中华盗龙科包括的三个物种：中华盗龙、永川龙和四川龙全部发现于这一地层中，同时期的肉食恐龙还发现了棘龙。

家族档案

主要特征

- 身体中型到大型；
- 有的头颅骨有孔洞；
- 凶猛，善于奔跑。

生活简介

中华盗龙科恐龙主要生存于侏罗纪时期，是一群肉食性的恐龙。

中华盗龙 *Sinraptor*

- **生活时期** 侏罗纪晚期
- **栖息环境** 森林
- **食　　性** 肉类
- **化石发现地** 中国

中华盗龙，意为来自中国的“盗贼”。其头骨化石保存得相当完好，显著特征为：颧骨发育成大的气腔，腭骨气腔化，颞颥间骨较长，并包含眶后骨。目前已有两个被命名物种：一种为董氏中华盗龙，发掘于新疆准噶尔盆地；另一种为和平中华盗龙，发掘于四川省自贡市和平乡。从化石发现地分析可知，中华盗龙曾经的生活范围非常广泛。

中华盗龙骨架图

四川龙 *Szechuanosaurus*

- **生活时期** 侏罗纪晚期
- **栖息环境** 河岸
- **食　　性** 肉类
- **化石发现地** 中国四川

四川龙与小型异特龙较为相似，成年后体长约 7 米，体重 100 ~ 150 千克，最特别的在于牙齿：前面的牙齿凸度大，前缘锯齿深，可直达齿冠基部，并向舌面严重弯曲；其余牙齿厚度相当于宽度的 2/3，前缘锯齿向舌面弯曲程度不等。目前已有两个命名物种，分别是甘氏四川龙和自贡四川龙。其中甘氏四川龙是一群游荡在四川盆地的凶猛的掠食者，最早由一位外国天主教士发现。

永川龙 *Yangchuanosaurus*

- **生活时期** 侏罗纪晚期（1.6 亿年前）
- **栖息环境** 丛林、湖泊
- **食　　性** 肉类
- **化石发现地** 中国四川

永川龙发现于我国重庆市永川地区，是目前已知我国最大的肉食恐龙（侏罗纪时期）。它们脾气暴躁，喜欢独居，常常会攻击植食恐龙。永川龙的脑袋很大，上面有 6 对窟窿眼儿，减轻了头部的重量，使它们行动起来更方便、轻盈。另外，永川龙的前肢短小而灵活，可以很轻巧地抓住猎物，同时有与鸟类相似的三趾型足掌，利于它们快速奔跑。

鲨齿龙科 Carcharodontosauridae

从白垩纪早期到中期，鲨齿龙科恐龙是南半球各大陆及北美洲最大型的掠食动物，占据着各食物链的顶端。然而，在距今约9300万年前，鲨齿龙科突然全部灭绝。至于原因，古生物学家推断：鲨齿龙科恐龙重视体型和咬合力的演化，忽视智力、视力及反应力的发展，结果随着速度、视力、反应力更出色的暴龙科和阿贝力龙科恐龙的出现、壮大，严重冲击了鲨齿龙科恐龙的统治地位，于是鲨齿龙科恐龙在激烈而残酷的竞争中，逐渐走向衰落，并最终灭亡。

家族档案

主要特征

- 体型巨大；
- 头部大而有力，牙齿锋利；
- 前肢短小，后肢粗壮有力。

生活简介

鲨齿龙科恐龙出现于距今约1.54亿年前的侏罗纪晚期，在恐龙世界里称霸和辉煌了长达3千万年，其生活足迹几乎踏遍了世界各大洲。

鲨齿龙 *Carcharodontosaurus*

- **生活时期** 白垩纪中期(9800万~9300万年前)
- **栖息环境** 泛滥平原和红树林
- **食　　性** 肉类
- **化石发现地** 非洲

鲨齿龙意为“鲨鱼牙齿的蜥蜴”。这是因为其牙齿类似餐刀，又薄又利，有明显纹路，和现代大白鲨的牙齿很相似，故得此名。鲨齿龙是史上最大的肉食恐龙之一，主要生活于非洲，成年后体长可达14米，仅次于巨兽龙和埃及棘龙，世界上第三长的肉食恐龙。

巨兽龙 *Giganotosaurus*

- **生活时期** 白垩纪中期（9300 万 ~ 8900 万年前）
- **栖息环境** 森林、沼泽
- **食　　性** 肉类
- **化石发现地** 阿根廷

巨兽龙全称南方巨兽龙，它是史上最厉害的掠食者之一。不过，在它们生活的年代和地区，还居住着地球史上最庞大的植食恐龙——阿根廷龙。可想而知，两种恐龙难免会常常碰面，而聪明且奔跑迅速的巨兽龙想要享用这个“巨无霸”是非常困难的，这也可能是它们将体型进化到如此庞大地步的重要原因。

马普龙 *Mapusaurus*

- **生活时期** 白垩纪中晚期（9500 万 ~ 8900 万年前）
- **栖息环境** 森林
- **食　　性** 肉类
- **化石发现地** 阿根廷

马普龙和巨兽龙有近亲关系，二者也非常类似，成年后身长可达 11.5 米，体重可达 5.5 吨。马普龙的化石由阿根廷与加拿大科学家共同组成的考察团队所发现，从一个至少包含 9 个不同个体的骨床中挖掘出来。不过，这些个体都不完整，其中部分肋骨、颅骨、部分脊椎、尾巴末端、前肢、双脚至今未发现，所以目前的骨架只拼凑出 72%。

高棘龙 *Acrocanthosaurus*

- **生活时期** 白垩纪早期（1.25 亿 ~ 1 亿年前）
- **栖息环境** 林地
- **食　　性** 肉类
- **化石发现地** 美国

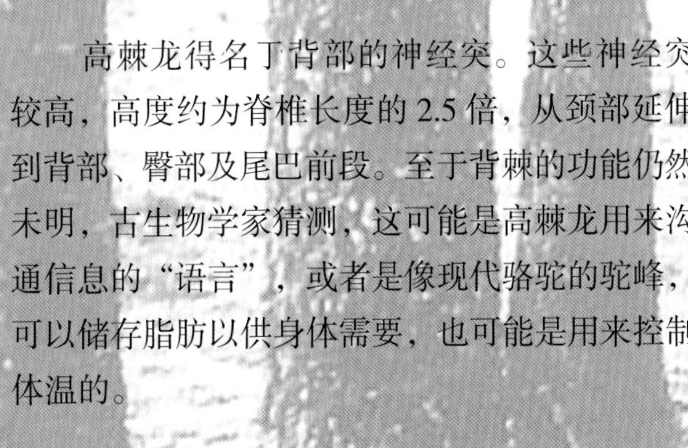

高棘龙得名于背部的神经突。这些神经突较高，高度约为脊椎长度的 2.5 倍，从颈部延伸到背部、臀部及尾巴前段。至于背棘的功能仍然未明，古生物学家猜测，这可能是高棘龙用来沟通信息的“语言”，或者是像现代骆驼的驼峰，可以储存脂肪以供身体需要，也可能是用来控制体温的。

始盗龙科　Eoraptoridae

1993年，在发现黑瑞拉龙的阿根廷月亮谷，古生物学家又发现了一具新的恐龙化石，其体长约1米，体重不超过11千克，是最早期的恐龙之一，因此命名为始盗龙，意为“黎明的盗贼”。也许正是它们踏上三叠纪大地的那一刻，正式宣告了恐龙王朝的到来！

遗憾的是，关于始盗龙的分类直到现在仍无法确定，暂时归为始盗龙科。

始盗龙　*Eoraptor*

- **生活时期**　三叠纪晚期（距今约2.28亿年前）
- **栖息环境**　森林
- **食　　性**　小型动物、昆虫
- **化石发现地**　阿根廷

最古老的恐龙

通过对始盗龙骨骼化石的研究，古生物学家将“最古老恐龙”的荣誉颁发给了始盗龙，这是怎么回事？原来，始盗龙前肢有5个“手指”，而后来肉食恐龙的手指日趋减少，比如白垩纪晚期的霸王龙，只有3个手指；始盗龙的腰部只有3块脊椎骨支持着腰带，而后来肉食恐龙的体型越来越大，腰部脊椎骨的数目也越来越多。最重要的是，始盗龙的牙齿前后不一样——前端牙齿平滑似树叶，后端牙齿锋利似尖刀，这说明始盗龙是从植食性恐龙进化而来，除了食肉，还会吃植物。

眼睛

始盗龙的眼睛很大，视力极佳，但是它们的眼睛长在头顶两侧，虽然视野很开阔，却看不清正前方的东西，因此每当有敌人从前面进行偷袭，始盗龙便会变得手忙脚乱，忙于应付。如果敌人体型巨大，或者有一个厉害的“武器”，那么始盗龙常常难以逃脱。

黑瑞拉龙（大）
始盗龙（小）

月亮谷

阿根廷的月亮谷是著名的恐龙化石埋藏地。这里神秘莫测，荒凉沉寂，放眼望去一片光秃秃的景象，到处都是裸露的岩石，很像月球的地貌。但是在三叠纪时期，这里却是树木茂盛，水草丰美的河谷，生活着许多恐龙。正因为这样，一批又一批古生物学家被吸引到这里进行考察研究。

从月亮谷发现的始盗龙属和黑瑞拉龙属恐龙化石。

异特龙科　Allosauridae

美国古生物学家奥塞内尔·查利斯·马什命名了异特龙科。异特龙科恐龙似乎是它们所处时代最成功的掠食者，在数量上超过巨齿龙科与角鼻龙科恐龙，并且与这些恐龙一同竞争猎物。但是，对于异特龙科的正确物种数量历来有争议，有些古生物学家认为侏罗纪早期和白垩纪早期的某些恐龙跟它们有亲缘关系，可能属于异特龙科。在白垩纪时期，异特龙科恐龙的地位被它们的近亲——鲨齿龙科和暴龙科恐龙所取代。

家族档案

主要特征

- 较圆而平坦的面孔；
- 上颌齿槽排列到后部，下颌前端适当平坦；
- 平顺且强壮的身体；
- 后肢长而结实；
- 尾巴坚挺。

生活简介

异特龙科恐龙生存于侏罗纪晚期，是一群中到大型的肉食恐龙。

异特龙　*Allosaurus*

- **生活时期**　侏罗纪晚期（1.5 亿～1.45 亿年前）
- **栖息环境**　平原
- **食　　性**　肉类、腐肉
- **化石发现地**　美国、澳大利亚

在侏罗纪晚期的北美洲，有一种数量最多、体积最大、甚至最为凶猛的掠食者，它们被称为异特龙。异特龙是肉食恐龙的典型代表：大而有力的脑袋，短短的脖子，粗壮的身体，尾巴长而直挺；前肢短小，有 3 指，指爪大而弯曲，长可达 35 厘米；后肢强壮，每个脚部有 3 个巨大趾爪，可以承受身体的重量。异特龙虽然体型大、速度慢，但古生物学家推测，当面对“巨无霸”的植食恐龙时，它们能灵巧地进行攻击。

角冠

异特龙最有趣的特征莫过于眼睛上方的一对薄薄的角冠，由延伸的泪腺所构成，上面可能有角质，使其立体视觉限制在20°的范围内。古生物学家研究称，角冠的作用可能是用来炫耀。

牙齿

异特龙的嘴巴大约有1米长，长满了锋利的牙齿，每颗牙齿可以长到10厘米长，能轻松地刺穿猎物的皮肉。这些牙齿很容易脱落，但是生长速度也很快。

集体遇难

古生物学家曾经在美国犹他州一次挖掘出60多具异特龙化石，其年龄、体型各不相同。经过仔细研究，这样一种观点得到认可：一群植食恐龙陷在烂泥里，异特龙发现后进行攻击时，结果也被困在了烂泥里。

异特龙头骨化石

食蜥王龙 *Saurophaganax*

◉ **生活时期** 侏罗纪晚期（距今约 1.5 亿年前）
◉ **栖息环境** 丛林、湖泊
◉ **食　　性** 肉类
◉ **化石发现地** 美国

食蜥王龙是侏罗纪晚期北美洲的最大型肉食恐龙之一，意为“以蜥蜴为食的家伙”。其化石发现于美国新墨西哥州与俄克拉荷马州的莫里逊组最晚层，这也说明它们很晚才出现于该地区或者数量比较稀少。食蜥王龙是一种非常巨大的异特龙科恐龙，成年后身长可达 15 米，体重可达 3 吨。背部神经棘的基部有垂直的椎板，这是它们最显著的特征。

腔躯龙 *Antrodemus valens*

◉ **生活时期** 侏罗纪晚期
◉ **栖息环境** 丛林、湖泊
◉ **食　　性** 肉类
◉ **化石发现地** 北美洲

腔躯龙化石最早发现于北美洲莫里逊组，只有一些骨头碎片，在 1870 年由美国古生物学家约瑟夫・莱迪叙述、命名。腔躯龙虽然被认为是异特龙科的一员，但由于化石太过破碎，许多方面都无法确定，所以也有部分古生物学家对其归属存有疑问。

虚骨龙科 Coeluridae

虚骨龙科恐龙是一群小型的肉食恐龙。许多年来，任何没有分类的小型侏罗纪与白垩纪兽脚类恐龙，都被分类于虚骨龙科，因此虚骨龙科内的大部分物种之间都没有什么关系，比如细爪龙，后来又被重新划分至伤齿龙科。实际上，直到今天对于虚骨龙科的分类仍不确定，因为对于这科恐龙的特征人们还没有完全了解。

虚骨龙 *Coelurus*

- **生活时期** 侏罗纪晚期（距今约 1.5 亿年前）
- **栖息环境** 泛滥平原
- **食　　性** 肉类
- **化石发现地** 亚洲、北美洲

虚骨龙属小型的肉食恐龙，成年后体长约 2 米，体重约 20 千克。关于其知识，主要来自美国怀俄明州的科莫崖发掘的一副骨骸化石，包含众多脊椎、部分骨盆、肩带以及四肢的大部分。但直到 20 世纪 80 年代，才将该骨骼完整地拼凑出来，目前存放于美国耶鲁大学的皮巴第自然历史博物馆。虚骨龙是一种行动迅速的恐龙，甚至比嗜鸟龙还快。

家族档案

主要特征

- 体型较小；
- 脊椎的某些方面有逆转演化现象。

生活简介

虚骨龙科恐龙生存于侏罗纪晚期，对于其诸多方面的知识，人类知之甚少。

长臂猎龙 *Tanycolagreus*

- **生活时期** 侏罗纪晚期
- **栖息环境** 森林
- **食　　性** 肉类
- **化石发现地** 北美洲

长臂猎龙得名于其长长的前肢和捕猎的习性。第一次描述并命名的长臂猎龙化石是一部分骨骸，包括颅骨、下颌等，发现于美国怀俄明州奥尔巴尼采石场。长臂猎龙是虚骨龙的近亲，但长臂猎龙更为原始，具体区别为：长臂猎龙背椎前段缺乏侧腔，肱骨干短而笔直，桡骨弯曲，耻骨尾端的底部平坦，股骨干笔直，跖骨的长度接近桡骨，尾椎后段的前关节突只有椎体的 1/3 长。

嗜鸟龙 *Ornitholestes*

- **生活时期** 侏罗纪晚期（1.56 亿 ~ 1.45 亿年前）
- **栖息环境** 森林
- **食　　性** 肉类，可能包括鸟类和腐肉
- **化石发现地** 美国

嗜鸟龙得名于善于攫取食物的前爪，并被认为是一种喜欢抓鸟吃的恐龙。甚至有的古生物学家大胆推测，嗜鸟龙也许还以始祖鸟等早期鸟类为食。

其实，对于嗜鸟龙的认识几乎全部来自于 1900 年在美国怀俄明州的科莫崖附近发现的一件化石，从中可以了解到：嗜鸟龙的嘴巴前方的牙齿又长又尖，像一把把短剑；颈部呈 S 形；后肢像鸵鸟一样坚韧有力，所以它跑得很快；鞭子般的尾巴约占身体一半长，在奔跑时可平衡身体。其中最重要的特征，当属前肢的第 3 指向内弯曲，这可以说是它们的独家标志。

伤齿龙科 Troodontidae

伤齿龙科恐龙是一群独特的兽脚类恐龙，具体表现为：脑部大型，甚至比现代无法飞行的鸟类还大；眼睛大而向前，立体视觉极好；中耳空间异常大，说明听力极佳，同时伤齿龙科恐龙的耳朵位于头颅骨两侧高低不同的位置，这点与现在的猫头鹰相同。因此古生物学家推测，这类恐龙以类似猫头鹰的方式来猎食，利用听力来确定小型猎物的位置。另外，伤齿龙科恐龙的后肢较长，第 2 脚趾拥有大型、弯曲趾爪，这点也与大部分兽脚类恐龙不同。

家族档案

主要特征

- 头部大，耳朵不对称；
- 后肢修长；
- 第 2 脚趾弯曲，可收缩。

生活简介

伤齿龙科恐龙曾广泛分布在白垩纪时期的北半球，其骨骼和牙齿化石在北美洲、亚洲、欧洲都有大量发现，最近还发现了许多羽毛、蛋巢、胚胎及幼体化石。

赫氏近鸟龙 *Anchiornis huxleyi*

- **生活时期** 侏罗纪晚期（距今约 1.6 亿年）
- **栖息环境** 平原
- **食　　性** 肉食
- **化石发现地** 中国辽宁

赫氏近鸟龙意为接近鸟的恐龙，是迄今发现的世界上最早的带毛恐龙。其化石发现于我国辽宁省建昌县玲珑塔地区，保存近完整，清晰地分布着羽毛痕迹，尤其是前肢、后肢和尾巴，更意外的是趾爪以外的趾骨上都被有羽毛，这种完全被羽的恐龙此前绝无仅有。赫氏近鸟龙，不仅比之前最早的带毛恐龙——中华龙鸟要早约 2000 万 ~ 3000 万年，更重要的是填补了恐龙向鸟类进化这一学说的关键性的空白。

中国猎龙 *Sinovenator*

- **生活时期** 白垩纪早期（1.22 亿年前）
- **栖息环境** 森林
- **食　　性** 肉类
- **化石发现地** 中国辽宁

中国猎龙是“鸟类起源于恐龙”理论的又一重大证据。其化石发现于我国辽西，嘴部构造呈喙状，头部覆盖羽毛，与鸟类极像，同时颅腔和髋骨的比例也更接近鸟类，而从脚趾的构造上也能看出恐龙向鸟类进化的痕迹——脚上有三趾，每趾都长着长而锋利的弯趾甲。更重要的是，其前肢演化成了像鸟儿一样可以伸展的翅膀，垂下来只有身高的三分之一长，说明这种恐龙的运动方式已经不同于其他恐龙。

伤齿龙 *Troodon*

- **生活时期** 白垩纪晚期（7400 万 ~ 6500 万年前）
- **栖息环境** 平原
- **食　　性** 蜥蜴、蛇、小型哺乳动物
- **化石发现地** 加拿大、美国、中国

伤齿龙因为拥有尖锐的锯齿状牙齿而得名。它们是一种“装备”精良的恐龙——眼光锐利、听觉灵敏、奔跑迅速、智商极高。古生物学家研究称，伤齿龙的 IQ 可以达到 5.3，智力与现代的鸵鸟相近，甚至比现代的任何爬行动物都要聪明，堪称是恐龙家族的“智者”。如果它们没有灭绝，现在或许已经进化为了“恐龙人”。

拜伦龙 *Byronosaurus*

- **生活时期** 白垩纪晚期
- **栖息环境** 戈壁、荒原
- **食　　性** 肉食
- **化石发现地** 蒙古国

拜伦龙是为了纪念蒙古大学的拜伦先生，感谢他对蒙古科学院、美国自然历史博物馆的古生物学挖掘团队的支持与援助而命名的一种恐龙。拜伦龙体型较小，成年后体长约1.5米，高约0.5米，体重只有4千克左右，而且与其他的伤齿龙科恐龙不同，拜伦龙的牙齿呈针状，没有锯齿，适合捕捉小型的鸟类、蜥蜴及哺乳动物。

镰刀龙科 Therizinosauroidea

镰刀龙科恐龙是一种样子十分怪异的恐龙，最显著的特点就是长着一对弯曲的、巨大的指爪。这双不同寻常的指爪看起来锋利而威武，除了有时作为武器用来与敌人搏斗，更多时候是作为一种生活工具——抓取和切碎树枝等食物。这是因为这类恐龙虽然是肉食恐龙的亲戚，个头也很高大，身体也很强壮，可偏偏牙齿非常不给力，无法撕咬和咀嚼肉块，所以镰刀龙科恐龙更适合吃植物。当然，一些小型动物，比如昆虫、蜥蜴等它们或许也会吃。

家族档案

主要特征

- 前肢长着 1 对弯曲的大爪子；
- 颈部细长；
- 身体某些部位长着羽毛；
- 尾巴短。

生活简介

镰刀龙科恐龙出现于距今约 1.3 亿年前的白垩纪早期，灭绝于白垩纪晚期。目前，这类恐龙化石主要发现于美国、蒙古国和中国。

镰刀龙 *Therizinosaurus*

- **生活时期** 白垩纪晚期（8000 万～7000 万年前）
- **栖息环境** 戈壁、沙漠
- **食　　性** 植物，也可能吃肉类
- **化石发现地** 中国、蒙古国

20 世纪 40 年代晚期，一个由苏联与蒙古国组成的考察团队在蒙古国荒凉、寒冷的戈壁滩上发现了数个巨大的指爪，其中最长的有 1 米，由于化石呈镰刀形，于是这种恐龙便被命名为镰刀龙。起初，人们认为长着怪异指爪的镰刀龙性情暴烈，争强好斗，善于追逐、攻击肉食恐龙，可实际上，镰刀龙是一种非常温和善良的素食恐龙。

巨爪

镰刀龙的整个前肢可达3米长，而指爪比人的手臂还长。不过，这些指爪非常钝，平时主要用来钩取树上的枝叶、挖开白蚁的巢穴或者求偶。只有在紧急的情况下，镰刀龙才会用前爪作为自卫武器，击退敌人。

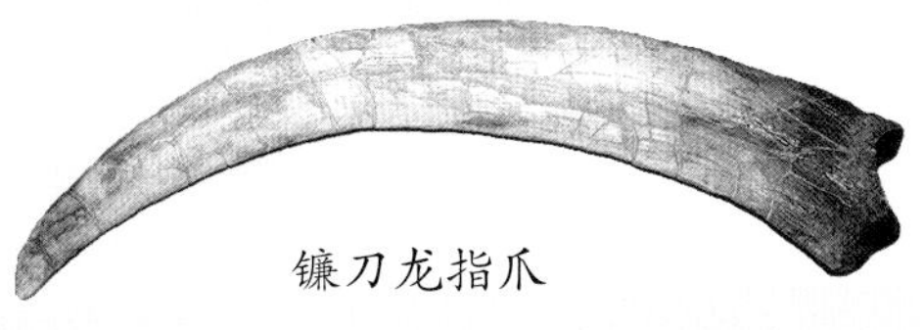

镰刀龙指爪

无法奔跑

在恐龙家族中，镰刀龙以模样古怪而著名。它们个子很高，脑袋却很小，脖子又细又长，还挺着一个“啤酒肚”。最不可思议的是，镰刀龙的大腿竟然比小腿还细，而又短又宽的脚板对于庞大的身体来说缺乏稳定性，所以镰刀龙是一种无法快速奔跑的恐龙。

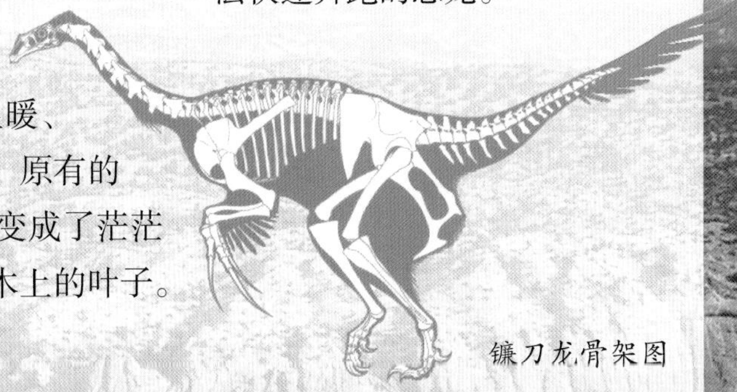

环境

镰刀龙化石虽然发现于荒凉的戈壁荒漠，可是在白垩纪晚期，那里却生长着高大的树木，是一片温暖、湿润的森林。只是随着地壳的运动和地球气候的变化，原有的生态环境也发生了巨大的改变，森林逐渐消失，最后变成了茫茫荒漠。当时，镰刀龙可能会像长颈鹿一样，抬起头吃树木上的叶子。

镰刀龙骨架图

阿拉善龙 *Alxasaurus*

- **生活时期** 白垩纪中期（距今约 9890 万年前）
- **栖息环境** 河谷地带
- **食　　性** 植物
- **化石发现地** 中国内蒙古

阿拉善龙得名于其化石发现地——内蒙古阿拉善沙漠，目前在这里已经发现了五具阿拉善龙化石，大部分都保存完好，包括除了头骨以外几乎全部的身体，这也使得阿拉善龙成为了迄今为止在亚洲发现的保存最完整的白垩纪早期兽脚类恐龙标本。但是不同于肉食的兽脚类恐龙弯曲的爪子，它的长爪子太直了，不能作武器使用。

另外，阿拉善龙的牙齿数目超过四十个，肋骨与脊椎骨未愈合，韧带窝发育良好，肠骨的前后较长，爪较短等，这些特点也与兽脚类恐龙不同。所以，阿拉善龙实际是肉食的兽脚类恐龙向植食的镰刀龙进化发展的过渡恐龙。

内蒙古龙 *Neimenggusaurus*

- **生活时期** 白垩纪中晚期（距今约 8000 万年前）
- **栖息环境** 森林草地
- **食　　性** 肉类
- **化石发现地** 中国内蒙古

内蒙古二连盆地素有“恐龙墓地”之称，发现过鸭嘴龙、似鸟龙、甲龙等多种恐龙的骨骼化石。1999 年 8 月，内蒙古地质古生物研究中心的几位专家在二连盆地首次发现了镰刀龙科恐龙，并为其命名为内蒙古龙，化石包括头骨、颈椎、荐椎、尾椎、耻骨、坐骨、髋骨、爪子、牙齿等身体各部位。与以前发现的镰刀龙科恐龙不同，内蒙古龙长着狭长的脑袋、超长的脖颈、带钩的爪子、尖细的牙齿和瘦长的尾巴，最特别的是它的颈椎至少有 14 块，长可达 0.7 米，是目前已知脖颈最长的镰刀龙科恐龙。

北票龙 *Beipiaosaurus*

- **生活时期** 白垩纪早期（距今约1.25亿年前）
- **栖息环境** 森林草原
- **食　　性** 植物
- **化石发现地** 中国辽宁

由于部分椎骨和肢骨碎片化石首次发现于我国北票市义县组，故得名北票龙。北票龙是镰刀龙科恐龙中最耀眼的明星，它的发现是镰刀龙科长期悬而未决的分类问题的决定性证据，因此具有十分重大的意义。

北票龙骨架

原来，镰刀龙科骨盆上三块骨头的排列方式十分奇怪，既不像蜥臀类，也不像鸟臀类，所以对于它的归类一直没有最终答案。直到北票龙化石的出土，古生物学家惊喜地在上面发现了皮肤印痕，由于目前只有兽脚类恐龙是有羽毛的，而北票龙是属于镰刀龙科的，这也说明镰刀龙科毫无疑问是属于蜥臀类中的兽脚类恐龙。

阿贝力龙科 Abelisauridae

阿贝力龙科恐龙是兽脚类恐龙的一个分支，为二足行走的肉食恐龙。阿贝力龙科恐龙捕食时，可能采用与现代猫科动物相似的方法，用短而宽的口鼻部紧紧咬住猎物，直到它们被制服。

家族档案

主要特征

- 头颅骨高且宽，有厚重的鼻骨；
- 额骨表面有骨质角状物；
- 标志性的低矮双角冠；
- 牙齿前侧弯曲，后侧较直。

生活简介

阿贝力龙科恐龙生存于侏罗纪中期到白垩纪的冈瓦纳大陆，其生存足迹遍布非洲、南美洲、亚洲等地，尤其是印度、马达加斯加。

胜王龙 *Rajasaurus*

- **生活时期** 白垩纪晚期（距今 7000 万 ~ 6500 万年前）
- **栖息环境** 湖泊、丛林
- **食　　性** 肉类
- **化石发现地** 印度

胜王龙前肢短小，后肢粗壮，头部的角矮小、浑圆，化石最早发现于印度纳巴达县，因此又叫做纳巴达胜王龙。其实，早在1983年，胜王龙的化石便已被发掘，但当时由于研究条件所限，这些珍贵的化石一直无人问津。直到2001年，一位美国古生物学家开始对这些杂乱的骨骼化石进行整理和研究，从而使胜王龙有了“出头之日”。

食肉牛龙 *Carnotaurus*

- **生活时期** 白垩纪晚期（距今约 7500 万年前）
- **栖息环境** 丛林、湖泊
- **食　　性** 肉类
- **化石发现地** 南美洲阿根廷

食肉牛龙得名于眼睛上方有一对类似牛的角。尽管目前只发现了一具化石，但是十分完整，只缺少了尾巴和部分腿骨。食肉牛龙是已知奔跑速度最快的大型恐龙，速度可达每小时 60 千米，堪称是白垩纪时期的“猎豹”。

玛君龙 *Majungasaurus*

◉ **生活时期** 白垩纪晚期（距今 7000 万～6500 万年前）

◉ **栖息环境** 丛林和湖泊一带

◉ **食　　性** 肉类

◉ **化石发现地** 非洲马达加斯加

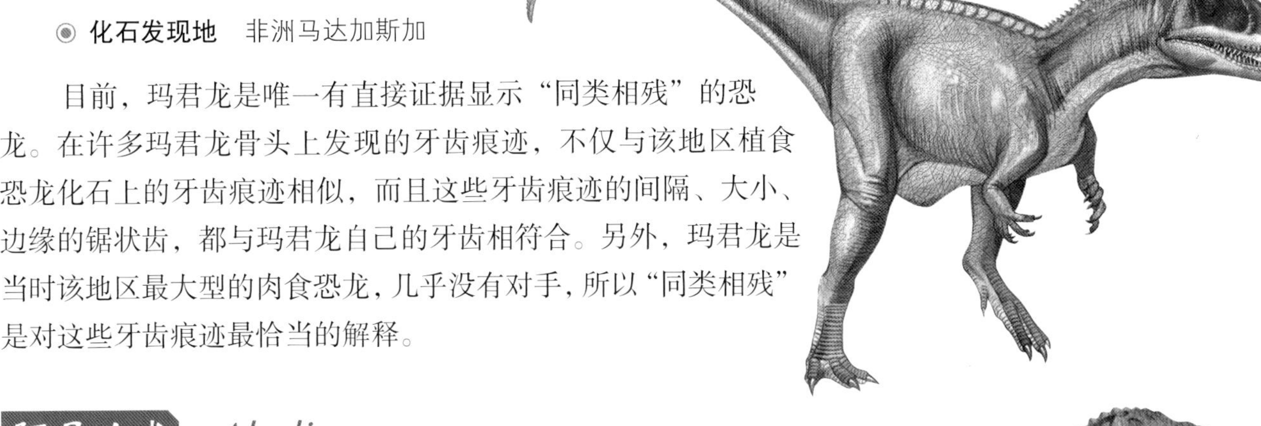

目前，玛君龙是唯一有直接证据显示“同类相残”的恐龙。在许多玛君龙骨头上发现的牙齿痕迹，不仅与该地区植食恐龙化石上的牙齿痕迹相似，而且这些牙齿痕迹的间隔、大小、边缘的锯状齿，都与玛君龙自己的牙齿相符合。另外，玛君龙是当时该地区最大型的肉食恐龙，几乎没有对手，所以“同类相残”是对这些牙齿痕迹最恰当的解释。

阿贝力龙 *Abelisaurus*

◉ **生活时期** 白垩纪晚期（距今 8300 万～8000 万年前）

◉ **栖息环境** 湖泊、河流一带

◉ **食　　性** 肉类

◉ **化石发现地** 南美洲阿根廷

阿贝力龙是为了纪念其化石标本的发现者——罗伯特·阿贝力而得名。到现在为止，关于阿贝力龙只发现了一个头颅骨化石。不过古生物学家经过研究，认为阿贝力龙成年后体长可达 9 米，是一种两足行走的肉食恐龙。另外，它的头部可能不像其他阿贝力龙科恐龙一样有角或冠饰，但是在鼻端和眼周围有粗糙的隆起部分。

印度鳄龙 *Indosuchus*

◉ **生活时期** 白垩纪晚期（距今 7000 万～6500 万年前）

◉ **栖息环境** 丛林、湖泊

◉ **食　　性** 肉类

◉ **化石发现地** 亚洲印度

印度鳄龙是阿贝力龙的近亲，目前也只有头颅骨化石被发现。它是一种两足行走的肉食恐龙，体长可达 6 米，头颅骨上有平冠。由于其最初发现时被误以为是鳄鱼的化石，因此得名印度鳄龙。

蜥脚类 Sauropoda

蜥脚类恐龙是地球上生存过的最大、最长的恐龙。它们主要生活在侏罗纪和白垩纪，小小的脑袋，长长的尾巴和脖子，巨大粗壮的身体，依靠四足行走，大部分是“素食主义者”。著名的马门溪龙、梁龙、地震龙等都属于蜥脚类恐龙。

板龙科 Plateosauridae

板龙科恐龙有着筒状的身躯，脖短而头小，除四足步行外，也可后肢直立，可能是介于用两足与四足行走之间的植食恐龙。古生物学家认为它们是雷龙、腕龙、梁龙等恐龙的祖先。

家族档案

主要特征

- 前肢矮小；
- 二足或四足行走。

生活简介

板龙科恐龙生存于三叠纪时期的亚洲、欧洲、南美洲，距今约有2亿年，是当时最大的恐龙，包括板龙、禄丰龙、巨椎龙和鼠龙。

板龙 *Plateosaurus*

- **生活时期** 三叠纪晚期（2.19 亿 ~ 2.10 亿年前）
- **栖息环境** 干旱的平原、沙漠
- **食　　性** 蕨类、嫩树枝
- **化石发现地** 法国、德国、瑞士

板龙得名于腰带上一块像板子似的耻骨。在恐龙刚刚出现的三叠纪，板龙是恐龙王国的第一批“素食巨人”，就像一辆公共汽车，全长可达 7 米，高可达 3.5 米，它们也是板龙科的最大成员。板龙是一个大胃王，从低矮的蕨类植物到高高的树枝，它们会一股脑地塞进嘴巴。在植物缺乏的季节，它们还会集体迁徙，因此在穿越沙漠的路上，常常会发生集体遇难的惨案。

鼠龙 *Mussaurus*

- **生活时期** 三叠纪晚期（距今约 2.15 亿年前）
- **栖息环境** 平原
- **食　　性** 植物
- **化石发现地** 阿根廷

鼠龙是迄今为止发现的最小的恐龙。1970 年，古生物学家何塞·波拿巴带领其团队在阿根廷南部发现，化石除了五六具幼龙的化石，还包括蛋巢、蛋壳。由于幼龙的化石缺了尾巴，体长只有 20 厘米，大小和一只小猫差不多，于是便为其起名“鼠龙”。科学家估计成年鼠龙身长可达 3 米，体重可达 70 千克，算是一种小型恐龙。

禄丰龙 *Lufengosaurus*

- **生活时期** 侏罗纪早期（2.00 亿～ 1.95 亿年前）
- **栖息环境** 森林
- **食　　性** 苏铁和针叶植物的叶子
- **化石发现地** 中国云南禄丰

禄丰龙是在我国云南省禄丰盆地发现的一种恐龙，大小和一匹马差不多，但是古生物学家认为，它们是后来许多高大的植食恐龙的祖先。禄丰龙的化石目前在恐龙界已连夺多项冠军：发现种类最丰富的化石；数量最多的化石；分布最集中的化石；保存最完整的化石。迄今为止，除了在我国，世界上其他地方还没有发现禄丰龙的任何痕迹。

近蜥龙科 Anchisauridae

1885年，美国著名古生物学家奥塞内尔·查利斯·马什命名了近蜥龙科。近蜥龙科恐龙演化支包含近蜥龙及其近亲，但不确定包含哪些属，许多恐龙曾属于近蜥龙科，但之后都被归为其他科。而在现在的恐龙分类上，甚至有时候都不将近蜥龙科包括在内。

家族档案

主要特征

- 体型较小，外形与蜥蜴相似；
- 二足奔跑。

生活简介

近蜥龙科恐龙主要生存于三叠纪晚期至侏罗纪，是一类既可四足行走，又可二足奔跑的恐龙。

近蜥龙 *Anchisaurus*

- **生活时期** 侏罗纪早期（距今约1.9亿年前）
- **栖息环境** 森林
- **食　　性** 树叶，也有可能吃小动物
- **化石发现地** 美国、南非、中国贵州地区

近蜥龙长着一个呈三角状的脑袋，细长的脖子和身体，还有一条灵活的长尾巴，外形与蜥蜴很像。此外，近蜥龙的前肢掌上还长着一个带有大爪子、能弯曲的大拇指，这个爪子很可能是用来挖掘植物的地下根茎的。平时行走时，近蜥龙会把大拇指的爪提起，以免与地面摩擦受损。不过，与近蜥龙生活在同一时期、地区的还有许多大型兽脚类恐龙。近蜥龙一旦遇到它们，首先会急忙逃开，如果实在逃不掉，它就只能依靠前肢的大爪奋力一搏了。

足迹化石

近蜥龙生活的时期气候很温暖，它们常常到湖边寻找食物。有时，湖边的淤泥会露出来，当近蜥龙从上面走过时就会留下一个个深深的足迹坑，当这些足迹被泥沙迅速掩埋后就能完整地保存下来，成为今天珍贵的恐龙足迹化石。

大椎龙科 Massospondylidae

在恐龙王国，大椎龙科恐龙是生存时间较短的恐龙之一，且之前认为其种群单一。不过，近些年有的生物学家提出，科罗拉多斯龙、冰河龙、禄丰龙、金山龙等可能也属于大椎龙科，但至今还无法确定。

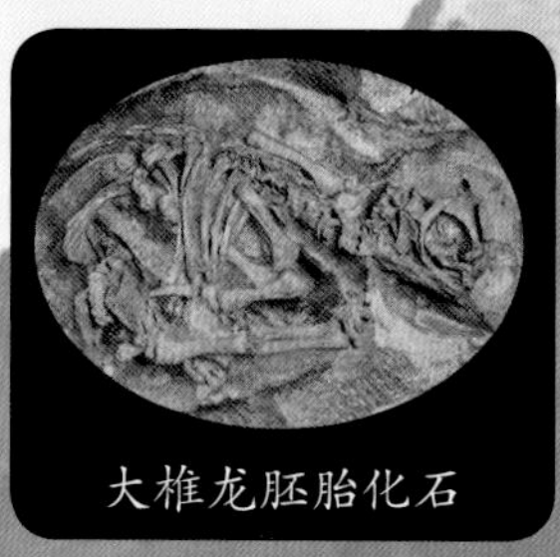
大椎龙胚胎化石

蛋化石

1977 年，在南非金门高地国家公园发现了 7 颗蛋化石，经研究其大约是 1.9 亿万年前的大椎龙蛋，而蛋化石中的胚胎直到近 30 年后才取出。这是目前所发现最古老的恐龙胚胎。

家族档案

主要特征

- 体型较大；
- 脖颈长是其主要特点。

生活简介

大椎龙科恐龙生存于三叠纪晚期至侏罗纪早期。

大椎龙 *Massospondylus*

- **生活时期** 侏罗纪早期（2.08 亿～ 1.83 亿年前）
- **栖息环境** 低地和沙漠平原
- **食　　性** 植物或小动物
- **化石发现地** 美国、莱索托、纳米比亚、津巴布韦

大椎龙又名巨椎龙，意为“巨大脊椎的恐龙”。这是由于古生物学家第一次发现它们时，只有几块巨大的脊椎骨。除了脊椎，这种恐龙还有一个独特的地方——牙齿。它们嘴巴前端的牙齿呈圆形，后端的牙齿呈刀片状，这种“组合型”牙齿说明，大椎龙不会很挑食，那些粗糙的植物对它们来说简直是“小菜一碟”！

大椎龙骨架

鲸龙科 Cetiosauridae

鲸龙科恐龙是一群原始的蜥脚类恐龙，后期的鲸龙科恐龙在身体结构上发生了一些演化， 尤其是脊椎没有空腔，无法减轻体重，说明这是一种非常原始的恐龙。

家族档案

主要特征

- 身体粗壮；
- 尾巴较短；
- 脊椎实心，没有空腔。

生活简介

鲸龙科生存于侏罗纪时期。其原始特征——实心脊椎骨随着演化逐渐变为空心腔骨。

巴塔哥尼亚龙 *Patagosaurus*

- **生活时期** 侏罗纪中期（1.64 亿 ~ 1.61 亿年前）
- **栖息环境** 平原
- **食　　性** 植物
- **化石发现地** 阿根廷

巴塔哥尼亚龙是一种大型植食恐龙，体长可达 18 米，外表与鲸龙相似。目前，古生物学家已发现了 10 多个巴塔哥尼亚龙化石，并很早就把他们归类于鲸龙科。可是直到现在关于分类问题仍存有一些争议。

鲸龙 *Cetiosaurus*

- **生活时期** 侏罗纪中期（1.8 亿 ~ 1.6 亿年前）
- **栖息环境** 泛滥平原及稀疏林地
- **食　　性** 蕨类和小型树木
- **化石发现地** 非洲北部、英格兰

1841 年，人们以零星发现的牙齿和骨头将这种恐龙命名为鲸龙，因为这些化石看起来就像是来自海中的巨鲸。鲸龙是一种四足行走的植食恐龙，头小、脖子长、尾巴短，脊骨几乎是实心的，但上面有许多海绵状的孔洞。由于脖子无法灵活活动，只能在差不多 3 米的范围内左右摇摆。

蜀龙 *Shunosaurus*

- **生活时期** 侏罗纪中期（1.7亿～1.6亿年前）
- **栖息环境** 河畔、湖滨地带
- **食　　性** 植物
- **化石发现地** 中国四川省自贡市

蜀龙的化石首次发现于我国四川省自贡市的大山铺地区。迄今为止已经出土了一副保存相当完好的骨骼化石，其也是第二种形态比较清晰的蜥脚类动物化石。这种恐龙身体强壮结实，颅骨长而扁，匙状牙齿小而坚硬，四足行走但后肢明显长于前肢，过着集体生活，经常一大群地在湖边、沼泽边晃悠，寻找鲜嫩的食物。

牙齿

蜀龙的牙齿像一把把铲子，长而细，其中前颌齿有4颗，颌齿有17～19颗，臼齿一般为21颗。这种牙齿构造使得蜀龙平时多以柔嫩多汁的植物为食。

尾槌

在1989年，古生物学家发现蜀龙的尾巴末端有1根骨质的棒子，是增生的脊椎所形成的“尾槌”。这个尾槌呈椭圆状，大小就像一个足球，可能是蜀龙独特的防身武器，用来击退肉食恐龙。

李氏蜀龙

蜀龙家族有一位叫李氏蜀龙的成员，其不仅是世界上最早发现长着“尾槌”的恐龙，还是四川大山铺地区发现最多的一种恐龙化石，其中大约有30架骨骼化石都保存得相当完整，简直令人震惊！所以，这种侏罗纪的恐龙动物群又被称为“蜀龙动物群”。

圆顶龙科 Camarasauridae

圆顶龙科恐龙是一群大型的植食恐龙。与蜥脚类家族的其他成员相比，圆顶龙科恐龙的牙齿长、呈凿状、向前倾斜，这是其最大的不同之处。与近亲腕龙科恐龙、梁龙科恐龙相比，圆顶龙科恐龙的体型较小，头骨较高，口鼻部较平坦，而且颈部与尾巴较短。

家族档案

主要特征

- 身体粗壮；
- 背部曲线逐渐向后弯曲；
- 四肢结实，前肢长于后肢。

生活简介

圆顶龙科恐龙生存于侏罗纪晚期到白垩纪早期，化石发现于北美洲、欧洲、亚洲等世界多地。

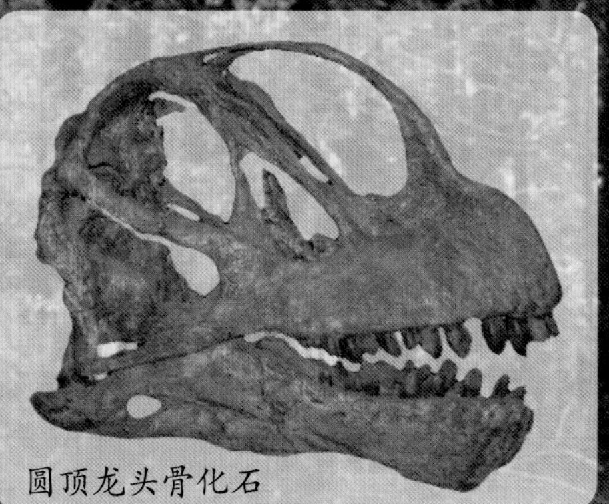

圆顶龙头骨化石

圆顶龙 *Camarasaurus*

- **生活时期** 侏罗纪晚期（1.50亿～1.40亿年前）
- **栖息环境** 平原
- **食　　性** 粗硬的植物
- **化石发现地** 美国、墨西哥

圆顶龙是侏罗纪晚期北美大地上最常见的恐龙，名字来于其独特的拱形头颅骨。这种恐龙不太聪明，但是非常温顺，平时成群生活在一起。圆顶龙的脊椎可能有空洞，以便减轻脊骨的重量，这也说明圆顶龙是一种较为进步的蜥脚类恐龙。

牙齿

圆顶龙的牙齿粗大，呈勺形，当牙齿被严重磨蚀时，还能长出新的牙来代替原来的旧牙。所以圆顶龙还会吃那些粗糙、坚硬植物。

消化系统

圆顶龙吃食时从不咀嚼，而是将蕨类或裸子植物的叶子整片吞下。但是圆顶龙的消化系统非常强壮，会吞下砂石来帮助胃消化食物。

繁殖

在繁殖期，圆顶龙从不做窝，也不会照顾幼龙，而是一边走路一边生蛋。这从圆顶龙蛋化石被发现时都是成一条线，而不是排列在巢穴之中就可以推测得出。

模样大变

小圆顶龙体长只有几米，脑袋和眼睛很大，脖子很短，骨骼上的骨缝还没有完全愈合，看起来就像是一头小马驹。可是当它们长大后，体长可达20米，体重可达30吨。

梁龙科 Diplodocidae

梁龙科恐龙以超级长脖子和像鞭子一样的长尾巴而著名，是恐龙王国典型的“巨人”。梁龙科恐龙是地球陆地上生存时间最长的生物，在白垩纪晚期，随着地球环境的变化，梁龙科恐龙逐渐失去竞争力，并逐渐灭绝。

家族档案

主要特征

- 短棒状牙齿；
- 鼻孔位于双眼附近；
- 颈部非常长，可自由弯曲活动，但无法抬得太高；
- 后肢长于前肢，身体前倾；
- 鞭状的长尾巴，可以攻击敌人。

生活简介

梁龙科恐龙最早出现于侏罗纪中期，距今约1.7亿年前，灭绝于白垩纪晚期，生存时间长达8000万年之久。

迷惑龙 *Apatosaurus*

- **生活时期** 侏罗纪晚期（1.54亿~1.45亿年前）
- **栖息环境** 平原与森林
- **食　　性** 羊齿类、苏铁类植物
- **化石发现地** 美国、墨西哥

迷惑龙是侏罗纪时期是一支非常繁盛的恐龙。可由于骨骼脆弱，留下的化石非常稀少，特别是头骨。目前，最完整的一具迷惑龙化石既有头骨又有大部分身体骨骼，为人类了解这种恐龙提供了重要证据。迷惑龙体型巨大，行进时可能如雷声隆隆，所以它们也被叫做雷龙。

超龙 *Supersaurus*

- **生活时期** 侏罗纪晚期（距今约 1.4 亿年前）
- **栖息环境** 平原
- **食　　性** 植物
- **化石发现地** 美国

超龙又名超级龙，化石最早发现于 1972 年的美国科罗拉多州，虽然只是零碎的不起眼的化石，却令古生物学家们吓了一跳。因为这些化石实在太庞大了。比如，只是一块小小的肩胛骨长约 2.5 米，宽约 1 米，如果立起来比一个成年人还要高。同时，骨盆长约 1.8 米、肋骨长约 3.1 米，根据这些古生物学家推测，成年超龙体长可达 33 ~ 34 米，体重可达 35 ~ 40 吨，因此在阿根廷龙发现之前，超龙一直被认为是地球上最庞大的陆生动物。

重龙 *Barosaurus*

- **生活时期** 侏罗纪晚期（1.55 亿 ~ 1.45 亿年前）
- **栖息环境** 季节性洪水淹没的平原
- **食　　性** 植食
- **化石发现地** 北美的西部（美国南达科他州）和东非的坦桑尼亚

重龙几乎是北美洲最高的恐龙，其化石最早发现于美国犹他州的卡内基采掘场。重龙的颈部由至少 16 节脊椎骨支撑着，其中最长的脊椎骨可达 1 米，因此整条脖子长可达 10 米，简直令人吃惊。幸好颈椎骨上有深深的空洞，可以减轻脖子的重量，否则重龙很难抬起头来。不过这么长的脖子，使心脏的血液很难输送到头部，所以古生物学家猜测重龙可能有多个心脏，每一个心脏只需大到足够把血液送到下一个心脏就够了，也有人认为重龙有一个特大型心脏，有足够的动力将血液送到头部。

此外，这条长脖子使得重龙不得不长出一条超级长尾巴，只有这样身体才会保持平衡，稳稳地站住。

天敌

重龙体型高大，群体生活，同时前脚趾长有大而弯曲的尖爪，可以作为攻击武器，尾巴摆动起来也充满威力。不过，在生存竞争异常激烈的年代，凶狠强悍的肉食恐龙仍然威胁着重龙的安全，特别是异特龙，可以在短时间内成功捕猎一只重龙。

进食

重龙的头颅骨长而低矮，只有嘴部前段有牙齿，且牙齿为大型的钉状齿。重龙的钉状齿很适合从树上钩下叶子，但并不适合咀嚼。不过，它们可能不需要吞下胃石，只靠肠道中的细菌便能完成消化。

重龙骨架模型，位于美国自然历史博物馆。

化石发现

19 世纪晚期在北美爆发了“骨头大战”，许多化石猎人为了超过对方，四处寻找化石，因此这段时期有许多新化石不断被挖掘出土。1922 年，在美国犹他州卡内基采石场，一位化石猎人一下子发现了 3 件巨大的骨骼化石，后来被命名为重龙。

低头进食

重龙有一条长脖子，但它们可能无法像现在的长颈鹿那样，长时间抬头去吃高处的树叶。据古生物学家研究，重龙如果抬头食用树上的叶子，为了将身体的血液输送到脑袋，需要一个极为强壮的心脏。可是心脏越大，心跳会越慢，所以可能血液还没有到头部，它们就会导致心跳停止。所以，重龙现在被认为是主要以地面植物为食。

双腔龙 Amphicoelias

- 生活时期　白垩早中期
- 栖息环境　草原或稀疏林地
- 食　　性　植物
- 化石发现地　美国

迄今为止只发现了一块头骨化石，但是这块唯一的骨头却在19世纪70年代遗失，现存的证据只有一些插图和文字记录。与梁龙相比，双腔龙的大腿骨十分修长，而且横切面呈圆形，这点曾是专属于双腔龙的特点，后来在一些梁龙标本中也有发现。据推测它们可能白天在树荫下乘凉，黄昏后开始在草原上寻找食物。

梁龙 Diplodocus

- 生活时期　侏罗纪晚期（1.55亿～1.45亿年前）
- 栖息环境　平原
- 食　　性　苏铁、树叶
- 化石发现地　非洲、欧洲、美洲

梁龙凭借一条超级长尾巴在恐龙王国中独树一帜，这条尾巴实在太长了——如果把梁龙的尾巴立起来，相当于5层楼那么高；如果把梁龙的尾巴放倒在地上，那么至少需要13位成年人头脚相连地躺在地上才能超过它。所以梁龙现在被称为尾巴最长的恐龙。

人字骨

梁龙的尾椎下方有一双叉形人字骨。这些骨头最初被认为是梁龙独有的特征，不过后来在其他梁龙科、非梁龙科恐龙化石中也有发现。

脚步声

梁龙是一种群居恐龙，它们不会发声，平时都是用“脚步”进行交流。沉重的脚步声会从地面远远传出，就算同伴无法看到，也会很快从脚下感觉到，顺利找来。

尾巴

和地震龙一样，梁龙那惊人的长尾巴也像一条结实的鞭子，是它们御敌的重要武器，可以快速挥动，狠狠地打击敌人。

鼻孔

梁龙的鼻孔位于眼睛之上。当它们在陆地上遭遇肉食恐龙的袭击时，会快速寻找湖泊，逃人水中躲藏起来，只将鼻孔露出水面便于呼吸，从而躲过追杀。

地震龙 *Seismosaurus*

◉ **生活时期** 侏罗纪晚期（1.55 亿～1.44 亿年前）

◉ **栖息环境** 森林、平原

◉ **食　　性** 叶子

◉ **化石发现地** 美国

地震龙化石最初被发现时，古生物学家认为其体长可达 40 ～ 52 米，体重可达 100 ～ 130 吨，毫无疑问是地球上最庞大的动物。虽然由于越来越多化石的出土，现在地震龙的惊人数据在大大缩水——体长 30 ～ 40 米、体重 40 ～ 50 吨，但地震龙依然超越大个头的腕龙、雷龙等，被称为陆地上有史以来最长的动物之一。

四肢

地震龙的后肢比较短，因此身体呈拱形。它们用四只脚行走，走得缓慢又笨重。每当一群地震龙行走时，常常会发出“轰隆轰隆”声，这时整个大地都在颤动，就像地震一样，所以“地震龙”可不是徒有虚名哦！

尾巴

地震龙细长的尾巴由70多块骨骼连接而成，比其身体、脖子合起来都要长。这条尾巴像鞭子一样，既可以不断地抽打，帮助它们抵御敌害，还可以和两条后腿组成一个坚固的“三角形支架”，使得地震龙站立起来，用前肢进行自卫。

牙齿

地震龙的脑袋和嘴巴都很小。细小而扁圆的圆形牙齿只长在嘴的前部，后部几乎没有任何可以用来咀嚼的牙齿，所以地震龙吃植物时，从来不咀嚼，而是一口吞下肚。

胃石

为了解决消化问题，地震龙像其他植食恐龙一样，也会吃下许多石子，大的如拳头，小的如鸡蛋，在胃里相互摩擦，促进消化。古生物学家曾经在美国新墨西哥州挖出一条地震龙的肋骨化石，里面竟然有 230 多颗胃石，这样的数量还真是令人震惊啊！

弯曲的爪

地震龙的每只脚上有 5 个脚趾，而前肢内侧的脚趾弯曲而巨大，是锋利的自卫武器。同时，这个利爪可以像人类的鞋后跟一样，将地震龙的脚掌完全垫起来，那样地震龙走路时就不会发出“轰隆隆”的声音，从而可以躲过许多肉食恐龙的围捕和攻击。

马门溪龙科 Mamenchisauridae

1972年，我国古动物学家杨钟健及赵喜进等人在命名马门溪龙的新种时，建立了马门溪龙科。目前，马门溪龙科有十几位成员。其中，马门溪龙、峨嵋龙、自贡龙的化石发现于四川省；川街龙、始马门溪龙的化石发现于云南省；蝴蝶龙、天山龙的化石发现于新疆；通安龙则是本科最古老的恐龙。

家族档案

主要特征

- 嘴部充满匙状牙齿；
- 颈部较长，颈椎可达19块；
- 长长的肋骨支撑着脖颈；
- 脊椎有高神经棘；
- 尾部有双叉状的人字形骨。

生活简介

马门溪龙科恐龙最早出现于侏罗纪早期，距今约1.8亿年前。其中最著名的当属马门溪龙，它是所有恐龙中脖子最长的。

峨眉龙 *Omeisaurus*

- **生活时期** 侏罗纪中晚期
- **栖息环境** 内陆湖泊边缘
- **食　　性** 植物
- **化石发现地** 中国

峨眉龙是在我国四川省峨眉山地区发现的一种新的恐龙化石。这种恐龙个头高，身体壮，颈部长，颈椎数量多达17节，但是没有什么防御武器，所以是许多肉食恐龙的猎物。目前，总共发现了6种峨眉龙化石，而且全部在我国，它们分别是荣县峨眉龙、长寿峨眉龙、釜溪峨眉龙、天府峨眉龙、罗泉峨眉龙和毛氏峨眉龙。其中，最小的是釜溪峨眉龙，体长只有11米左右，而天府峨嵋龙单是脖子就有[illegible]

第三章 蜥臀类恐龙

天山龙 *Tienshanosaurus*

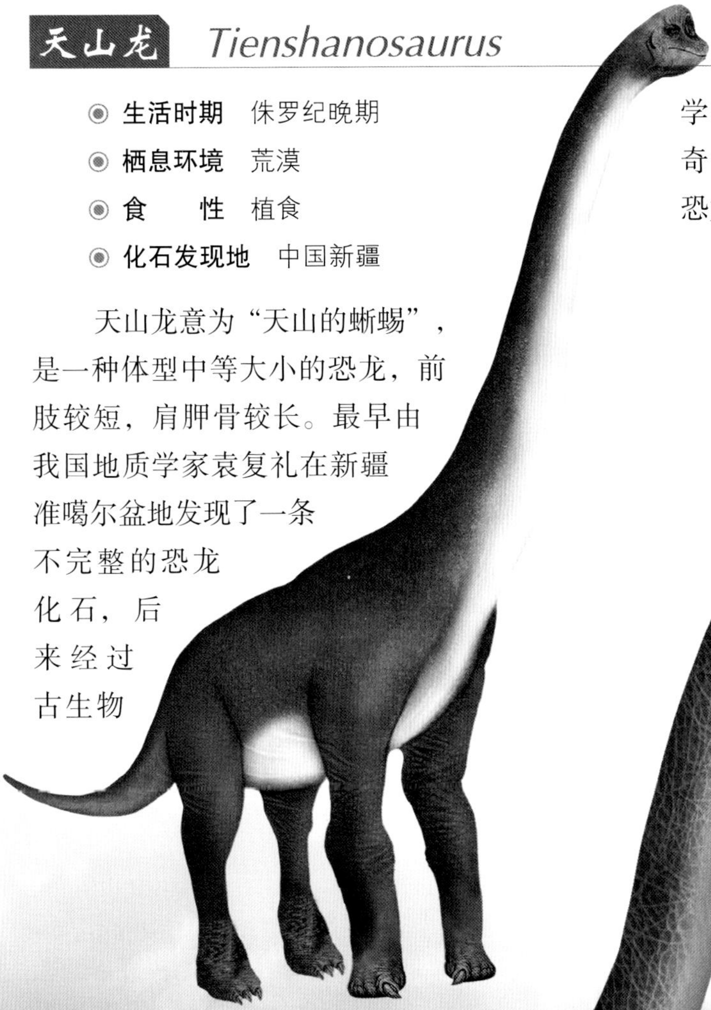

- **生活时期** 侏罗纪晚期
- **栖息环境** 荒漠
- **食　　性** 植食
- **化石发现地** 中国新疆

天山龙意为“天山的蜥蜴”，是一种体型中等大小的恐龙，前肢较短，肩胛骨较长。最早由我国地质学家袁复礼在新疆准噶尔盆地发现了一条不完整的恐龙化石，后来经过古生物学家杨钟健的研究，于1937年被描述、命名为奇台天山龙，从此揭开了准噶尔盆地大规模发掘恐龙的序幕。

马门溪龙 *Mamenchisaurus*

- **生活时期** 侏罗纪晚期（1.55亿~1.45亿年前）
- **栖息环境** 三角洲和森林区域
- **食　　性** 叶子和嫩芽
- **化石发现地** 中国

1952年，一支建筑队在我国重庆市马鸣溪地区施工时，偶然发现了许多奇怪的骨头，后来经著名古生物学家杨钟健教授进行鉴定后，确认是一种世界上还没有发现过的新的恐龙化石，于是便以其发现地为其命名。可是，由于杨钟健教授是陕西人，说“马鸣溪”时就像是“马门溪”，于是，这些恐龙就阴差阳错地成了“马门溪龙”。

马门溪龙的脖子非常长，约占了身体的一半，如果和现在脖子最长的动物长颈鹿比试，也足有它的3个脖子那么长。不过，因为颈椎数量很多，而且相互叠压在一起，所以马门溪龙的长脖子十分僵硬，很难灵活地转动。

盘足龙科 Euhelopodae

1956年，美国古生物学家阿尔弗雷德·罗默建立盘足龙科，当时包括一些发现于中国的蜥脚类恐龙，其中的峨嵋龙、天山龙后来又被划分为马门溪龙科。现在，盘足龙科被定义为在新蜥脚类中，亲缘关系接近于师氏盘足龙，而离南方内乌肯龙较远的所有物种。

盘足龙 *Euhelopus*

- **生活时期** 白垩纪早期（1.3亿～1.12亿年前）
- **栖息环境** 森林湖泊
- **食　　性** 植食
- **化石发现地** 中国山东

20世纪20年代，一位瑞典探险家首次在我国发现了盘足龙化石，这是有记载以来第一个在中国发现的恐龙。盘足龙是一种主要生活在水中的大型植食恐龙，身长约15米，重约18吨，前肢长于后肢，其主要识别特点为足掌像圆盘。

家族档案

主要特征

- 体型高大；
- 足像圆盘。

生活简介

盘足龙科恐龙生存于侏罗纪晚期至白垩纪早中期。其中师氏盘足龙是我国正式命名的第一只蜥脚类恐龙。

布万龙 *Phuwiangosaurus*

- **生活时期** 白垩纪早期
- **栖息环境** 森林
- **食　　性** 植食
- **化石发现地** 泰国

泰国早白垩纪萨卡组地层，是著名的泰国恐龙动物群，目前已出土了好几百块恐龙化石样本，其中不少是完整的骨骼化石，而布万龙也发现于此地。布万龙身长约25~30米，牙齿细长，像纳摩盖吐龙的牙齿。

怪味龙 *Tangvayosaurus*

- **生活时期** 白垩纪晚期
- **栖息环境** 森林
- **食　　性** 植食
- **化石发现地** 老挝

怪味龙化石发现于老挝沙弯拿吉市附近，目前仅发现两三个个体标本。其中正模标本由部分骨盆、数个背椎、一节尾椎、肋骨以及肱骨所构成。另一个标本则包括38个尾椎、一个颈椎以及大部分的后肢。模式种是由一个研究团队描述并命名。

大夏巨龙 *Daxiatitan*

- **生活时期** 白垩纪早期
- **栖息环境** 平原
- **食　　性** 植食
- **化石发现地** 中国甘肃

大夏巨龙化石发现于我国甘肃省的兰州盆地，目前只发现了颈椎和股骨的化石。和马门溪龙相似，大夏巨龙也有一个超级长脖子，其颈椎可能有19节，全身长可达30米，这也是使其成为了在我国发现的最长的恐龙之一。

腕龙科 Brachiosauridae

腕龙科恐龙属于蜥脚类恐龙，是一群大型的、四足行走的植食恐龙。其化石最早发现于20世纪初的北美洲，之后欧洲、非洲、南美洲、亚洲等地也相继发现。2001年，在中东发现了少数腕龙科恐龙的牙齿化石，这是首次在亚洲发现腕龙科恐龙化石。

家族档案

主要特征

- 长而挺立的颈部，颈椎约14个；
- 牙齿长，呈匙状。

生活简介

腕龙科恐龙生存于侏罗纪至白垩纪晚期，灭亡时间大约距今7100万年前，因为在墨西哥发现了一个属于该地质年代的腕龙科尾椎化石。腕龙科恐龙脖颈特长，但颈椎中空，所以大大减轻了重量；牙齿呈匙状，能咬断坚硬的植物。一些专家认为腕龙科恐龙可以用后肢站立，这一观点还未被完全证实。

腕龙 *Brachiosaurus*

- **生活时期** 侏罗纪晚期（1.56亿～1.45亿年前）
- **栖息环境** 平原
- **食　　性** 树叶和针叶树的嫩枝
- **化石发现地** 东非、美国

与其他巨型植食恐龙一样，腕龙也长着长脖子、小脑袋，还有一条短粗的尾巴，四足行走，前肢明显比后肢长，因此整个身体沿肩部向后倾斜，类似现在的长颈鹿。腕龙是一种非常有名气的恐龙，也是有史以来陆地上最巨大的动物之一。虽然目前出土了超龙、特超龙、地震龙等可能比腕龙更巨大的恐龙化石，但是由于还没有挖出完整的骨骼化石，无法确定猜测是否正确，所以腕龙的地位还无法被动摇。

第二大脑

由于身体实在太庞大，腕龙除了用小脑袋里的大脑控制脖子和身体外，腰部还有一个膨胀、变大的中枢神经，被称为“第二大脑”，代替大脑分管内脏和四肢。

生活环境

腕龙生活的时期有大量蕨类、苏铁科、松科及银杏等树木，所以食物较为丰富。同时也有许多危险的敌人，比如肉食恐龙异特龙、蛮龙，所以小型腕龙会成群活动，而成年腕龙因为体型巨大，不惧肉食恐龙的袭击，多单独活动。

脖子

腕龙也有一条超级长脖子。和以脖子闻名的马门溪龙相比，腕龙的脖子虽然短一些，但是十分柔软，可以灵活转动，甚至可以抬起小脑袋吃到高树上的叶子。而马门溪龙的脖子十分僵硬，只能左右小范围内摆动。

鼻子

腕龙头顶上的丘状突起，就是它的鼻子。由于鼻孔位置很高，在过去几十年间，腕龙一直被认为是在水中生活的恐龙，它们遇到危险时，也首先会潜入水中躲藏，只将鼻孔露出水面呼吸。实际并非如此，因为腕龙的四脚过于狭窄，根本不适合在水中移动，而且水压也会使它们的肺部破裂。

粪便

腕龙需要吃大量的食物，补充身体生长和活动所需的能量。一只大象一天能吃大约 150 千克的食物，腕龙大约每天能吃 1500 千克，相当于大象食量的 10 倍！而腕龙一次拉的粪便就有 1 米高，十分吓人。

长颈巨龙 *Giraffatitan*

- **生活时期** 侏罗纪晚期（1.5亿~1.45亿年前）
- **栖息环境** 森林
- **食　　性** 植食
- **化石发现地** 东非坦桑尼亚

长颈巨龙拥有一个小脑袋、长长的脖子和尾巴，前肢长于后肢，颈部高举时与现在的长颈鹿很像。在过去数十年，长颈巨龙一直被认为是世界上最高的恐龙，也是最重的恐龙，直到阿根廷龙、普尔塔龙、波塞东龙的出土才让人类对恐龙有了更准确的认识。

不过，如果以化石完整度为准（目前波塞东龙只发现了颈椎骨），长颈巨龙身长可达26米，高可达13米。

侧空龙 *Pleurocoelus*

- **生活时期** 白垩纪早期
- **栖息环境** 森林
- **食　　性** 植食
- **化石发现地** 北美洲

目前，虽然已发现了数个侧空龙身体骨骼化石，可由于属于幼年体，且关节脱落，保存状态极差，所以很难进行修复鉴定。但古生物学家依然推测出这种恐龙身长约9～18米，体重为20～45吨，属蜥脚类恐龙。从1997～2009年，侧空龙是美国得克萨斯州的州恐龙，之后被帕拉克西龙取代。

波塞东龙 *Sauroposeidon*

- **生活时期** 白垩纪早期（距今约 1.1 亿年前）
- **栖息环境** 森林
- **食　　性** 植食
- **化石发现地** 北美洲

白垩纪时期的北美洲，蜥脚类恐龙的数量不断减少、体型逐渐缩小，出现衰退迹象。而 1994 年发现于美国俄克拉荷马州的波塞东龙，则被认为是北美洲最晚出现的大型腕龙类恐龙，化石包括 4 块颈椎骨，经估计这种恐龙身长接近 30 ~ 34 米，高有 17 米，体重约 50 ~ 60 吨，可能是目前已知最高的恐龙，但并非是最长、最庞大的恐龙。

阿比杜斯龙 *Abydosaurus*

- **生活时期** 白垩纪中期（距今约 1.05 亿年前）
- **栖息环境** 森林
- **食　　性** 植食
- **化石发现地** 美国

阿比杜斯龙是一种体型庞大、长脖颈的植食蜥脚类恐龙。迄今为止，在发现的 120 种蜥脚类恐龙化石中仅有 8 种具有完全的头骨化石，而阿比杜斯龙便是其中之一。阿比杜斯龙的 4 个头骨化石全部发现于美国犹他州东部恐龙国家遗址的一处采石场，其中两个完全未受到任何破坏，保存完好。与其他蜥脚类恐龙不同，阿比杜斯龙的头骨由较薄的骨骼和软组织组成，所以很薄、很轻，而且牙齿狭窄，所以它们在进食时从不咀嚼，而是将树叶直接吞咽。

畸形龙 *Pelorosaurus*

- **生活时期** 白垩纪早期（1.38 亿 ~ 1.12 亿年前）
- **栖息环境** 森林、湖泊
- **食　　性** 植食
- **化石发现地** 英国、葡萄牙

畸形龙意为“怪异的蜥蜴”，是一种巨型植食恐龙。发现于葡萄牙的畸形龙化石包括一个肱骨、脊椎、一个荐骨、骨盆、四肢碎片及皮肤痕迹。通过皮肤痕迹可知，这种恐龙身体覆盖着六角形鳞甲。

畸形龙是最早被鉴定的蜥脚类恐龙，但不是最早被发现的。早在 1841 年，理查·欧文便发现了鲸龙化石，当时却被归类为大型海洋生物。直到畸形龙被鉴定为恐龙后，古生物学家才发现鲸龙也属于恐龙。

火山齿龙科　Vulcanodontidae

火山齿龙科建立于 1984 年，是一群原始的蜥脚类恐龙，目前只包括资中龙、巨脚龙、塔邹达龙以及火山齿龙。

家族档案

主要特征

➤ 狭窄的荐骨。

生活简介

火山齿龙科恐龙生存于侏罗纪早期。

火山齿龙　*Vulcanodon*

- **生活时期**　侏罗纪早期(2.08 亿 ~ 2.01 亿年前)
- **栖息环境**　森林、平原
- **食　　性**　植物
- **化石发现地**　非洲南部

火山齿龙是已知最早的蜥脚类恐龙之一，首批化石在 1972 年发现于非洲津巴布韦的一处火山灰中，故得此名。而在其骨骼化石中还有数颗短刃状牙齿，起初被归属于火山齿龙，使火山齿龙被认为是种杂食性的原蜥脚类恐龙。后来进一步研究发现，这些牙齿的主人可能是吃掉火山齿龙的某只兽脚类恐龙。

塔邹达龙 *Tazoudasaurus*

- **生活时期** 侏罗纪早中期（约1.8亿年前）
- **栖息环境** 林地
- **食　　性** 植食
- **化石发现地** 摩洛哥

2004年，一支由摩洛哥、瑞士和美国组成的国际考察团队在摩洛哥大阿特拉斯山高山地区的塔邹达村落发现了一些蜥脚类恐龙化石，包括头骨、颌骨和一些脊椎化石，并以发现村落为这具化石命名为塔邹达龙。塔邹达龙长9米，形似犀牛，脖颈灵活，牙齿匙状，背椎与尾椎较为硬挺，与近亲火山齿龙较为相似，主要区别为尾椎。

巨脚龙 *Barapasaurus*

- **生活时期** 侏罗纪早中期（1.89亿~1.76亿年前）
- **栖息环境** 平原
- **食　　性** 植食
- **化石发现地** 印度

巨脚龙得名自大象一般的后肢和后掌，尽管个头很大，长着树叶状的带锯齿的牙齿，但巨脚龙是温顺的植食恐龙。

目前，只在印度发现了一具化石，且没有头骨和足骨，所以古生物学家一直没有对巨脚龙进行完整的描述，只是把它们暂时划分到了蜥脚类家族。如果以后发现更多巨脚龙化石，说不准巨脚龙会被重新分到其他家族，或者成为一个独立的新的家族。另外，巨脚龙的脊椎是中空的，这点非常特别。

泰坦龙科 Titanosauria

泰坦龙科恐龙是一支演化非常成功的恐龙群体，曾广泛分布于世界各地，甚至包括南极洲，不过化石记录非常少、破碎严重，且大部分发现于南美洲。与其他蜥脚类恐龙相比，泰坦龙科恐龙有一个明显退化的特征——脊椎实心，而非空心。不过它们的脊椎组织更有弹性，所以是一类移动较为灵活、迅速的巨型恐龙。

家族档案

主要特征

- 头部比较小、比较宽；
- 颈部短；
- 骨盆纤细；
- 前肢比后肢粗短；
- 脊椎是实心。

生活简介

泰坦龙科恐龙是一支最晚进化出来的恐龙，出现于侏罗纪晚期，灭绝于白垩纪，生存时间长达 8000 万年。

泰坦龙 *Titanosaurs*

- **生活时期** 白垩纪晚期
- **栖息环境** 森林、平原
- **食　　性** 植物
- **化石发现地** 欧洲、非洲、亚洲、南美洲

泰坦龙是恐龙家族中分布最为广泛的恐龙，头小、尾长、颈短，四肢粗壮，其最特别之处在于尾脊椎开始处的球凸和凹窝铰合处。阿根廷古生物学家曾发现一具幼年泰坦龙的骨骼化石。这只泰坦龙的骨骼化石除了头部和颈部，从肋骨到尾巴几乎完整无缺，甚至一只脚上的脚趾和爪子都保存得相当完好。目前，在全世界只发现了一两具泰坦龙骨骼化石具备了完整的脚部。

博物馆陈列的阿根廷龙化石

阿根廷龙 *Argentinosaurus*

- **生活时期** 白垩纪早中期（1.12 亿年 ~ 9000 万年前）
- **栖息环境** 森林、平原
- **食　　性** 针叶植物
- **化石发现地** 阿根廷

阿根廷龙最显著的特征就是体型巨大、四肢粗壮。虽然现在只发现了几块脊椎骨和腿骨化石，但其大小足以令人震惊，其中一块脊椎骨高可达 1.5 米，古生物学家按比例进行测算后，估计这种恐龙身长在 35 ~ 45 米之间，体重在 80 ~ 100 吨之间，即使不是最长的恐龙，也是目前发现最大的恐龙。

天敌

在过去很长一段时间，人们认为阿根廷龙没有任何天敌，它们凭借巨大的体型完全可以逼退那些肉食恐龙的袭击。直到 1995 年，一位英国古生物学家在一块阿根廷龙的颈骨化石上发现了明显的牙齿咬痕，随后挖掘出了一具巨大的巨兽龙的骨架，这才使以往的观点得以改变。巨兽龙虽然凶猛，但体型较小，所以它们可能采用群体进攻的方式来围攻一只年老或体弱的阿根廷龙。

化石发现

1988 年，阿根廷龙的第一块骨骼化石发现于阿根廷的一个牧场中。可是直到几十年后的今天，除了一些零碎骨头外，还没有发现一具完整的这种庞然大物的骨架化石。

“恐龙蛋”路

阿根廷龙体型相当于 20 头大象，不过，它们的蛋却只有一颗橄榄球那么大。古生物学家曾发现过几千枚恐龙蛋化石，这些恐龙蛋密密麻麻地散布了一大片，让人们有一种无时无刻不在蛋壳上行走的感觉。这也是有史以来发现恐龙蛋最多的一次。

成长之谜

阿根廷龙体型巨大，号称“巨无霸”，这与其生长环境有关。阿根廷龙的祖先生活在侏罗纪时期，当时气候温暖，植物茂盛，所以它们长得极为庞大。到了白垩纪时期，由于地球环境发生很大变化，大部分蜥脚类恐龙无法适应新环境，纷纷死去，而生活在南美洲的阿根廷龙不但很好地适应了新环境，反而长得比自己的祖先还要庞大。

萨尔塔龙 *Saltasaurus*

- **生活时期** 白垩纪晚期（8000 万 ~ 6500 万年前）
- **栖息环境** 树林
- **食　　性** 植物
- **化石发现地** 阿根廷、乌拉圭

1980 年，萨尔塔龙的化石首次发现于阿根廷的萨尔塔省。在这之前，蜥脚类恐龙被认为以巨大的体型作为防御手段，不过萨尔塔龙骨骼化石周围却分布着成千上万片如豌豆形的骨甲，直径介于 0.5 ~ 11 厘米，这在蜥脚类恐龙化石中尚属首次发现。萨尔塔龙的腿骨长得很粗壮，灵活的尾巴和后肢可以支撑起庞大的身体，直立着身子进食。

富塔隆柯龙 *Futalognkosaurus*

- **生活时期** 白垩纪中晚期（距今约 8700 万年前）
- **栖息环境** 森林、平原
- **食　　性** 植物
- **化石发现地** 阿根廷

富塔隆柯龙化石于 2000 年在阿根廷内乌肯省发现，直到 2007 年才被正式发表，其学名意为“巨大的首领蜥蜴”。富塔隆柯龙是一种大型植食恐龙，体长约 32 ~ 34 米，虽然目前只有 3 组化石标本，只组装出整体骨骼的 70%，却是迄今为止最为完整的巨型恐龙。

在富塔隆柯龙发现地附近，还发现了鱼类、树叶的化石，这也说明当时这个地方属于热带气候。

南极龙 *Antarctosaurus*

- **生活时期** 白垩纪中晚期（距今约 8300 万 ~ 8000 万年前）
- **栖息环境** 森林、平原
- **食　　性** 植物
- **化石发现地** 南美洲（阿根廷、乌拉圭、智利、巴西）、亚洲（印度）

南极龙虽然名字中有“南极”二字，却并不是在南极洲发现的恐龙，而是发现于南美洲和印度，其意为“北方的相反”。南极龙有着长长的脖子和尾巴，身体可能覆盖鳞甲。由于迄今为止还没发现一个完整的骨架，而蜥脚类恐龙的体型大小差异较大，所以对于其身长、身高还无法确定。

瑞氏普尔塔龙 *Puertasaurus reuili*

- **生活时期** 白垩纪晚期（距今约 7000 万年前）
- **栖息环境** 森林、平原
- **食　　性** 植物
- **化石发现地** 阿根廷

阿根廷科学家发现了一种曾经生活在地球上的巨型恐龙的脖子、背和尾部骨头化石，后被命名为瑞氏普尔塔龙。这种恐龙有着长长的脖子和尾巴，身长在 35~40 米左右，体重达 80~110 吨，最令人印象深刻的是巨大的脊椎骨——高可达 1.06 米，横突宽可达 1.68 米！同时，其胸腔直径达 5 米，可以将一头成年大象装入胸腔，这简直是不可思议。因此，瑞氏普尔塔龙被认为是地球上最大型的恐龙之一。

叉背龙科 Dicraeosauridae

叉背龙科恐龙是蜥脚类家族中比较特别的一种，它们没有朝着巨型和长脖子方向发展，而是不断向着短脖子、小个子的方向进化。而这种小体型也很利于它们的生存，比如：叉背龙科恐龙可以吃地面上的各种植物，这样就可以避免和腕龙科、泰坦龙科恐龙等大个子恐龙的竞争。目前，叉背龙科仅有叉背龙、阿马加龙、短颈潘龙三个主要属。

家族档案

主要特征

- 体型较小；
- 脖颈短。

生活简介

叉背龙科恐龙生存于侏罗纪晚期到白垩纪早期，是一支演化较为成功的小型恐龙。

叉背龙 *Dicraeosaurus hansemanni*

- **生活时期** 侏罗纪中晚期（1.95 亿～ 1.41 亿年前）
- **栖息环境** 森林
- **食　　性** 植食
- **化石发现地** 东非坦桑尼亚

叉背龙的特点就是颈椎和前部背椎的神经棘分叉。这是一种比较早期的叉背龙科恐龙，也是最大的叉背龙科恐龙，成年后体长约在 12~20 米之间。除了分叉的神经棘，长长的尾巴也是其主要特点。

阿马加龙 *Amargasaurus cazaui*

- **生活时期** 白垩纪早期（1.3 亿～1.25 亿年前）
- **栖息环境** 沿河流域
- **食　　性** 植食
- **化石发现地** 阿根廷

与叉背龙相比，阿马加龙的神经棘更长，达到65厘米，而且分叉也更为严重。有的古生物学家认为，阿马加龙的神经棘又细又脆弱，无法作为武器攻击敌人，但是皮膜里可能有细小的血管，当血液流过时，借助太阳光调节体温。实际上，阿马加龙的神经棘是否真的具有这种功能，目前还没有被证实。

短颈潘龙 *Brachytrachelopan*

- **生活时期** 侏罗纪晚期（1.5 亿～1.45 亿年前）
- **栖息环境** 森林
- **食　　性** 植食
- **化石发现地** 阿根廷

顾名思义，短颈潘龙是一种脖子非常短的恐龙，同时它们也是最小的叉背龙科恐龙，身长不到 10 米。其化石最早发现于阿根廷内乌肯省的一个河流砂岩的侵蚀表面，虽然不完整，但是出土时关节仍然连接着，包括 8 节颈椎骨、12 节背椎骨、3 节荐椎骨。

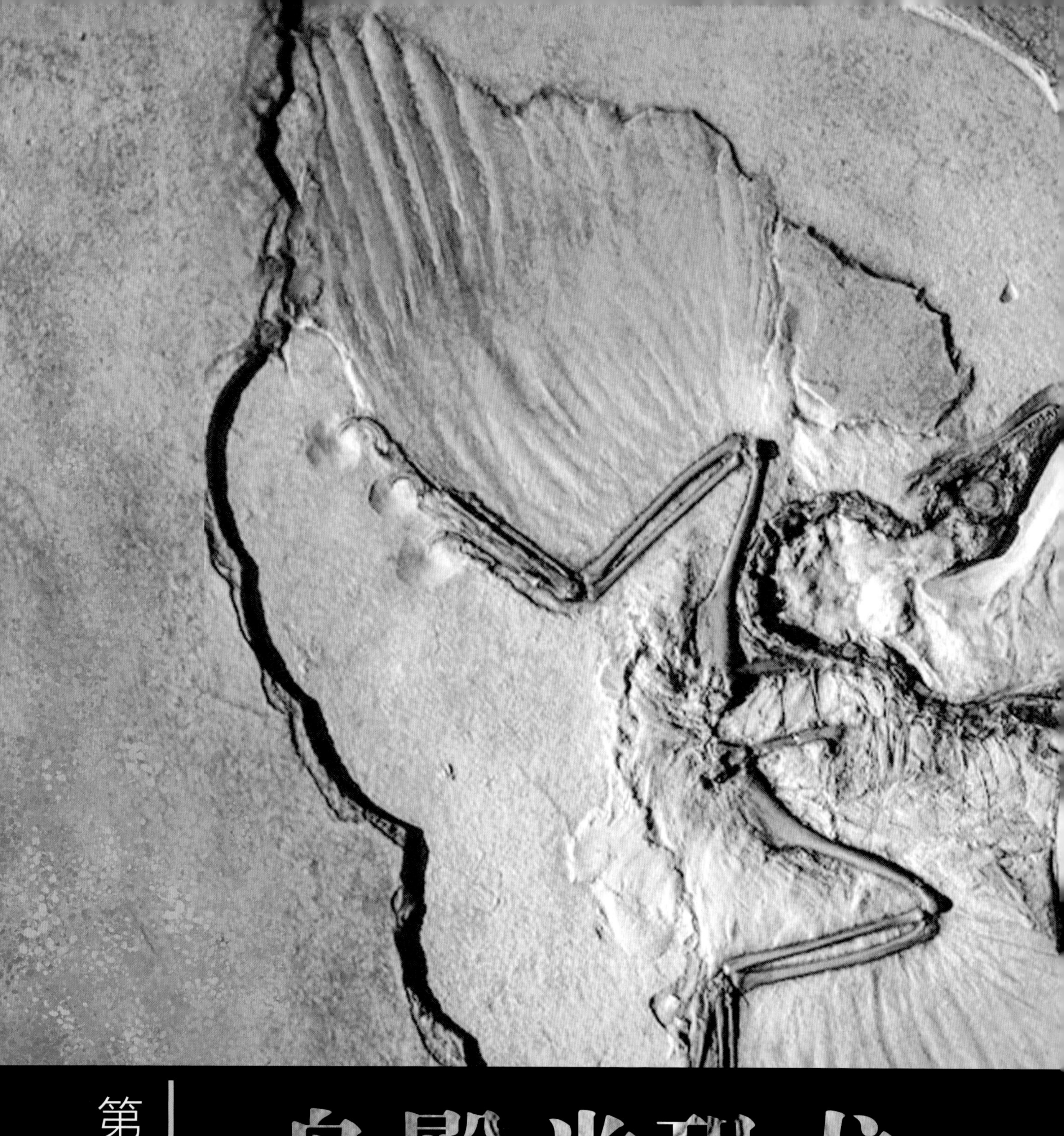

第四章 鸟臀类恐龙

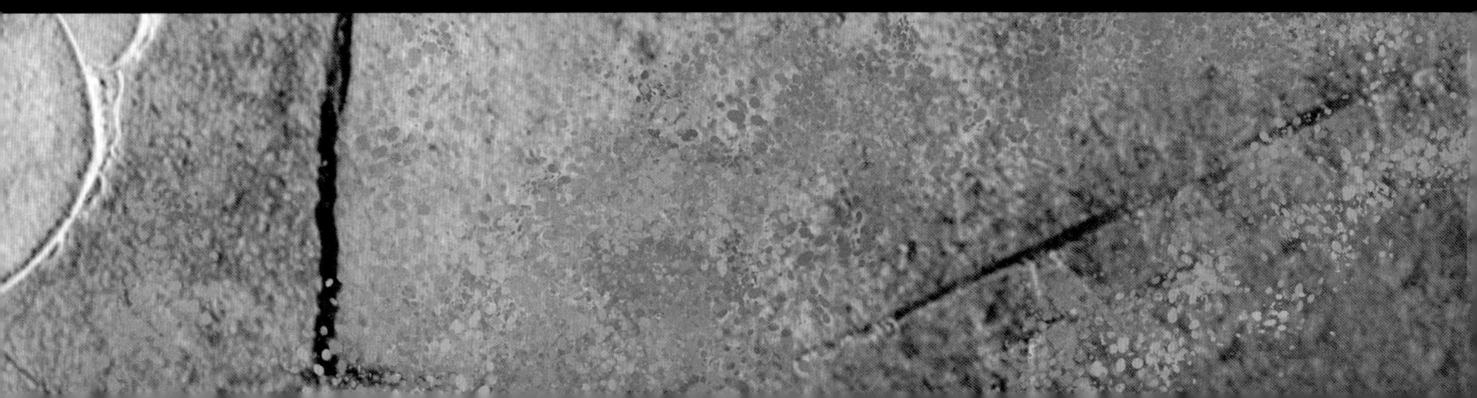

鸟臀类恐龙生存于三叠纪晚期至白垩纪，特别是白垩纪晚期。鸟臀类恐龙种类繁多，千姿百态，其中不少成员是恐龙家族中最古怪的成员，比如肿头龙、冥河龙、剑龙、五角龙等。

这类恐龙是四足行走的植食恐龙，由于性情温和且不具进攻性，是许多肉食恐龙的捕食对象。为此，鸟臀类恐龙在生存进化中，逐渐发展出了多种防身武器，比如爪、角、刺等，使得它们的模样更加奇特。

什么是鸟臀类恐龙？

侏罗纪晚期的剑龙

白垩纪晚期的甲龙

颈盾

钩状喙嘴

三角龙的锋利尖锐的喙和牙齿用以切碎坚硬的蕨类植物。三角龙的大型颈盾可能用来增加身体的表面积，以协助调节体温。颈盾与角也可能是两性异形特征，具有基本的求偶功能。颈盾与角在求偶以及其他社会行为上，被视为重要的视觉辨认物；这个理论可从不同角龙类恐龙拥有不同的装饰物而得到证实。

剑龙类

剑龙最早出现于早侏罗纪，晚侏罗纪是它们最繁盛的时期，至白垩纪早期逐渐衰退并灭绝。

甲龙类

甲龙生存于白垩晚期，同时期有许多肉食恐龙。它的骨质、钉状的骨板与骨槌能提供很好的保护。

鸟脚类

异齿龙较为先进，开始出现角质喙以及为鸟脚类特有的特化牙齿。

装甲类

角足龙类

鸟脚类繁盛于晚三叠纪至晚白垩纪，是生存时间最长的恐龙类动物之一。

鸟臀类

腰带结构与鸟类相似

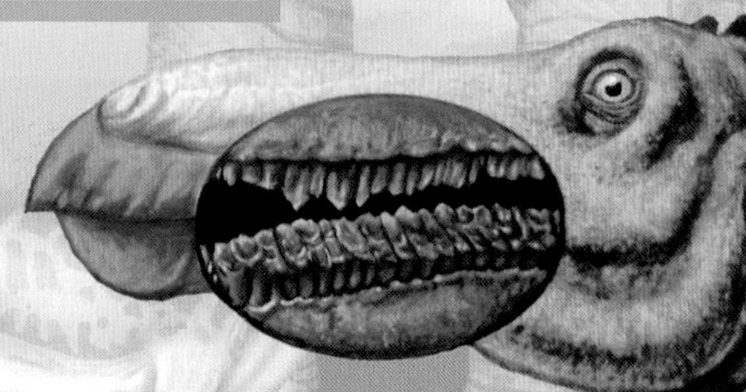

鸟臀类恐龙中许多种类具无牙的角质喙，用于掐取植物为食，并具强有力的颊牙，用以磨碎食物，所以取食植物的效率高于蜥臀类恐龙。白垩纪末期鸟臀类恐龙的数量已超过植食的蜥臀类恐龙。

鸟脚类恐龙的前上颌骨发育良好，形态各异，牙齿的变化很大。鸟脚类恐龙能用两后肢行走及奔跑，并将尾部抬离地面，但可能大部分时间四肢着地，以较慢的速度行走。

白垩纪晚期的角龙

白垩纪晚期的肿头龙

肿头龙类

有装饰的头部

肿头龙类全是植食恐龙，以二足或四足方式行走，特征是头颅后方有骨质隆起或装饰物。肿头龙类演化支在侏罗纪演化出来，繁盛于白垩纪晚期。

角龙类

钩状喙嘴和颈盾

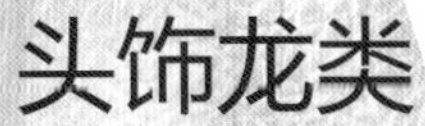

头饰龙类

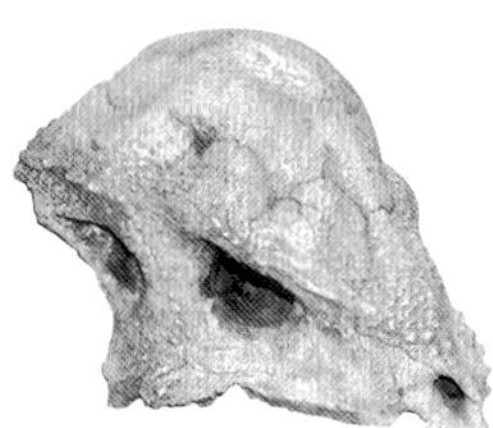

肿头龙牙齿很小，眼睛很大。

肿头龙头顶肿大，好像长着一个巨瘤，头骨顶部出奇的肿厚、隆起，厚度达25厘米。由于头骨肿厚，头骨上的部分孔洞也封闭了。

鸟臀类恐龙因具有与鸟类相似的骨盆结构而得名。其腰带的三块骨头呈四射形，肠骨前后都大大扩张，耻骨前侧有一个大的前耻骨突，伸在肠骨的下方，后侧更是大大延伸与坐骨平行伸向肠骨前下方。因此，骨盆从侧面看是四射型，排列成长方形，这种结构与现代的鸟类很相似。

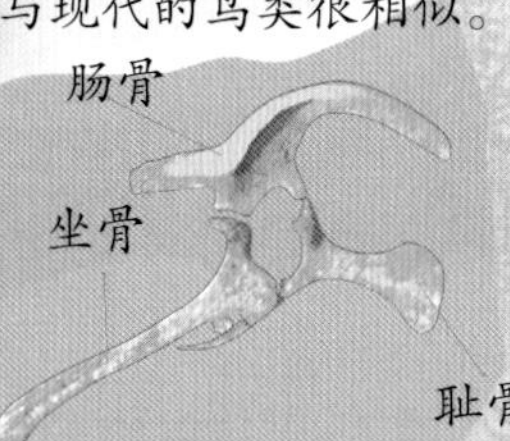

演化和分类

鸟臀类恐龙数量远不如蜥脚类恐龙那么庞大，但蜥脚类恐龙衰败之时，正是鸟臀类恐龙的兴盛之时。鸟臀类恐龙多为植食性，但齿式和齿板多样化，而且有一个非常重要的鉴别特征，即下颌两齿骨前有一块前齿骨相连。鸟臀类恐龙主要包括鸟脚类、剑龙类、甲龙类、角龙类、肿头龙类。

鸟脚类（Ornithopoda）

鸟脚类恐龙出现于距今约2.3亿年前的三叠纪中晚期，灭绝于6640万年前的白垩纪晚期，是生存时间最长的恐龙之一。鸟脚类几乎都为植食恐龙，具角质喙，喙无牙齿，可以用后肢站立，将前肢腾出来抓取植物吃，同时也可用后肢行走和迅速奔跑，但可能大部分时间它们都以四肢缓慢行走。目前，鸟脚类恐龙是恐龙族群中发现化石最多的一类，几乎在世界各地都有发现，这也说明鸟脚类恐龙是一支演化极为成功的恐龙。

法布龙科　Fabrosauridae

法布龙科恐龙是最古老的鸟臀类恐龙。在庞大的恐龙王国，法布龙科恐龙简直就像是现代动物界的野兔和小鹿。它们体型小而轻盈，可以用后肢行走和奔跑，长长的尾巴用来保持身体平衡，尖尖的嘴从地面挑选食物。不同于其他小型的植食恐龙，法布龙科恐龙也许独自觅食。

莱索托龙 *Lesothosaurus*

- 生活时期　侏罗纪早期（2.08亿～2.03亿年前）
- 栖息环境　沙漠、平原
- 食　　性　叶子，也可能吃腐肉和昆虫
- 化石发现地　非洲南部莱索托

轻盈的身体、修长的后腿，再加上灵活的尾巴，这些使得莱索托龙成为了一个快速、灵活的奔跑者。莱索托龙生活在沙漠里，当一年中最干旱的季节到来时，食物变得非常难找，于是它们钻入洞穴，开始夏眠。直到炎热过去，第一场小雨降落，它们才会醒来寻找食物，继续生活。古生物学家曾经挖掘出两具挤在一起的莱索托龙化石，更说明了这点。

家族档案

主要特征

- 体型小，身长不超过2米；
- 小型的叶状齿列；
- 后肢行走，可以快速奔跑。

生活简介

法布龙科恐龙生存于三叠纪晚期到侏罗纪早期。

小盾龙 *Scutellosaurus*

- **生活时期** 侏罗纪早期（2 亿～ 1.96 亿年前）
- **栖息环境** 森林、平原
- **食　　性** 植食
- **化石发现地** 美国亚利桑那州

小盾龙身体狭长、四肢纤细，再加上长长的尾巴，极像现在的蜥蜴，而其意便为“有铠甲的小蜥蜴”。在法布龙科恐龙中，小盾龙是唯一一种长有骨甲的恐龙，而且从脖颈到后背长着骨板。这身骨甲也给它们增加了额外的重量，所以通常二足行走或奔跑的小盾龙，有时不得不以四肢行走来分担重量。

洛氏敏龙 *Longosaurus longicollis*

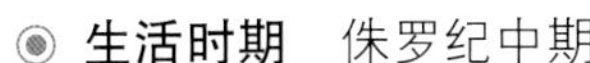

- **生活时期** 侏罗纪中期
- **栖息环境** 森林
- **食　　性** 植食
- **化石发现地** 中国自贡

洛氏敏龙头部短而高，眼睛大，脖子短，尾巴特别长，二足行走。其化石首次发现于中国自贡大山铺遗址中，残骸从幼体到成年个体均有。古生物学家已复原出几乎完整的骨架，包括近完美的头颅。

刺龙 *Echindon*

- **生活时期** 侏罗纪晚期
- **栖息环境** 森林
- **食　　性** 植食
- **化石发现地** 英国

刺龙体长约 60 厘米，体重如一只宠物猫，头部较小，口鼻狭窄，是一种小型植食恐龙。刺龙的牙齿具有多样性，一次也吃不了太多食物，因此刺龙平时会选择性地挑选那些有营养的嫩叶吃，把粗糙的老叶留给其他植食性恐龙。

异齿龙科 Heterodontosauridae

鸟臀类恐龙发展到异齿龙科时，开始出现了角质喙和鸟臀类特有的特化牙齿。通常来说，一种恐龙只有一种牙齿，但是异齿龙科恐龙却有多种形状各异的牙齿，且每种牙齿都有不同的功能。总体来说，异齿龙科恐龙的牙齿具有以下共同特征：颊齿具有高齿冠，齿冠呈凿子形；前上颌骨和齿骨长有犬齿状牙齿。这种情况在整个动物界，包括人类，都十分少见。

家族档案

主要特征

- 体型普遍较小；
- 牙齿形状各异；
- 后肢行走，可以快速奔跑。

生活简介

异齿龙科恐龙主要生存于侏罗纪早期，是一类活跃、敏捷、可以两脚快速行走的植食恐龙。

醒龙 *Abrictosaurus*

- **生活时期** 侏罗纪早期（距今约 1.9 亿年前）
- **栖息环境** 沙丘与季节性的泛滥平原
- **食　　性** 植食
- **化石发现地** 非洲南部

醒龙的牙齿特征为：颊齿间隔较宽，齿冠较矮；而长牙在过去一度被认为没有生长。直到在南非开普省与莱索托加查斯内克区出土两件醒龙化石，才发现了其长着犬牙的化石证据。上颌的犬齿形牙齿长为 10.5 厘米，下颌的犬齿形牙齿的长为 17 厘米。不过，这些犬齿形牙齿仅前侧具有锯齿状边缘，与后来的异齿龙的犬齿形牙齿前后都有锯齿状边缘不同。所以醒龙一般被认为是异齿龙科的基础物种。

鹤龙 *Geranosaurus*

- **生活时期** 侏罗纪早期
- **栖息环境** 森林
- **食　　性** 植食
- **化石发现地** 南非

鹤龙的化石非常少，迄今为止只在南非发现了部分下颌骨和零碎的其他骨头。而从其下颌骨形态可以看出，其颌骨前半部分长着锋利的牙齿，紧接着是一对尖牙，后面是凸起的臼齿，用来咬碎植物。

果齿龙 *Fruitadens*

- **生活时期** 侏罗纪晚期（距今约 1.5 亿年前）
- **栖息环境** 泛滥平原
- **食　　性** 植物，或小型昆虫
- **化石发现地** 北美洲

果齿龙是已知最小型的鸟臀类恐龙，身长约 70 厘米，体重不过 0.8 千克，大小犹如一只松鼠。果齿龙上颌的大型犬齿形牙齿与下颌齿列的空隙可以互相咬合；而且犬齿形牙齿前方有一颗小型棒状牙齿，并具有牙齿生长替换的迹象。棘齿龙与天宇龙是果齿龙的近亲。与侏罗纪早期的异齿龙科恐龙相比，这三种恐龙的颌部较不特化，因此被认为食性较宽广，除了植物，可能还会食昆虫、无脊椎动物等。

棘齿龙 *Echinodon*

- **生活时期** 白垩纪早期（距今约 1.4 亿年前）
- **栖息环境** 森林
- **食　　性** 植食
- **化石发现地** 英国

棘齿龙是异齿龙科中最晚期的物种。其标本化石发现于英国，意思是“多刺的牙齿”，源自于它的牙齿化石有着很多的刺。同时与其他鸟臀类恐龙不同，棘齿龙的牙齿在上颌骨各有一或两颗犬齿形牙齿。

天宇龙 *Tianyulong*

- **生活时期** 侏罗纪晚期至白垩纪早期（距今约 1.58 亿年前）
- **栖息环境** 森林
- **食　　性** 植食，或杂食
- **化石发现地** 亚洲

天宇龙是已知世界上第一例拥有羽毛结构的鸟臀类恐龙。在我国辽宁省建昌县发现的一具天宇龙化石，颈部、背部、尾巴有明显的毛状痕迹，其中以尾部的毛状痕迹最长，长约 6 厘米，这些毛状结构呈细管状，彼此平行，没有分叉，内部中空，似乎相当坚硬。由于之前羽毛结构只发现于兽脚类恐龙，所以天宇龙的发现使羽毛的演化研究更为复杂。

活动

异齿龙的活动范围相当大，为了寻找食物，它可能会走遍非洲南部整个半沙漠化的地区。异齿龙进食时通常四肢着地，和现代的牛、羊进食方式十分相似。

天敌

一些兽脚类恐龙是异齿龙的主要敌人，比如巨齿龙、沃克龙、角鼻龙、鳄龙等。异齿龙平时十分警惕，一旦发现危险，会立刻奔跑，同时猛烈地摆动尾巴，保持身体平衡，迅速逃离。

异齿龙 *Heterodontosaurus*

- **生活时期** 侏罗纪早期（距今约 2.05 亿年前）
- **栖息环境** 沙地灌木丛中
- **食　　性** 树叶和植物块茎，还有可能吃昆虫
- **化石发现地** 南非

异齿龙意为"长有不同类型牙齿的蜥蜴"。其化石最早发现于20世纪60年代，身体娇小轻盈，大小如一只火鸡，视力极好，前肢可以抓取食物，后肢可以快速奔跑，灵活的尾巴可以平衡身体，由于异形牙齿而被人们熟知。异齿龙是原始的鸟脚类恐龙，同时也是最小的鸟脚类恐龙。

三种牙齿

异齿龙的第一种牙齿长在嘴巴前面，叫做切齿，这种牙齿非常锋利，可以利落地切断坚硬的植物；第二种牙齿长在嘴巴的两侧，叫做颊齿，颊齿紧密地挨在一起，负责咀嚼食物；第三种牙齿是一对向外翘着的犬齿形牙齿，是异齿龙有趣而独特的标志，这对大獠牙不仅能当做武器保护自己，还能当做装饰品吸引雌异齿龙。

灵活的手指

异齿龙前肢的肌肉非常发达，掌上长有五指，前3根指比较长，且有钝爪，第4、第5根手指则又短又小。异齿龙会用中间3根灵活的手指寻找食物，比如从地下挖出营养丰富、水分充足的根茎，有时还会挖开蚁巢吃蚂蚁。而每次找食完毕，异齿龙还会爱惜地将爪子舔干净，收起来。

棱齿龙科 Hypsilophodontidae

棱齿龙科恐龙是分布最广泛、生存时间最长的恐龙之一，可能是更为先进的禽龙和鸭嘴龙的祖先，后两者大部分时间四肢着地而行。棱齿龙科恐龙上颌牙齿齿冠的颊面有小的竖直棱，大部分下颌牙齿有明显的中棱和几条较弱的次级棱。这些棱的存在正是其名字的由来。棱齿龙科恐龙的牙齿平而倾斜，结实且耐磨。

奔山龙 Orodromeus

- **生活时期** 白垩纪晚期（距今约 7500 万年前）
- **栖息环境** 森林、平原
- **食　　性** 植食
- **化石发现地** 美国

奔山龙是一种小型、二足、植食恐龙，化石仅发现于美国双麦迪逊组地层。其颧骨有隆起，眼睑骨后端接触到眶后骨，上颌骨与齿骨的牙齿发达且呈三角形，长有角质喙，可以很容易地切断、磨碎食物。美国蒙大拿州曾经发掘到奔山龙的幼体骨骼，保存在蛋壳之内，非常完整。

家族档案

主要特征

- 体型较小，身长平均 1 ~ 2 米；
- 牙齿有棱；
- 行动迅速。

生活简介

棱齿龙科恐龙繁盛于侏罗纪晚期至白垩纪晚期，生存时间大约从 1.63 亿年前至 6640 万年前，化石主要发现于亚洲、大洋洲、欧洲、北美洲以及南美洲。

加斯帕里尼龙 Gasparinisaura

◉ **生活时期** 白垩纪晚期（距今约 8300 万年前）

◉ **栖息环境** 林地

◉ **食　　性** 杂食

◉ **化石发现地** 阿根廷

1992 年，加斯帕里尼龙第一批化石发现于阿根廷，包括部分身体骨骼和头颅骨，但大部分脊柱缺失。加斯帕里尼龙的颧骨前方有个细长骨突，被上颌骨与泪骨夹住；颧骨后段高而宽广，这是种原始特征。古生物学家曾在其化石中发现胃石，由大约 40 ~ 100 个圆形、光滑的石头所构成，平均直径约 8 厘米，堆积于腹部。这些胃石约占全身体重的 0.3%，帮助胃部磨碎、消化食物。

加斯帕里尼龙是继南方棱齿龙之后，第二种发现于南美洲的棱齿龙科恐龙。

厚颊龙 Bugenasaura

◉ **生活时期** 白垩纪早期

◉ **栖息环境** 林地和平原

◉ **食　　性** 植物

◉ **化石发现地** 美国

厚颊龙意为“有大型脸颊的蜥蜴”。化石包括部分头颅骨，在上颌骨及齿骨都有着明显的隆起部分，古生物学家认为是面颊肌肉的连接点。虽然目前对厚颊龙的了解较少，但与棱齿龙科其他恐龙相比，厚颊龙头部短、尾巴长，也可能用二足行走。

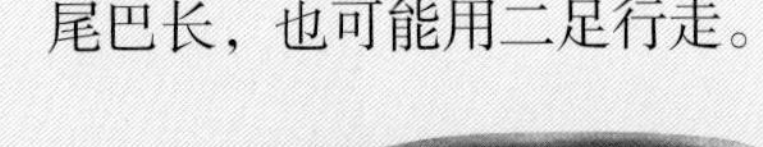

灵龙 Agilisaurus

◉ **生活时期** 侏罗纪中期（1.68 亿 ~ 1.61 亿年前）

◉ **栖息环境** 林地

◉ **食　　性** 植物

◉ **化石发现地** 中国

灵龙因轻盈的骨骼及长脚而得名。胫骨比股骨长，说明它是一种可以用双足快速奔跑的恐龙，但觅食时可能会四足行走。灵龙的第一具化石发现于我国四川省，虽然近乎完整，却因为化石上有多种科的显著特征，所以曾先后被归类于法布龙科、肿头科等。

帕克氏龙 *Parksosaurus*

- **生活时期** 白垩纪晚期（距今约 7000 万年前）
- **栖息环境** 森林、平原
- **食　　性** 植食
- **化石发现地** 加拿大

帕克氏龙身长约 2 米，高约 1 米，头部较小，嘴喙状，脖颈中等长，前肢短而有力，后肢长而强壮，胸侧肋骨还有薄的软骨骨板。其化石发现于加拿大艾伯塔省的马蹄峡谷组，包含一个关节相连的部分头颅骨与部分骨骸，这显示它们是一种小型的二足植食恐龙。

棱齿龙 *Hypsilophodon*

- **生活时期** 白垩纪早期（1.25 亿～1.20 亿年前）
- **栖息环境** 森林
- **食　　性** 低矮植物的叶子
- **化石发现地** 亚洲、澳大利亚、欧洲和北美洲

棱齿龙是种相当小的恐龙，身长只有 2.3 米，身高只达成年人的腰部，体重不超过 70 千克，头部也只相当于一个成年人的拳头大小，但股骨短、胫骨长，是一种小型的较为原始的恐龙。

牙齿

棱齿龙具有一般鸟脚类恐龙的一个重要特点：上颌牙齿齿冠向内弯曲，下颌牙齿齿冠向外弯曲。因此，其上下颌的牙齿形成了一个很好的咀嚼面，而且颌部较关节低于齿列，当上颌向外移动时，下颌会反向朝内移动，上下齿列便会不断互相磨合，棱齿龙可能借由这个方法，自行轮流磨尖这些牙齿。

原始特征

尽管棱齿龙生存于恐龙时代的最后一期，但仍有许多原始的恐龙特征。比如：棱齿龙每个手掌有5根指骨，每个脚掌有4根趾骨，大部分恐龙到白垩纪时期，指骨只有2 ~ 3根；另外，棱齿龙的颌部前方仍有三角形牙齿，而大部分恐龙到这个时代，都失去了前部的牙齿。

食物

棱齿龙的颌部长有28 ~ 30颗棱状牙齿，且这些牙齿可以不断生长替换。由于体型较小，棱齿龙一般啃食低矮植物的幼枝和根茎，它们先将食物储存在颊囊里，然后再用后面的牙齿慢慢咀嚼。其饮食行为与现代的鹿极为相似。

逃跑

棱齿龙胆子非常小，时时刻刻都左顾右盼，警惕着周围的动静，而逃跑是它们唯一的自卫方式。棱齿龙视力敏锐，可以及早发现逼近的敌人，还能像羚羊一样躲闪和迂回。

禽龙科 Iguanodontidae

禽龙科恐龙是非常繁盛的鸟脚类恐龙之一，是最早发现的恐龙，可能由棱齿龙科恐龙进化而来，由于其牙齿与今天的一种蜥蜴相似。禽龙科恐龙体型中型至大型，具特化的用以磨碎食物的牙齿，这是高等鸟脚类恐龙的特征。另外，大部分禽龙都有尖而锋利的“大拇指”。

家族档案

主要特征

- 体型庞大，身长达5~10米；
- 特化的五指；
- 行动迅速。

生活简介

禽龙科恐龙主要生活在侏罗纪晚期到白垩纪早期，个别种类延续到白垩纪晚期。

手指

禽龙的五根手指非常灵活。中间3根并拢起来呈蹄状爪，可以承受重重的身体；第5指又细又长，可向手心弯曲，方便抓握。大拇指呈矛状，长着十几厘米长的尖爪，相当于一件锋利的防御武器。

手腕

为了支撑庞大的身体，禽龙的手腕愈合在一起，以防止脱臼。

恐龙化石的首次发现

1822年，一个叫格丁·曼特尔的乡村医生去给病人看病，结果他的妻子玛丽无意中在路上发现了一块巨大的牙齿化石，后被归类于禽龙。从此揭开了恐龙化石研究的序幕。

禽龙 *Iguanodon*

- **生活时期** 白垩纪早期（1.4 亿～1.25 亿年前）
- **栖息环境** 树林
- **食　　性** 马尾草、蕨树和苏铁
- **化石发现地** 欧洲、北非、北美洲

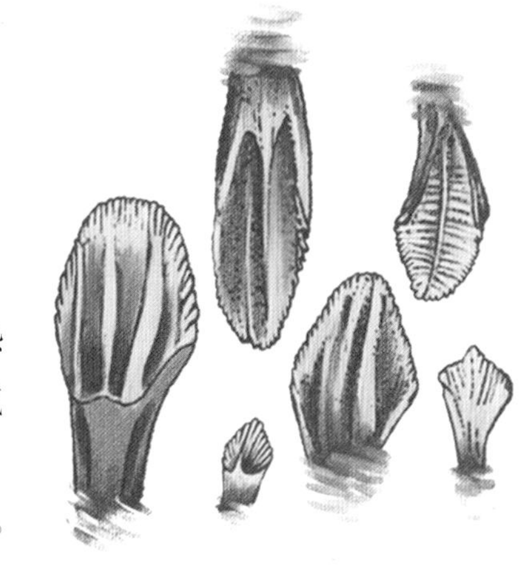

禽龙是人类发现的第一种恐龙化石，也是第二种被命名的恐龙。由于牙齿与现代鬣蜥的牙齿极像，故有禽龙之名，意思是“鬣蜥的牙齿”。禽龙是禽龙科恐龙中体型最庞大的，身长可达 9 米，身高可达5米，体重约4.5吨。其发现者为英国乡村医生曼特尔夫妇。

群居

在比利时，人们发现许多禽龙遗骸聚集在一起，这说明禽龙是一种群居恐龙。集体生活对于禽龙来说，可以更好地保护自已。当遇到危险时，它们能相互照应，共同对付敌人，这样逃生机会更大。

腱龙 *Tenontosaurus*

- **生活时期** 白垩纪早期（1.25 亿～1.05 亿年前）
- **栖息环境** 灌木丛
- **食　　性** 灌木、树叶和果实
- **化石发现地** 北美洲

腱龙得名于从背部至尾部的一条结实的筋骨。迄今为止，只发现了腱龙的前肢化石，因此对于这种恐龙了解甚少。但古生物学家猜测，腱龙是一种体型庞大、温顺而笨拙的恐龙。由于缺乏自卫能力，所以常常遭到同时期的小型恐爪龙的围攻。腱龙可能会用后肢或鞭状尾巴还击，但恐爪龙十分凶猛，行动迅速，所以大部分腱龙的反击都没有什么实际效果。

弯龙 *Camptosaurus*

- **生活时期** 侏罗纪晚期（1.55 亿～1.45 亿年前）
- **栖息环境** 树林
- **食　　性** 低矮植物和灌木
- **化石发现地** 北美洲、英国

弯龙是禽龙科中最原始的恐龙。当弯龙四足站立时，脊背拱起，尾巴和脖子下垂，使它们看起来就像是一座弯弯的拱桥，于是便有了弯龙之名。弯龙与禽龙外形极像，但弯龙体型较小，只有禽龙的一半大，且手指间没有肉垫相连，行走时后肢脚掌第 1 趾爪向后反转，不触碰地面，这些都与禽龙不同。

橡树龙 *Dryosaurus*

- **生活时期** 侏罗纪晚期（距今约 1.5 亿年前）
- **栖息环境** 树林
- **食　　性** 低矮植被
- **化石发现地** 美国、非洲东部

橡树龙因颊齿形状类似橡树而得名。凭借轻盈的身体、修长的后腿，橡树龙具备出色的奔跑能力。当遭到肉食恐龙的威胁或攻击时，它们会立刻奔跑逃离，而且在尾巴的“调控”下，橡树龙还会急转弯和跃过障碍物，这在植食恐龙中十分罕见。除了奔跑，橡树龙几乎没有任何保护自己的武器，但是它们非常聪明，在竞争残酷的恐龙王国努力繁衍了将近一千万年。

豪勇龙 Ouranosaurus

- ◉ **生活时期** 白垩纪早期（距今约 1.1 亿年前）
- ◉ **栖息环境** 河流三角洲地区
- ◉ **食　　性** 植食
- ◉ **化石发现地** 非洲

豪勇龙又名无畏龙，其辨认特点为：前肢大拇指呈钉状，帆状物自背部经臀部一直延伸到尾部。过去，豪勇龙背部的帆状物一度被认为是由厚而长的脊椎神经棘柱支撑组成，长度约 50 厘米，与著名的肉食恐龙棘龙的“背帆”相似。实际上，棘龙的棘柱末端变细，而豪勇龙的棘柱末端则变厚，且棘柱由肌腱连接在一起，最后棘柱在前肢位置达到最长。这些特征显示：豪勇龙的脊背并不是拥有“帆状物”，而是隆肉，类似美洲野牛的隆肉。

豪勇龙生活在炎热干旱的非洲，脊背的隆肉可能用来储藏脂肪或水，如同现在的骆驼，以便度过食物缺乏的季节。

手指

豪勇龙的前肢有拇指尖爪，但中间3根指骨宽广，类似蹄状，更适合于行走，这点不同于较早期的禽龙。

木他龙 Muttaburrasaurus

- ◉ **生活时期** 白垩纪早期（距今约 1.2 亿年前）
- ◉ **栖息环境** 森林
- ◉ **食　　性** 植食
- ◉ **化石发现地** 澳大利亚的东北部

木他龙外形似禽龙，但体型较小，头部很平坦，鼻子上的骨质瘤状物中空，可能会发出特殊声响，用于求偶；颌部非常强壮，牙齿可以切割坚硬的植被，例如苏铁；以二足或四足方式行走，前肢中间的三个指骨连接在一起，形成蹄状爪。与大多数禽龙科恐龙一样，木他龙也长着一个大钉子状的尖状拇指，长约 15 厘米。

高吻龙 *Altirhinus*

- **生活时期** 白垩纪早期（距今 1.2 亿 ~ 1 亿年）
- **栖息环境** 平原
- **食　　性** 植食
- **化石发现地** 亚洲蒙古国

高吻龙是一种生活在白垩纪时期的恐龙。成年后体长可达 8 米，体重可达 2.5 吨，有一个巨大的口鼻部，鼻端上有一个明显的高拱，故得此名。到现在为止，所有的高吻龙化石标本都是由前苏联及蒙古国科学家共同挖掘，发现于蒙古国的东戈壁省。

移动方式

高吻龙的前肢约为后肢的一半长，似乎是用双足行走。但是它前肢的腕骨厚而结实，说明可以支撑身体重量，因此它也可能用四足行走。

前肢

高吻龙前肢有五个手指。中间三个手指很厚，可能是用来支撑身体重量，最外侧的手指与禽龙相似，呈尖锐的刺状，除了用于防卫，还负责在进食时破开水果和种子的硬壳；而第五根手指可能只是为了配合其他手指，抓住食物。

咀嚼

高吻龙的嘴巴前端有角质喙嘴。喙嘴和嘴巴内部的牙齿之间有一个很大的裂口，所以两部分可以分开使用。高吻龙一边用喙嘴咬断食物，一边用牙齿进行咀嚼。其实，很多植食恐龙都有这个本领。

鸭嘴龙科 Hadrosauridae

鸭嘴龙科恐龙是白垩纪晚期数量最多的恐龙类群之一，由于口鼻部扁平似鸭嘴而得名。鸭嘴龙科恐龙由生存于侏罗纪晚期至白垩纪早期的禽龙科恐龙演化而来，是恐龙家族中最晚进化但进化最成功的一支，其主要特点为：每一侧的下颌骨长有数百颗牙齿，这些牙齿通过骨组织牢固地连在一起，形成搓板状的切磨面，可以切碎坚硬的食物，甚至树枝；部分恐龙头部长有中空的头冠，可以发出声音。

家族档案

主要特征

- 头部似鸭头；
- 嘴喙状；
- 具颊袋，颌骨具复排齿列；
- 有的头部具中空鼻管；
- 后肢可以用来奔跑。

生活简介

鸭嘴龙科恐龙主要生存于白垩纪，最早生活在亚洲，后来遍及北美洲和欧洲。这是一种群居植食恐龙，也是在北美洲确认的第一个恐龙科。

鸭嘴龙 *Hadrosaurs*

- **生活时期** 白垩纪晚期（8000 万 ~ 7400 万年前）
- **栖息环境** 沼泽和森林
- **食　　性** 树枝、树叶和种子
- **化石发现地** 北美洲

鸭嘴龙生存于白垩纪晚期的北美洲。由于当时气候温暖，植物茂盛，且没有什么太大的天敌，所以鸭嘴龙家族发展得十分兴盛，在吃植物的恐龙中约占 75%。鸭嘴龙体型庞大，可用后肢站立，头部没有冠饰，但口鼻处有一块硬的突起。令人吃惊的是，鸭嘴龙的嘴巴里长着成百上千颗牙齿，这些牙齿一层一层地排列着，上层的磨损后，下层很快会补上，因此鸭嘴龙也成为了牙齿最多的恐龙。

格里芬龙 *Gryposaurus*

- **生活时期** 白垩纪晚期（8300 万 ~ 7500 万年前）
- **栖息环境** 河流附近
- **食　　性** 植食
- **化石发现地** 北美洲

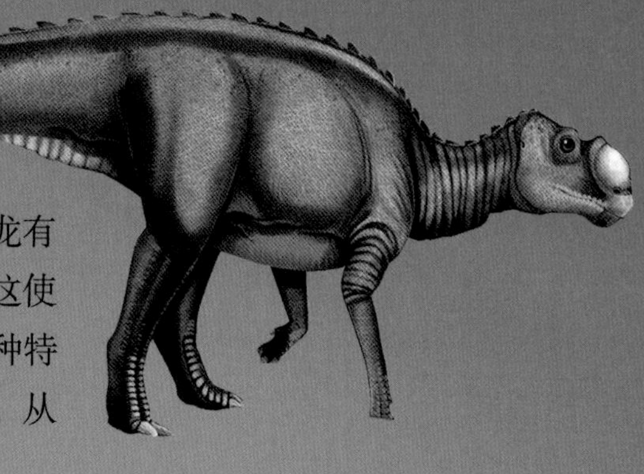

格里芬龙是一种二足或四足行走的大型植食恐龙，与慈母龙有亲缘关系，但与其他鸭嘴龙科恐龙的最大不同是：鼻梁拱起。这使得格里芬龙看起来就像长了一个鹰钩鼻，成为了它们著名的物种特征。格里芬龙的化石包括了大量头颅骨、部分骨骼及皮肤痕迹，从皮肤痕迹可发现，沿着背部中间有一些向外突出的锥形鳞甲。

副栉龙 *Parasaurolophus*

- **生活时期** 白垩纪晚期（7650 万 ~ 7300 万年前）
- **栖息环境** 森林
- **食　　性** 植食
- **化石发现地** 加拿大、美国

副栉龙因化石比栉龙晚发现十几年而得名，意思就是排名第二的长着头冠的恐龙。副栉龙的头顶冠饰大而修长，向后方弯曲，看起来像一把小号，长度可达 2 米，内部有中空细管，可以发出低沉的声音。副栉龙还有一个有趣的特点，它们虽然有数百颗牙齿，但是每次只使用少部分。牙齿被磨损后，还会长出新的牙齿。

集体防御

副栉龙没有力量十足的尾巴，也没有坚硬的盔甲和锋利的牙齿，为了躲过肉食恐龙的追捕，它们选择成群地生活在一起，利用极好的视觉和灵敏的嗅觉及时发现危险。有时，它们也会用头冠发出警报或求救的信号。

短冠龙 *Brachylophosaurus*

◉ **生活时期** 白垩纪晚期（距今约 7650 万年前）

◉ **栖息环境** 森林

◉ **食　　性** 植食

◉ **化石发现地** 加拿大、美国

短冠龙化石最早发现于加拿大艾伯塔省，但后来大多数化石都是在美国的蒙大拿州出土。其最特别的当属骨冠。这个骨冠在头颅骨上形成一个平板，有的宽大，有的狭窄。古生物学家推测，短冠龙的骨冠可能是用来在搏斗中推撞的，但也许没有足够的硬度。另外，短冠龙的前肢比较长、下颌的喙嘴较宽，这与其他鸭嘴龙科恐龙略有不同。

兰氏龙 *Lambeosaurus*

◉ **生活时期** 白垩纪晚期（7600 万 ~ 7500 万年前）

◉ **栖息环境** 森林

◉ **食　　性** 低矮的树叶、果实和种子

◉ **化石发现地** 加拿大、美国、墨西哥

兰氏龙又名兰伯龙，几乎与副栉龙生活在同一时代、同一地点，甚至连外形、食性也颇相同。不过，兰氏龙的体型甚至比副栉龙还大，因此是目前为止发现的最大的鸭嘴龙科恐龙。兰氏龙以斧头状冠饰而著名，且冠饰随着年龄而有所不同。由于鼻管绕经冠饰，因而冠饰大部分为中空。大部分古生物学家认为，这个冠饰是用来制造声音和辨认彼此的。

冠龙 Corythosaurus

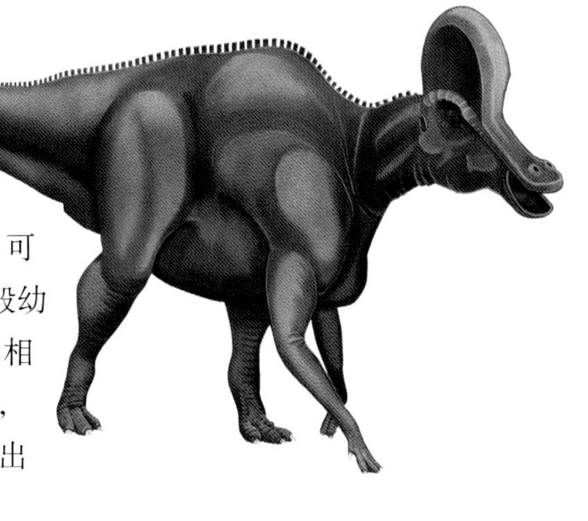

- 生活时期　白垩纪晚期（距今约 7500 万年前）
- 栖息环境　树林
- 食　　性　树叶、种子和松柏类的针叶
- 化石发现地　加拿大、美国

冠龙的头顶长有一个半圆形冠，中空，且与鼻腔相通，可以发出鸣声。冠的大小、形状与体型、性别及年龄有关，一般幼年冠龙没有冠饰，雄性的冠饰最大。当一群冠龙发出鸣声时，相当于一支古老的铜管乐队在演奏，十分壮观！冠龙性情温和，身上也没有盔甲、利爪或尾槌，它们平时依靠敏锐的嗅觉和出色的视觉躲避肉食恐龙的袭击。

亚冠龙 Hypacrosaurus

- 生活时期　白垩纪晚期（7500 万 ~ 6700 万年前）
- 栖息环境　森林
- 食　　性　植食
- 化石发现地　美国、加拿大

亚冠龙是北美洲最晚发现的有头冠、化石保存状况良好的鸭嘴龙科恐龙。与冠龙相似，亚冠龙也长着一个高而圆的中空头冠，内部结构也差不多，但较小。亚冠龙过着群居生活。古生物学家曾在加拿大的艾伯塔省发现一个巢穴内有 8 枚亚冠龙蛋化石，这些蛋成排地埋在一起，每枚有甜瓜那么大，里面有胚胎化石，上面可能还覆盖着泥土、草木等的混合物。这说明亚冠龙是一种有护巢习性的恐龙。

巴克龙 *Bactrosaurus*

- **生活时期** 白垩纪晚期（距今约 7000 万年前）
- **栖息环境** 河湖附近
- **食　　性** 植食
- **化石发现地** 中国、蒙古国

尽管巴克龙化石不够完整，却是被研究最多的鸭嘴龙科恐龙之一。巴克龙身长可达 6 米，四足站立时高约 2 米，体重不超过 2 吨，头骨短而平滑，牙齿少且交互呈覆瓦状，前肢较短，后肢长而强壮，脊椎有不寻常的大尖刺突出。另外，巴克龙还具有许多禽龙科恐龙的特征，比如每列三颗牙齿的齿系、小型的上颌骨牙齿、与其他鸭嘴龙相比大的体型等，因此巴克龙也被认为是禽龙科演化至鸭嘴龙科的过渡物种。

棘鼻青岛龙 *Tsintaosaurus spinorhinus*

- **生活时期** 白垩纪晚期（距今约 7000 万年前）
- **栖息环境** 树林
- **食　　性** 植物，树叶，水果和种子
- **化石发现地** 中国山东

棘鼻青岛龙发现于中国山东省莱阳市。这不仅是我国发现的最著名的有顶饰的鸭嘴龙化石，也是我国首次发现的完整的恐龙化石。这件化石身长为 6.62 米，身高为 4.9 米，独特之处在于两眼之间长着一个带棱且中空的棒状棘，向前突出，很像独角兽的角，长可达0.4米。这也使得棘鼻青岛龙成为了恐龙世界的“独角兽”，不过对于这只角究竟有什么作用，目前还无法确定。

栉龙 *Saurolophus*

- 生活时期　白垩纪晚期(6950 万 ~ 6850 万年前)
- 栖息环境　森林
- 食　　性　植食
- 化石发现地　北美洲、亚洲

栉龙是已经进化的带冠的鸭嘴龙科恐龙。其冠饰长而尖，像一根管子，从眼睛上方开始，往头后上方 45° 倾斜，长度约 15 厘米，里边有细细的通道，顶端也许较硬，当空气经过时就会发出低沉的声音。栉龙有时还会将冠饰像吹气球一样充上气，从而发出更响亮的鸣叫声。对于冠饰的作用，古生物学家认为是一种联络信号，或者是求偶的装饰，或者是潜水时用来通气的，甚至也可能是吓跑敌人的武器。但直到目前为止，这些仍然只是猜测。

山东龙 *Shantungosaurus*

- 生活时期　白垩纪晚期
- 栖息环境　森林
- 食　　性　植食
- 化石发现地　中国山东

山东龙是最大的鸭嘴龙之一，体长可达 15 米，身高可达 7 米，体重可达 16 吨。其化石于 1964 年首次在中国山东省诸城市出土，目前已发现多具，其中 1973 年发现了一具几近完好的骨架。与棘鼻青岛龙不同，山东龙的头部鼻骨处没有冠饰，但典型的喙状嘴符合鸭嘴龙科恐龙的主要特征，且颌部齿板上有 1500 颗咀嚼用的牙齿。

山东龙还有一根特别长的尾巴，约占全身的一半长，粗重而扁平，在直立行走时，尾巴举在身后，可以帮助保持平衡。另外，山东龙鼻孔附近有个由宽松垂下物所覆盖的洞，可能用来发出声音。

慈母龙 *Maiasaura*

- **生活时期** 白垩纪晚期（8000 万 ~ 6500 万年前）
- **栖息环境** 海岸平原
- **食　　性** 树叶、果实和种子
- **化石发现地** 美国、加拿大

慈母龙是恐龙王国中最后存活的恐龙之一。1979 年，古生物学家在美国发现了一些恐龙窝，里面有许多小恐龙的骨架，于是这种恐龙就被命名为慈母龙。慈母龙身长可达 9 米，体重约 2 吨，拥有典型的鸭嘴龙科的平坦喙状嘴，且前部没有牙齿，鼻部厚，眼睛前方有小型的尖状冠饰，行走时用四肢，也可以二足快速奔跑。

筑巢

繁殖季节，慈母龙在泥地上挖出一个差不多和圆形饭桌一样大的坑，有时还会铺些柔软植物。

产蛋

雌慈母龙将蛋产在坑里，一般有二三十枚，但有的可达 40 枚，呈柚子形。

孵化

慈母龙守在坑旁，等待宝宝出世。有时雌慈母龙还会卧在蛋上“保暖”。有时一只慈母龙去觅食，另一只依然会看护蛋巢，以免被肉食恐龙吃掉。

照顾

小恐龙出世后，慈母龙会精心照顾。小恐龙每天都要吃掉几百斤鲜嫩的植物、水果及种子，所以寻找食物是一项非常辛苦的工作。但是对于那些坚硬的植物，慈母龙总会嚼碎再喂给小恐龙。

慈母龙的蛋巢，现存于伦敦自然历史博物馆。

教育

小恐龙会走路后，慈母龙父母会带着它们活动，并教给它们许多生活技能。每次外出，小恐龙都会走在中间，慈母龙夫妇走在两边，时刻保护着孩子的安全。

独立

小恐龙在窝中一直长到自己能照顾自己时，就会加入到恐龙群中。最后，整个恐龙群迁移到其他地方，寻找新鲜的食物。

群体生活

除了一条强壮的尾巴，慈母龙几乎没有任何武器可以抵御肉食恐龙的袭击，因此它们总是集体活动。有时，慈母龙群异常庞大，差不多由一万多只慈母龙组成。

埃德蒙顿龙 Edmontosaurus

◉ **生活时期** 白垩纪晚期（7300 万 ~ 6500 万年前）
◉ **栖息环境** 沼泽地
◉ **食　　性** 植食
◉ **化石发现地** 美国、加拿大

埃德蒙顿龙得名于加拿大一个叫做埃德蒙顿的城市，1917 年，人们在那里发现了这种恐龙的第一块化石。埃德蒙顿龙属于鸭嘴龙科，成年后身长可达 13 米，体重约 4.0 吨，除了嘴巴宽阔、扁平似鸭嘴外，头部缺乏中空头冠。

牙齿

埃德蒙顿龙有将近一千颗牙齿，密集于上下颌后部，连成好几排，被强劲的面部肌肉连在一起，可以咀嚼植物。当牙齿磨损或掉落后，会长出新的牙齿。不过，新牙长得有点慢，大约需要一年才能完全长出来。

声音

埃德蒙顿龙的鼻子上方有一块皱巴巴的皮肤，叫做鼻囊。每当遇到危险时，埃德蒙顿龙就会用力吸气，使鼻囊像气球一样膨胀起来，接着它们又把气吹出去，这时就会发出响亮的声音。当追求伴侣或向对手发出警告时，埃德蒙顿龙总是会用鼻囊发声。

同名恐龙

埃德蒙顿龙和埃德蒙顿甲龙差不多生活在同一时代，名字也只有一字之差，但实际却是两种完全不同的恐龙。埃德蒙顿龙属于鸭嘴龙家族，而埃德蒙顿甲龙则来自甲龙家族。因为它们的第一块化石发现的地方相同，所以才有了让人混淆的名字。

逃生

与其他鸭嘴龙科恐龙一样，埃德蒙顿龙摆脱危险的方法只有一种——用后肢尽力奔跑。不过，埃德蒙顿龙身躯庞大，所以很难快速奔跑，因此常常会成为霸王龙等肉食恐龙的袭击目标。

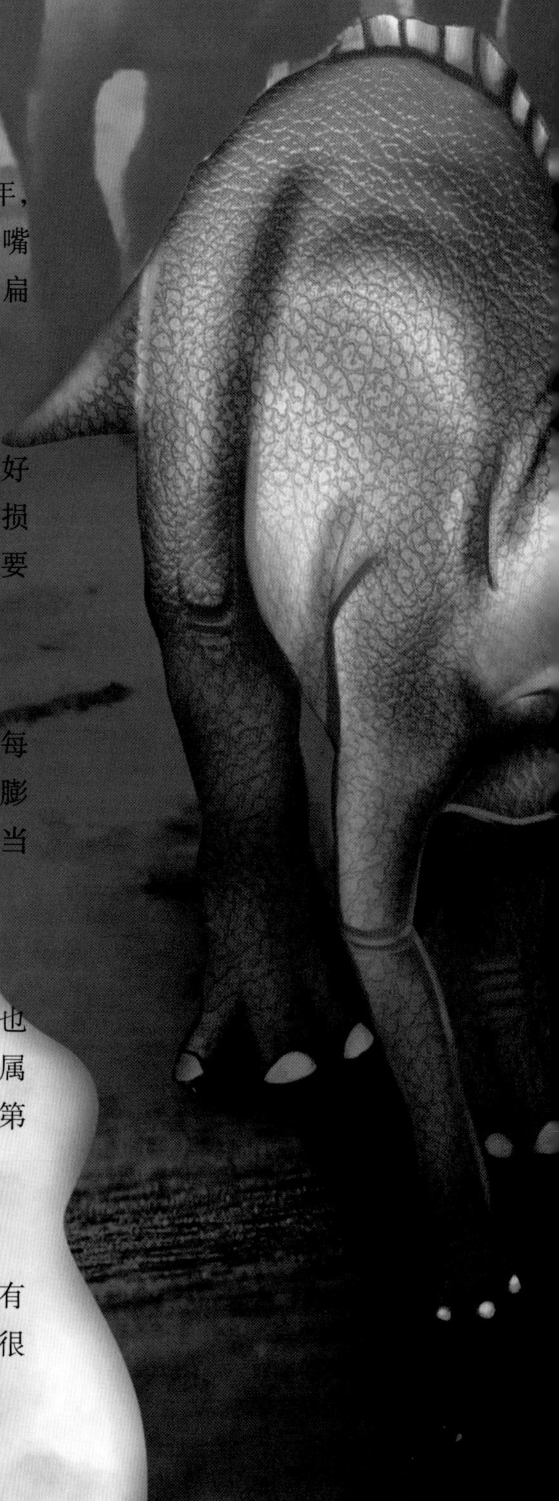

埃德蒙顿龙头骨化石

剑龙类 Stegosauria

剑龙类恐龙生存于侏罗纪时期至白垩纪早期的河湖附近的丛林中，化石在北美洲、亚洲、欧洲、非洲均有发现。剑龙类恐龙是一群素食恐龙，头部小而低平，吻端具喙，齿小而多，颈较短，后肢比前肢长，四足行走，从颈部至尾部有两排突出的骨板或剑板，尾巴上还武装着可怕的刺突。剑龙类恐龙是恐龙王国中最先灭亡的一支。

剑龙 *Stegosaurus*

- **生活时期** 侏罗纪晚期（1.55 亿 ~ 1.44 亿年前）
- **栖息环境** 河湖丛林
- **食　　性** 低矮植物的嫩叶
- **化石发现地** 北美洲、欧洲

剑龙是剑龙类恐龙中最大的成员，也是最知名的恐龙之一，因其背部排有2列大小不等的骨质棘板，以及尾部四根尖刺而闻名。剑龙出现于侏罗纪中期，繁盛于侏罗纪晚期，到白垩纪早期逐渐衰退并灭绝，在地球上生存了1亿多年。它们被认为是居住在平原上，并且以群体游牧方式生活的植食恐龙。

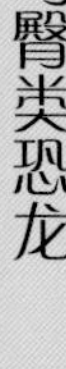

大脑

剑龙可能是恐龙王国中大脑最小的恐龙，相对于9米长的身体，它的大脑只有一颗核桃般大小，所以剑龙并不聪明，总是一副呆头呆脑的样子。即使情况危急，它们由于反应迟钝看起来总是很“淡定”。

寿命

剑龙虽然很笨，可大多数都可以活200多岁。古生物学家推测，剑龙其实有2个“大脑”——一个位于脑部，叫做“主脑”；另一个位于臀部，叫做“副脑”。在这两个大脑的配合下，剑龙的生存智慧越来越高，生存能力也越来越强，所以才会很长寿。

骨板

对于剑龙的骨板，一直以来都是古生物学家研究的重点。对于其功能众说不一：有人认为用来自卫，但这些骨板并未长在骨头上，而是被皮肤包裹，所以并不坚固，很难进行攻击；也有人认为是用来调节体温，通过体内的血液使温度升高或降低；还有人认为骨板是剑龙的“身份证”，通过骨板可以很快辨认出对方。

抵御手段

剑龙虽然长着夸张而恐怖的骨板，实际却是一种性情非常温和的恐龙，即使遇到凶猛的敌人，它们也从不会主动攻击，总是费尽心思把对方吓走。只有在被逼无奈时才会挥动尾巴，进行一场激烈搏斗。

华阳龙 Huayangosaurus

- ◉ **生活时期** 侏罗纪中期（1.65 亿年前）
- ◉ **栖息环境** 森林、草地
- ◉ **食　　性** 低矮植物
- ◉ **化石发现地** 亚洲

华阳龙化石首先发现于我国四川省自贡市大山铺恐龙动物群化石点，因四川古称华阳，而得此名。华阳龙的出土，使人们开始对早期剑龙有了一定了解。而从华阳龙两排独特的心形剑板，和长短相差无几的前后腿，古生物学家认为，这种恐龙算得上是剑龙类的“老祖宗”了。

华阳龙的后代虽然又高又大，但华阳龙较小，平时不仅只能吃那些低矮的植物，还是许多肉食恐龙的目标。

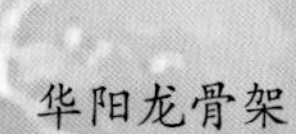
华阳龙骨架

钉状龙 Kentrosaurus

- ◉ **生活时期** 侏罗纪晚期（1.56 亿～1.50 亿年前）
- ◉ **栖息环境** 森林
- ◉ **食　　性** 低矮植物
- ◉ **化石发现地** 东非坦桑尼亚

钉状龙的大小和一头犀牛差不多，从脖颈到脊背中部有 7 对骨板，而脊背中部到尾端的骨板变为长而尖的角，长可达几十厘米，且尾巴末端的一对棘刺略向前倾，这不同于其他剑龙尾巴的棘刺向后倾斜。另外，钉状龙的双肩分别有一根长长的刺突伸向两侧，可用于自卫。

钉状龙骨架

嘉陵龙 *Chialingosaurus*

◉ **生活时期** 侏罗纪中期（距今约 1.6 亿年前）

◉ **栖息环境** 丛林

◉ **食　　性** 蕨类及苏铁科植物

◉ **化石发现地** 中国四川

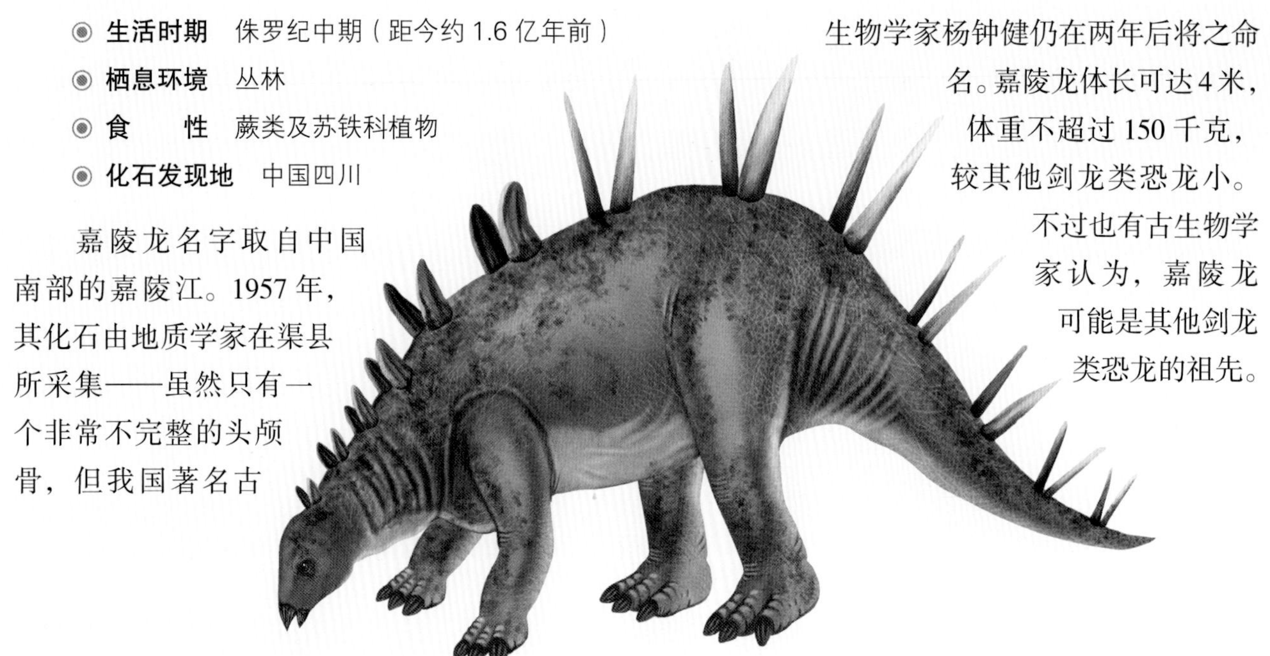

嘉陵龙名字取自中国南部的嘉陵江。1957 年，其化石由地质学家在渠县所采集——虽然只有一个非常不完整的头颅骨，但我国著名古生物学家杨钟健仍在两年后将之命名。嘉陵龙体长可达 4 米，体重不超过 150 千克，较其他剑龙类恐龙小。不过也有古生物学家认为，嘉陵龙可能是其他剑龙类恐龙的祖先。

沱江龙 *Tuojiangosaurus*

◉ **生活时期** 侏罗纪晚期（1.57 亿～1.54 亿年前）

◉ **栖息环境** 森林

◉ **食　　性** 低矮植物

◉ **化石发现地** 中国四川

目前沱江龙的两组化石遗骸全部发现于我国四川省沱江地区。其脊背的骨板呈 V 形，一般有 15 对，中间最大，向脖子、尾巴两边逐渐变小。与其他剑龙类恐龙一样，沱江龙的尾巴也长着 2 对尖刺，当遭到掠食者攻击时，它会猛烈地甩动尾巴，把敌人击退。有时，同类之间也会用尾刺一决高下。

巨棘龙 *Gigantspinosaurus*

- 生活时期 侏罗纪晚期
- 栖息环境 河畔湖滨的丛林
- 食　　性 幼嫩的灌木树叶
- 化石发现地 中国四川

巨棘龙不仅是世界上首次发现皮肤痕迹化石的剑龙类恐龙，也是世界上首次发现保存有完整肩棘化石骨架的剑龙类恐龙。其化石发现于四川省自贡地区，体型中等大小，脊背有 2 列近对称排列的小剑板，多呈三角形；最为特别的是，肩部有 1 对巨大而对称的骨棘，又称肩棘。虽然过去也曾发现过类似化石，但由于骨架不完整，一直无法确定其位置。巨棘龙的发现使这一疑惑得到解答。

乌尔禾剑龙 *Wuerhosaurus*

- 生活时期 白垩纪早期
- 栖息环境 荒漠
- 食　　性 低层植被
- 化石发现地 北美洲、亚洲、欧洲、非洲

乌尔禾剑龙化石首次发现于中国新疆乌尔禾地区，背部的两行骨质剑板较长圆、较为平坦。其化石包括了背椎、尾椎、颈椎、部分肋骨和前肢、髋骨以及两件骨板。同其他剑龙类恐龙一样，乌尔禾剑龙的尾部也拥有四根尖刺，可能用来自卫。另外，古生物学家还曾发现过乌尔禾剑龙的足迹化石——由前后足迹组成，后足迹有 3 个功能趾，又短又钝，非常强壮，说明脚掌可以很好地支撑其身躯。

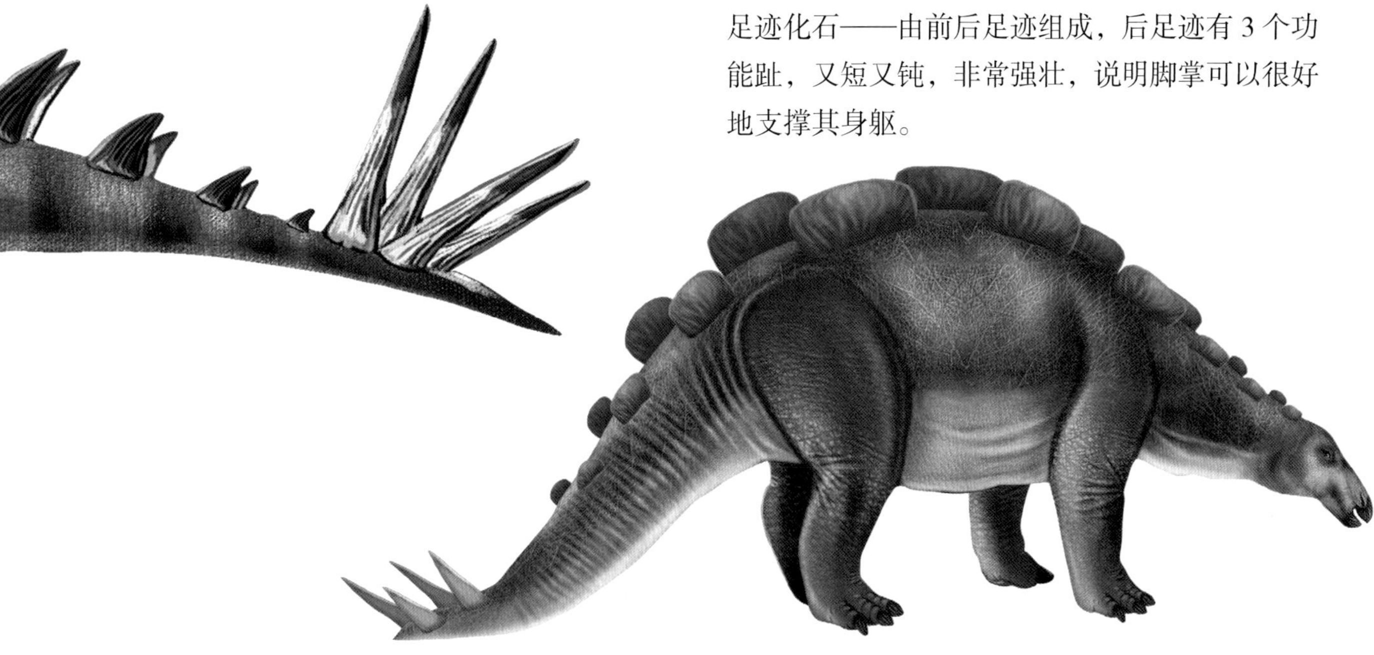

甲龙类 Ankylosauria

甲龙类恐龙身体低矮粗壮，行动笨拙，以植物为食，其最显著特征为：全身除腹部外，均覆盖着发达的骨板，且有的骨板之间还嵌以小骨，身体两侧还有成排的骨棘，很像一辆铁甲装备的坦克，所以甲龙类又被称为“坦克龙”“装甲类恐龙”。甲龙类化石虽然最早发现于侏罗纪中期地层中，但其繁盛期却是在白垩纪时期。

目前研究发现，甲龙类进化成两个类型：较轻便的结节龙科和较笨重的甲龙科。

结节龙科 Nodosauridae

结节龙科恐龙是甲龙类中早期成员之一，体型中到大型，行动迟缓，武装着骨板和棘刺。到白垩纪晚期，结节龙科恐龙渐被身体更为强壮，且尾端生有骨槌的甲龙科恐龙取代。与甲龙科恐龙相比，结节龙科恐龙在肩部和脖颈处长有向外凸出的骨刺，但是尾部没有“棒槌”。

目前，结节龙科恐龙化石已在北美洲、亚洲、澳洲、南极洲、欧洲等多地出土。

棘甲龙 *Acanthopholis horridus*

- **生活时期** 白垩纪中期（距今约 1 亿年前）
- **栖息环境** 森林
- **食　　性** 低矮植物
- **化石发现地** 英格兰

棘甲龙体长在 3 ~ 5.5 米之间，体重只有 380 千克左右，是一种小型的装甲恐龙。其鳞甲由椭圆形甲片组成，水平地排列于皮肤上，且从颈部到肩部，沿着脊椎有尖刺延伸排列。

家族档案

主要特征

- 头骨狭长；
- 小型牙齿；
- 身上披有骨板和棘状突起。

生活简介

结节龙科恐龙是一群四足行走的植食恐龙，主要生存于侏罗纪晚期，距今约 1.56 亿年前至 6500 万年前。

敏迷龙 *Minmi*

- **生活时期** 白垩纪早期（1.19 亿～1.15 亿年前）
- **栖息环境** 灌木丛或多树平原
- **食　　性** 蕨类植物
- **化石发现地** 澳大利亚

敏迷龙是在南半球发现的第一只甲龙，1964 年在澳大利亚昆士兰州南部一个叫敏迷的交叉路口出土。敏迷龙体型较小，四足行走，前肢和后肢几乎一样长，当四肢着地时，整个背部基本呈水平状态。通过其化石可以了解，这种恐龙的背部有一排排骨质碟片，且臀部有三角状尖刺，由于没有在尾部发现尾棰，因此古生物学家将其归类于结节龙科。

林龙 *Hylaeosaurus*

- **生活时期** 白垩纪早期（距今约 1.35 亿年前）
- **栖息环境** 森林
- **食　　性** 低矮植物
- **化石发现地** 欧洲

林龙是第三种被命名的恐龙。化石于 1832 年在英格兰南部的蒂尔盖特森林被发现。林龙是相当典型的装甲恐龙，身体似一辆卡车，沿脊背覆盖着 3 列骨板，肩膀处有 3 根长尖刺，臀部有 2 根尖刺，尾部可能还有 1 列装甲。林龙的头部很长，但嘴巴呈喙状，显示它们是吃地面低矮植物的恐龙。

埃德蒙顿甲龙 *Edmontonia*

- **生活时期** 白垩纪晚期（7600 万 ~ 7400 万年前）
- **栖息环境** 树林
- **食　　性** 低矮植物
- **化石发现地** 北美洲

埃德蒙顿甲龙是最大的结节龙科恐龙之一，已经发现了几块近乎完整的骨骼化石，显示其体格比现代犀牛还要健壮，骨板从脖颈一直覆盖到尾部，完美的装备常常可以将肉食恐龙击退。另外，埃德蒙顿甲龙肩部还长着几对巨大的刺突，这也对肉食恐龙有很大威慑作用。

武力解决

作为植食恐龙，埃德蒙顿甲龙的胆子可不小。每当肉食恐龙来袭，它们总会全力反击，一会儿用坚硬的“甲板战衣”撞击敌人的嘴巴，一会儿用尖锐的骨刺狠狠地扎向敌人的身体。如果遇到强敌，它们也很会忍耐，立刻趴在地上，保护住柔软的腹部，而头部、身体、尾巴和四肢因为有甲板保护，所以很难受伤。最终，大部分袭击者都会选择放弃离开。

食物

埃德蒙顿甲龙的嘴巴呈喙状，前端没有牙齿，只在颌骨上有一排颊齿，这些颊齿力量十分小，无法咀嚼坚硬的植物，所以埃德蒙顿甲龙对食物非常挑剔。在植物丰盛的季节，它们最喜欢吃一些嫩嫩的树叶；到了旱季，它们便只得去啃食树皮和灌木皮。

棘刺

肩膀上夸张的棘刺给埃德蒙顿甲龙增添了一种威武的感觉。其实，这些棘刺除了用来攻击敌人，也是同类之间争夺领地和配偶的重要武器。

厚甲龙 Struthiosaurus

◉ **生活时期** 白垩纪晚期（7000万～6500万年前）

◉ **栖息环境** 林地

◉ **食　　性** 嫩叶和根

◉ **化石发现地** 欧洲

厚甲龙是结节龙科中最小的恐龙之一，身长估计数值不同，通常约2.5米。厚甲龙身上有几种不同的护甲：颈部有坚硬的甲片；从脊背至尾部覆盖着小型骨质脊突；身体两侧有尖刺，可以用来抵御肉食恐龙的袭击。

目前，厚甲龙化石主要发现于欧洲地区。

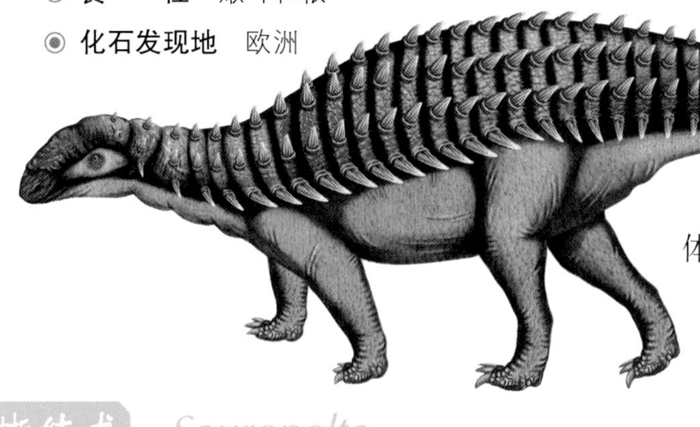

蜥结龙 Sauropelta

◉ **生活时期** 白垩纪早期（1.15亿～1.1亿年前）

◉ **栖息环境** 林地

◉ **食　　性** 植食

◉ **化石发现地** 北美洲

蜥结龙是结节龙科中最早出现的，也是最原始的成员。蜥结龙是一种性情温和的恐龙，身长约5米，体重约1500千克，不善于奔跑。其从头部到尾端有1列锯齿般的背脊，以及整个背部的多排平行骨突，是自卫武器。当蜥结龙遇到天敌时，会立即蜷起身体，使骨甲朝外，类似现代南美洲的犰狳一样形成一个刺球，从而逼退攻击的肉食恐龙。

结节龙 Nodosaurus

◉ **生活时期** 白垩纪晚期（7000万～6500万年前）

◉ **栖息环境** 森林

◉ **食　　性** 嫩叶和根茎

◉ **化石发现地** 北美洲

结节龙身体滚圆，头部细小，背部拱起，四肢粗壮。与其他结节龙科恐龙相似，结节龙除了身体两侧各有1排尖刺，从头至尾还覆盖着厚厚的骨片。这些骨片小而密，很像坦克的履带，同时上面还有规律地分布着一些小小的骨突。不过，结节龙由于尾部没有骨槌，因此受到威胁时，它们可能会趴在地上，用装甲的背部与两侧保护身体，如同今日的刺猬。

迄今为止，结节龙的化石全部出土于北美洲。

甲龙科 Ankylosauridae

甲龙科恐龙化石现已在北美洲、欧洲以及东亚等多地发现，但很少有保存良好的标本，大部分为骨头碎片。这类恐龙的身体上通常有一层由固定骨头组成的厚重鳞甲，上面散布不同的尖刺与瘤块，有的进化较高级的甲龙科恐龙眼部甚至有骨质眼睑保护。与结节龙科恐龙的主要区别在于：尾巴末端有两块大的骨质瘤构成的大型骨槌。

家族档案

主要特征

- 体型中等，覆盖着一层厚重鳞甲，包括头部；
- 头颅骨长宽大致相等；
- 喙状嘴，上颌有小型牙齿；
- 尾巴末端有大型骨槌。

生活简介

甲龙科恐龙出现于白垩纪早期，距今约1.56亿年前，灭亡于6500万年前的白垩纪晚期。

甲龙 *Ankylosaurus*

- **生活时期** 白垩纪晚期（7400万～6700万年前）
- **栖息环境** 树林
- **食　　性** 嫩枝叶或多汁的根茎
- **化石发现地** 玻利维亚、美国、墨西哥

甲龙是甲龙科中最大也几乎是最晚出现的恐龙。它们体型巨大，长可达11米，体重可达4吨，身体缀满数以百计的骨质碟片，从颈部到尾部有一排排骨质尖刺，且头部后侧有1对角，行动迟缓，有"活坦克"之称。

甲龙的尾巴上还长着一个大大的骨槌，可以快速挥动，击碎肉食恐龙的牙齿和头骨。

多刺甲龙 *Polacanthus*

- **生活时期** 白垩纪早期(1.32亿～1.12亿年前)
- **栖息环境** 林地、平原
- **食　　性** 低矮的蕨类等植物
- **化石发现地** 英国

多刺甲龙已发现的化石较少，因此对于其了解并不全面，尤其是某些重要的生理特征，比如由于头颅骨的缺失，使人类对这种恐龙的认识还局限于身体的后半部，而对于头部还不太明确。多刺甲龙的身体同样覆盖甲板，且长有尖刺，但是甲板并未和骨头相连，而是由臀部的真皮骨所形成的一个大型荐骨护甲，上面散布许多结节。

怪嘴龙 *Gargoyleosaurus*

- **生活时期** 侏罗纪晚期（1.56亿～1.45亿年前）
- **栖息环境** 树林
- **食　　性** 低矮植物
- **化石发现地** 美国

作为甲龙科成员，怪嘴龙是一种相对来说更原始、更独特的恐龙，比如：上下颌长满牙齿，鼻孔又大又直又通畅，护体的骨质碟片中空，因此并不沉重，这些和后来进化的甲龙科恐龙不同。怪嘴龙的名字来源于法国的一种建筑风格——哥特式建筑。在哥特式建筑中，墙面上经常会看见许多奇形怪状、面目狰狞的怪兽状滴水嘴，将屋顶的雨水排出，以免把墙面淋湿。而怪嘴龙的嘴巴和怪兽嘴很像，因此就有了现在这个名字。

美甲龙 *Saichania*

- **生活时期** 白垩纪晚期
- **栖息环境** 戈壁
- **食　　性** 植食
- **化石发现地** 亚洲蒙古国

美甲龙化石发现于蒙古国南戈壁地区。其首次发现并被描述的物种为库尔三美甲龙，包括一个头颅骨、颈椎、背椎、肩带、前肢以及部分装甲。美甲龙生存于热而潮湿的环境中，身长约6.6米，行动笨拙，头顶、身体两侧具有长尖刺，尾巴末端具有骨槌，是一种笨重的甲龙科恐龙。

多智龙 *Tarchia*

◉ **生活时期** 白垩纪晚期
◉ **栖息环境** 沙漠
◉ **食　　性** 植食
◉ **化石发现地** 亚洲蒙古国

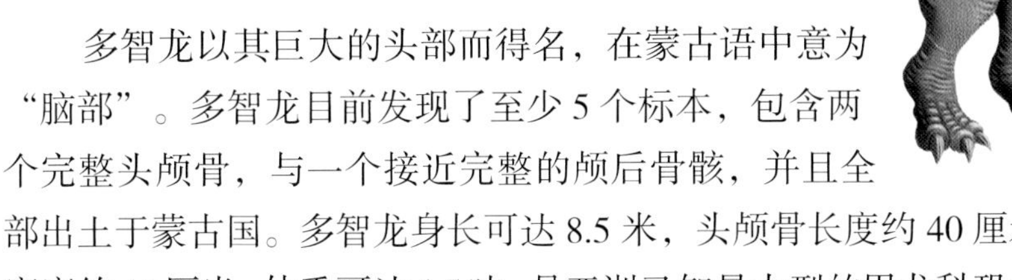

多智龙以其巨大的头部而得名，在蒙古语中意为“脑部”。多智龙目前发现了至少5个标本，包含两个完整头颅骨，与一个接近完整的颅后骨骸，并且全部出土于蒙古国。多智龙身长可达8.5米，头颅骨长度约40厘米，宽度约45厘米，体重可达4.5吨，是亚洲已知最大型的甲龙科恐龙。

戈壁龙 *Gobisaurus*

◉ **生活时期** 白垩纪晚期
◉ **栖息环境** 沙漠
◉ **食　　性** 植食
◉ **化石发现地** 中国

戈壁龙的化石发现于我国内蒙古自治区巴彦淖尔市乌梁素组，包含了一个头颅骨、部分颅后骨。戈壁龙是大型的甲龙科恐龙，头颅骨长约46厘米，宽约45厘米，其名字是以化石发现地的蒙古戈壁沙漠来命名的。戈壁龙与沙漠龙较为相似，但前者头盖骨上没有沟痕，后者则有；另外二者的上颌齿列长度也不同。

头甲龙 *Euoplocephalus*

◉ **生活时期** 白垩纪晚期（距今约6700万年前）
◉ **栖息环境** 森林、平原
◉ **食　　性** 低矮的蕨类植物等
◉ **化石发现地** 加拿大、美国

头甲龙是典型的甲龙科恐龙。它的身体覆盖着一层坚厚的骨质的甲板，从脖颈、背部到尾部还有不同形状的钉状物和板状物，尤其是头部，小块骨板更多、更重，甚至眼部还有骨质眼睑，可以很好地保护头部。头甲龙的尾巴末端有一个大骨块，形成了一个“锤头”，至少有30千克重，是很厉害的武器。当肉食恐龙逼近时，它们就挥动尾巴进行反击。

包头龙 *Euoplocephalus*

- **生活时期** 白垩纪晚期（7000 万～6500 万年前）
- **栖息环境** 森林
- **食　　性** 低矮的蕨类植物等
- **化石发现地** 北美洲

已发现的化石显示：包头龙具宽阔的喙状嘴，颌部有小小的钉状牙齿，可能更适合啃食低矮的植物；头部呈三角状，被装甲包裹，甚至连眼睑上也武装着甲片。包头龙除从头到尾覆盖甲板外，尖利的骨刺像匕首一样插满全身，而尾巴更像一根坚实的棍子，尾端还有沉重的骨槌。

牛头龙 *Tatankacephalus*

- **生活时期** 白垩纪早期
- **栖息环境** 林地、平原
- **食　　性** 植食
- **化石发现地** 北美洲

牛头龙是一种原始甲龙，其原始特征主要为：前上颌骨仍有牙齿，颅骨仍有侧颞孔。牛头龙化石最早发现于美国蒙大拿州，其中一件成年体化石包括部分颅骨、一些肋骨、皮内成骨及牙齿。牛头龙头部呈圆形，具大型眼窝，颅骨顶端有一个横向的大型棱脊。由于化石保存形态较好，因此牛头龙与在同地发现的蜥结龙很容易辨别出来。

弱点

包头龙身披铠甲，尾部有沉重的骨槌，不过和其他甲龙科恐龙一样，包头龙也有一个弱点——柔软的腹部没有甲板的保护。肉食恐龙只要将包头龙弄得四脚朝天，那么它们就能以腹部为突破口，将包头龙吃掉。

生活

从挖掘出的化石可以发现，幼年包头龙过着群居生活，还受到父母的照顾。不过，当包头龙成年后，它们会选择独自生活，在丛林里孤单地游荡、寻食。

眼睑

包头龙的眼睛上覆盖着小小的甲板，就像一扇百叶窗，可以自动合上或打开，保护眼睛不受到伤害。

角龙类 Ceratopsia

角龙类是在恐龙大灭绝前进化形成的最后种群之一，属于植食恐龙，体型大小不等，有的和狗差不多大，有的比一头大象还大，常以群体形式活动，遍布整个北半球。这类恐龙有 2 个主要特征：其一，头骨的后半部扩大，由顶骨和鳞状骨构成颈盾，有的颈盾外缘分叉形成角状突起；其二，头部不同位置有大小不等的角。

角龙类的祖先出现于侏罗纪晚期，距今约 1.557 亿年前，灭绝于 6550 万年前的白垩纪晚期。

原角龙科 Protoceratopsidae

原角龙科恐龙是角龙类中“第一种脸上有角”的恐龙，它们体型较小、较为原始，头部虽然有颈盾，但是却没有明显的角，只有不太明显的突起，是角的雏形。

家族档案

主要特征

- 体型矮小笨重；
- 面部具粗糙突起；
- 脖颈具颈盾；
- 喙状嘴。

生活简介

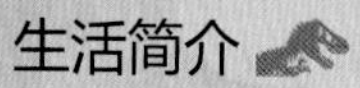

原角龙科恐龙生存于白垩纪时期。

古角龙 *Archaeoceratops*

- **生活时期** 白垩纪晚期
- **栖息环境** 森林和平原
- **食　　性** 蕨类、苏铁
- **化石发现地** 北美洲、亚洲

其实，古角龙没有角，头顶像“角”的部分只是突起的头盾，其成年后体长 1 米左右，喙状嘴类似现代的鹦鹉嘴，十分锋利，可以方便进食。古角龙化石最早发现于中国甘肃省马鬃山地区，是一个部分完整的骨骸，包括头颅骨、尾椎、骨盆以及大部分的后脚掌。1996 年，由董枝明及东洋一为其命名。

雅角龙 *Graciliceratops*

- 生活时期　白垩纪晚期
- 栖息环境　平原、荒漠
- 食　　性　树叶、针叶
- 化石发现地　北美洲、亚洲

雅角龙的化石发现极少，目前只有部分头骨和骨架，据推测这是一种极为小型的恐龙，身长可能只有 80 厘米。另外，雅角龙长着类似鹦鹉的喙状嘴，十分尖锐，由于当时开花植物范围有限，因此雅角龙可能以蕨类、苏铁、松科等优势植物为食。

巧合角龙 *Serendipaceratops*

- 生活时期　白垩纪早期
- 栖息环境　林地、平原
- 食　　性　低矮的蕨类植物等
- 化石发现地　大洋洲

巧合角龙身长只有 2 米，头盾非常小，没有角。它们的化石目前只有一或两个尺骨，且全部发现于澳大利亚维多利亚州东南部的恐龙湾。由于角龙类恐龙被认为不可能生活于大洋洲，所以巧合角龙刚被发现时并未引起极大关注，直到几个月后，古生物学者发现它们与加拿大艾伯塔省的皇家泰瑞尔古生物博物馆里的一只纤角龙相似，才明白这些化石是来自角龙类家族的成员，并为其取名巧合角龙，意思是“巧合”“偶然”或是“意外”。

巧合角龙是唯一确定发现于南半球的原角龙科恐龙，它们不仅生存于世界的另一端，而且生存时间比原角龙早 5000 万年之久。

巨嘴龙 *Magnirostris*

- **生活时期** 白垩纪晚期
- **栖息环境** 平原、荒漠
- **食　　性** 植食
- **化石发现地** 中国内蒙古

巨嘴龙又名巨吻龙，化石包括一个接近完整的头颅骨，出土于中国内蒙古的巴音满达呼组地区。与原角龙科的其他成员相比，巨嘴龙拥有大型喙状嘴和小型的额角，易于区别。

原角龙 *Protoceratops*

- **生活时期** 白垩纪晚期（8500 万～8000 万年前）
- **栖息环境** 灌木丛和沙漠地带
- **食　　性** 茎或叶子
- **化石发现地** 蒙古国、中国

原角龙是角龙类进化开始的标志，也是人类发现的第一只角龙。它的体型较小，头较大，还没有长出真正的角，但鼻骨和额骨处有粗糙突起，且脖子上有颈盾，随着年龄的增长而逐渐扩展，一般雄性原角龙的颈盾大而粗壮。

恐龙蛋

在蒙古的戈壁沙漠中有一个叫火焰崖的地方。1923 年，一支美国探险队在这里发现了大量原角龙化石，除了骨骼、巢穴、小恐龙，还包括许多恐龙蛋化石。

这是人类第一次发现恐龙蛋化石！

四肢

原角龙四肢粗壮，前肢和后肢几乎一样长，且脚掌宽阔厚实，趾端有像爪一样的角质物，这显示原角龙可能类似于现代犀牛，生活于高原地区。

幼原角龙

从目前已发现的化石可知，原角龙是群居恐龙，在下蛋时窝连在一起，且刚出世的小原角龙会得到父母的照顾，直到它们能独立生活为止。

鹦鹉嘴龙科　Psittacosauridae

鹦鹉嘴龙科恐龙虽然属于角龙类，但颈盾并不明显。它们有原始鸟臀类的身体，鼻骨比较短，更特别的是它们有一张类似鹦鹉一般带钩的嘴。鹦鹉嘴龙科恐龙成员很少，只有鹦鹉嘴龙和红山龙，但它们在后来的恐龙演化方面占有重要地位。

家族档案

主要特征

- 头宽而高；
- 鼻骨较短；
- 嘴似鹦鹉喙；
- 两足行走。

生活简介

鹦鹉嘴龙科的恐龙生活在白垩纪早期和中期，是两足行走的植食恐龙的早期代表成员。

鹦鹉嘴龙　*Psittacosaurus*

- **生活时期**　白垩纪早期（1.3 亿～1.1 亿年前）
- **栖息环境**　沙漠和灌木丛林
- **食　　性**　植食
- **化石发现地**　蒙古国、中国、俄罗斯

鹦鹉嘴龙目前被认为是最早期的角龙科成员。在所有恐龙中，鹦鹉嘴龙的化石堪称是最丰富、最完整的，已经发现了 400 多个化石标本，包括许多完整的骨架。古生物学家曾经在蒙古国挖掘出一只鹦鹉嘴龙胚胎化石，现保存在美国自然历史博物馆中。这个胚胎身长约 12 厘米，头部长约 2.8 厘米，是迄今为止发现的最小鹦鹉嘴龙化石。

通过对鹦鹉嘴龙体型和生存年代的研究，古生物学家认为它们几乎是后来大部分角龙科成员的祖先。

角龙科 Ceratopsidae

角龙科恐龙最大的特点就是头上有数目不等的角和覆盖颈部的宽大骨质颈盾。毫无疑问，尖角和颈盾具有防御和保护作用。角龙科恐龙是最后出现的鸟臀类恐龙。虽然出现很晚，却能在短时期内演化出众多类型，这不能不说角龙科恐龙是进化非常成功的动物。

家族档案

主要特征

- 头大而长， 具尖角；
- 喙状嘴；
- 颈部较短，具大型颈盾；
- 尾巴粗短。

生活简介

角龙科恐龙生存于白垩纪晚期，是北美洲地区最常见的植食恐龙类群之一。

开角龙 *Chasmosaurus*

- **生活时期** 白垩纪晚期（7600万～7400万年前）
- **栖息环境** 树林
- **食　　性** 铁树目裸子植物、棕榈和其他植物
- **化石发现地** 北美洲

开角龙的头部有三只角，这点和著名的三角龙非常相似，但它们体型更小，且拥有比三角龙更夸张、更华丽的颈盾板。开角龙的颈盾板中空，不够坚固，因此可能用来威吓敌人或吸引伴侣，而无法进行激烈的搏斗。现在，古生物学家推测，开角龙中长着长额角的是雄性，长着短鼻角的是雌性。

五角龙 Pentaceratops

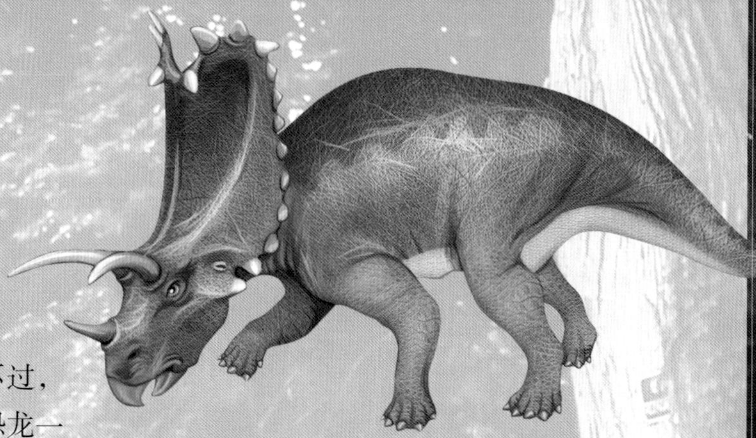

◎ **生活时期** 白垩纪晚期

（7500 万 ~ 6500 万年前）

◎ **栖息环境** 森林、平原

◎ **食　　性** 植食

◎ **化石发现地** 北美洲

五角龙也是一种非常著名的恐龙，不过，它们并没有 5 只角，而是和大多数角龙科恐龙一样，只有 3 只——鼻拱上有 1 只直角，眉拱各有 1 只角，而另外两只不过是古生物学家第一次发现五角龙化石时，将它们异常突起的颧骨也误当做为 2 只短角。

颈盾

五角龙的颈盾具有十分巨大的褶边，边缘有三角形的骨突，而且也可能有鲜艳的色彩，以便吸引异性。由于盾板不够坚固，因此五角龙无法将其作为武器保护自己。

头颅骨

五角龙因拥有陆地脊椎动物中最大型的头颅骨而著名。1998 年，古生物学家复原了一只三角龙的头颅骨，长度可达 3 米。

厚鼻龙 *Pachyrhinosaurus*

- **生活时期** 白垩纪晚期（距今约 7500 万年前）
- **栖息环境** 平原、荒漠
- **食　　性** 植食
- **化石发现地** 加拿大

1905 年，厚鼻龙于加拿大艾伯塔省被发现，并于当年被描述、命名，目前发现的化石只有十几块不完整的头骨。至于其鼻部是否长角，这点还无法肯定，但其头骨的两眼之间有巨大的、平坦的隆起物，而非角状物，这些“隆起”可能用来和对手搏斗的武器。另外，厚鼻龙有隆起的颈盾，上面武装着角和刺突，且头盾的形状、大小因个体不同而有差异。

爱氏角龙 *Avaceratops*

- **生活时期** 白垩纪晚期（距今约 7000 万年前）
- **栖息环境** 森林
- **食　　性** 蕨类、苏铁科及松科植物
- **化石发现地** 北美洲、亚洲

爱氏角龙化石最早于 1981 年出土于美国蒙大拿州。这是一群小型植食恐龙，身长约 6 米，身高约 1 米，锋利的喙状嘴与鹦鹉嘴相似，头部有 3 只大角，脖子上有一个大颈盾，边缘有齿状骨质突起，但颈盾为实心，没有如其他角龙科恐龙一般的洞孔，因此古生物学家推测，爱氏角龙可能是三角龙的祖先。

中国角龙 *Sinoceratops*

- **生活时期** 白垩纪晚期（距今约 7000 万年前）
- **栖息环境** 平原、荒漠
- **食　　性** 植食
- **化石发现地** 中国

中国角龙是在中国发现的第一具大型角龙类恐龙化石，出土于山东省的王氏群。中国角龙的鼻角短且呈钩状；头盾短小，但顶端有多根向前弯曲的颈盾缘骨突；颈盾顶端有多个低矮突起物，这点在其他角龙科恐龙中并未发现。另外，中国角龙的头颅骨全长约 1.8 米，为目前所知头颅骨最大的角龙科恐龙之一。

无鼻角龙 *Arrhinoceratops*

- **生活时期** 白垩纪晚期（7000 万～6500 万年前）
- **栖息环境** 森林
- **食　　性** 植食
- **化石发现地** 北美洲

无鼻角龙的化石于 1923 年在加拿大艾伯塔省的红麋河附近发现，这是一个部分被压碎且略有扭曲的头颅骨。其名意为“无鼻有角的面”，由于命名者最初认为这种恐龙没有鼻角，但后来研究发现有短鼻角。无鼻角龙的头颅骨有着宽阔的颈盾，上有两个椭圆形开口，额角长度中等，但鼻角短而钝。因为目前只有头颅骨，所以对于其整体构造了解甚少。

无鼻角龙是三角龙的近亲，但生存时间要比三角龙早几百万年。

牛角龙 *Torosaurus*

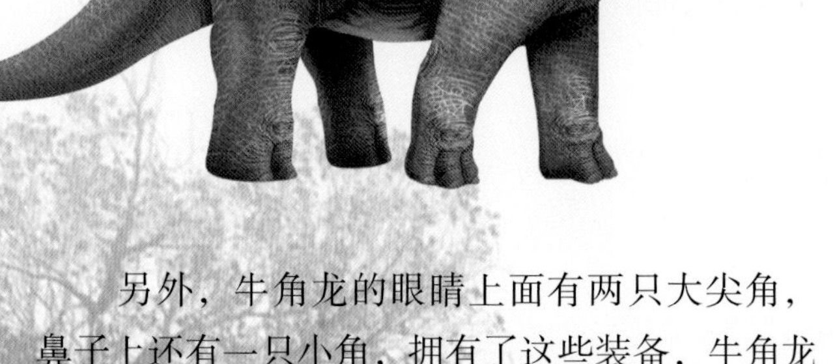

- ◉ **生活时期** 白垩纪晚期（距今约6880万～6550万年前）
- ◉ **栖息环境** 河岸平原
- ◉ **食　　性** 植食
- ◉ **化石发现地** 北美洲

考察人员曾经发现一个约2.4米长的牛角龙头骨化石，约占了身体的一半长，相当于13个人的脑袋那么大！除了巨型大脑袋，牛角龙还长着壮观的头盾，当它们低下那巨大的脑袋时，壮观的颈盾竖起来，远远看去，使得牛角龙变成了一个超大型怪兽！

另外，牛角龙的眼睛上面有两只大尖角，鼻子上还有一只小角，拥有了这些装备，牛角龙即使与最庞大的肉食恐龙较量也不逊色。

华丽角龙 *Kosmoceratops*

- ◉ **生活时期** 白垩纪晚期
- ◉ **栖息环境** 林地、平原
- ◉ **食　　性** 植食
- ◉ **化石发现地** 美国

华丽角龙的头颅骨有很多隆起，是目前已知恐龙中最多的。其鼻角扁平，类似刀片；眼睛上的额角修长、尖锐，向头部两侧伸出且向下弯；前额有一个拱形隆起部分。

尖角龙 *Centrosaurus*

- **生活时期** 白垩纪晚期（7650 万～7550 万年前）
- **栖息环境** 森林
- **食　　性** 低矮的植物
- **化石发现地** 加拿大

尖角龙又名独角龙，源于其鼻子上方长着一个长长的角，长约 47 厘米。尖角龙拥有一个大型头颅，成年后长约 1 米，且颈盾十分沉重，这使得尖角龙即使轻轻摇头晃脑，骨头也要承受很大的压力。为此，它们将脖子里的颈椎一个个连接起来，就像用一把把锁头将它们牢牢锁住，这样脖子和肩膀就变得十分强壮，可以承受很大的重量，不用担心脖子被压断了。

另外，华丽角龙的头盾是角龙科恐龙中最短的，且后端有多达 10 个角状物，其中 8 个向前弯曲，其余两个位于两侧，并向外弯曲。

三角龙 Triceratops

◉ **生活时期** 白垩纪晚期（6800 万 ~ 6500 万年前）

◉ **栖息环境** 森林

◉ **食　　性** 植食

◉ **化石发现地** 美洲

在恐龙时代末期登场的三角龙，是角龙家族中最著名的一种，被称为“角龙之王”。它们的鼻角短小而厚实，1 对眉角长可达 1 米，空心，向前弯曲，且在鼻拱处略外弯。这种充满攻击性的长相使三角龙看起来嚣张至极，可实际上，它们只会和凶猛的肉食恐龙搏斗，从不会轻易攻击那些植食恐龙。

头颅骨

三角龙的头颅大而沉重，大部分时间需要低着头走路。由于颅骨结实，因此比其他恐龙的头颅更容易保存。目前，古生物学家已经发现了近 50 只三角龙头颅骨化石，且大部分保存较好。

颈盾

三角龙的颈盾长可达 2 米，相当于整个身体长度的 1/3，十分坚硬结实，重量可达 2300 千克。褶皱外缘有一圈尖利的骨质突起，既是一种吸引异性的装饰，也是一种防御敌人的辅助武器。

斗争

三角龙是一种群居恐龙，因此内部常常会因为领地和配偶而展开决斗。三角龙的内部斗争比较温和，与现代的鹿相似，雄三角龙相互顶着对方的头部，你推我攘，直到把一方打倒或迫使对方放弃。

攻击

三角龙一旦遭到攻击，就会收缩起庞大的身躯，压低头部，用尖角指向对方，以此防御架势吓退敌人。大名鼎鼎的霸王龙以凶残著称，但是在与三角龙的决斗中常常败北而归。

牙齿

三角龙的嘴巴里长着几百颗牙齿，有的甚至超过了 800 颗，这些牙齿一排一排地分布着，若哪个磨损或掉落，会长出新的代替。

三角龙化石

肿头龙类 Pachycephalosauria

肿头龙类最早出现于白垩纪早期，灭绝于白垩纪晚期。这是一类独特的鸟臀类恐龙，头骨异常肿厚呈圆顶状，颞孔（爬行动物进化后，眼眶后面的颅顶通常会出现附加的孔）封闭是其主要特点。目前，肿头龙类恐龙发现的物种较少。

肿头龙头骨

肿头龙 Pachycephalosaurus

- **生活时期** 白垩纪晚期（7400 万 ~ 6500 万年前）
- **栖息环境** 森林
- **食　　性** 树叶和果实，也有可能吃小动物
- **化石发现地** 北美洲

肿头龙是在恐龙王国进入灭亡倒计时登场的一位“小丑”，之所以这么说，是因为肿头龙的头顶是一个大约 25 厘米厚的坚硬的骨质盆，看起来就像是被打肿或者是长了一个大瘤子，周围被粗糙的皮肤和许多突起物覆盖，看起来相当滑稽。这种独特的外形令人印象深刻，在种类繁多的恐龙王国中极易辨认，而“肿头龙”之名对它们来说真是名副其实。

争斗

肿头龙是一种群居恐龙。为了争当首领，雄肿头龙之间会像现在的山羊一样，用“撞头”的方法一较高下。它们你顶着我的脑袋，我顶着你的脑袋，撞来撞去，直到一方认输或放弃。最后获胜的肿头龙往往是脑袋最硬的、耐力最强的，也是最受大家尊敬的新首领。

逃跑

肿头龙的脑袋虽然很坚硬，但是并不能帮助它们抵御肉食恐龙的袭击。所以肿头龙在遇到危险时，一般会凭借敏锐的听觉和视觉快速逃跑。

当无法逃脱时，一群肿头龙会同心协力，将肉食恐龙围起来，摆出一副要狠狠撞击的架势，从而威吓肉食恐龙，使其胆怯而逃跑。

冥河龙 *Stygimoloch*

- **生活时期** 白垩纪晚期
- **栖息环境** 森林和岸边
- **食　　性** 植食
- **化石发现地** 北美洲

冥河龙拥有精巧而复杂的头饰，是肿头龙类乃至整个恐龙王国中面目最可怕、最狰狞的。1983年，冥河龙化石首次在美国蒙大拿州的地狱溪发掘出土时，其遗骸像地狱恶魔般令人惊骇！遗憾的是，迄今只发现了五具冥河龙的头骨化石，以及一些零零碎碎的身躯遗骸，因此对其了解较少。整体来说，冥河龙体型较小，头部有一个坚硬的圆形顶骨，周围布满了锐利的尖刺，前肢细小，有坚硬的长尾巴。

冥河龙和肿头龙有亲戚关系，不过它们的进化比肿头龙更加高级，属于肿头龙家族的后起之秀。

平头龙 *Homealocephale*

- **生活时期** 白垩纪晚期（距今约7200万年前）
- **栖息环境** 平原、荒漠
- **食　　性** 低冠植物
- **化石发现地** 蒙古国

平头龙的意思是“扁平的头”。其头颅骨平坦，呈楔形，顶部非常厚实，表面粗糙，布满了凹坑和骨质小瘤。在交配季节，两只雄平头龙相遇时会利用它们带有许多球状饰物的头部互相顶撞，从而一较高下。另外，平头龙还以宽阔的臀部著名，这使得不少古生物学家认为平头龙是直接生下幼仔的，但是也有人认为，宽阔的臀部可以帮助平头龙在打斗中缓冲撞击，以免摔倒在地。

剑角龙 *Stegoceras*

- **生活时期** 白垩纪晚期（7600 万 ~ 7400 万年前）
- **栖息环境** 森林
- **食 性** 树叶、芽和果实；灌木
- **化石发现地** 北美洲

剑角龙头部较大，许多小骨块组成厚厚的头盖骨，有时可达 6 厘米，且头顶边缘有一圈小小的骨刺，就像插着一把把宝剑，故得此名。一般来说，雄性剑角龙的头盖骨更大、更厚，而且随着年龄增长，头盖骨会越长越大、越长越厚。

独特的头盖骨是剑角龙保护自己、击退敌人的唯一武器。当它们准备进攻时，会低下头颅，将脖子、身体和尾巴绷直呈一条直线，猛地朝对手撞去。

第五章 飞龙在天的“恐龙”

三叠纪晚期，第一代脊椎动物从陆地飞上了天空，它们被称为翼龙，意为“有翅膀的爬行动物”，最原始的翼龙是喙嘴龙类。进入侏罗纪时期，翼龙继续进化，而喙嘴龙类的地位也被更为先进的翼手龙类所取代，但翼手龙类于侏罗纪结束前灭绝。

进入白垩纪，天空依然被翼龙主宰，且翼龙的进化到达巅峰，出现了有史以来体型最大的飞行动物——羽蛇翼龙，其双翅展开相当于一架小型滑翔机。到了白垩纪晚期，翼龙的种类大大减少，仅剩下几种，并最终随着恐龙的灭绝而一起灭亡。

如何飞上天空

早期的飞行者都是滑翔而行，当它们从一棵树跳往另一棵树时，张开翅膀一样的纹褶便形成了飞行姿态。而三叠纪晚期出现的翼龙类，凭借长着肌肉的翅膀，成为了地球上第一种真正可以振翅翱翔于天空的飞行家。实际上，翼龙与恐龙有着共同祖先，而它们之所以能飞上天空，与其独特的进化密切相关。

食物

翼龙为什么要离开陆地，飞到空中生活？其原因之一可能与食物有关。白垩纪时期气候温暖潮湿，进化出了开花植物，但翼龙并不喜欢吃果实和种子，它们是食肉动物，食物从鱼类到昆虫，且这时出现了许多新型昆虫。为了捕捉美味的昆虫，爬行动物们需要学会飞行。

典型觅食法

迄今为止，世界上已发现并命名了超过 120 种的翼龙化石，提供了大量关于觅食的证据。翼龙的食物主要为鱼类和昆虫，因而它们大部分都在海面捕食，但方法因进化不同而异。

淌水觅食

准噶尔翼龙的后肢较长，它们利用一双长腿在浅水的池塘觅食。由于牙齿短小，软体动物和其他硬体的海滨动物是其主要食物，而且捕到后，准噶尔翼龙一般会用颌骨将其砸碎后再食用。

掠水捕食

这类捕食法在翼龙类中比较常见。翼手龙视力极佳，飞行技巧高超，常常于湖面、泻湖捕食鱼类。它们可以食下较大的鱼，可能先吞下，等着陆后再吐出来，这是一种反刍进食法。

捕食蜻蜓

无尾翼龙最早发现于德国，四肢进化较好，但是头部短而钝，尾巴只有烟头大小。它们可能以巨大的恐龙作为发射场，从那里起飞、降落，从而捕食蜻蜓和其他昆虫。

过滤捕食

这类捕食法的代表为南方翼龙。它们的喙嘴向上弯曲，特别是下颌骨，长着近千颗尖细的牙齿，全部由角蛋白构成，向上近直立，最长可达 4 米，看起来就像一把刷子。当水流过这些刷毛般的牙齿时，各种浮游生物就会被挡在里面。这种觅食方式酷似现代的火烈鸟。

骨骼构造

翼龙身体的进化也是其飞行的重要条件。它的骨架通过减少骨块而变得小型、轻盈，但肋骨却变深、变短；同时较大的头骨由于有孔洞，因此也较轻。

小型、轻盈的骨块

繁育后代

尽管目前关于翼龙繁殖和养育后代的化石发现较少，但可以肯定，它们与大部分恐龙的繁殖后代方式不同。翼龙对于后代的养育应该十分负责，尽心尽力，它们几乎要花费大量的时间来抚育后代。

卵生

古生物学家曾发现一条雌性翼龙的盆骨化石，这个盆骨很窄，不太可能胎生幼崽，除非这些幼崽非常小。

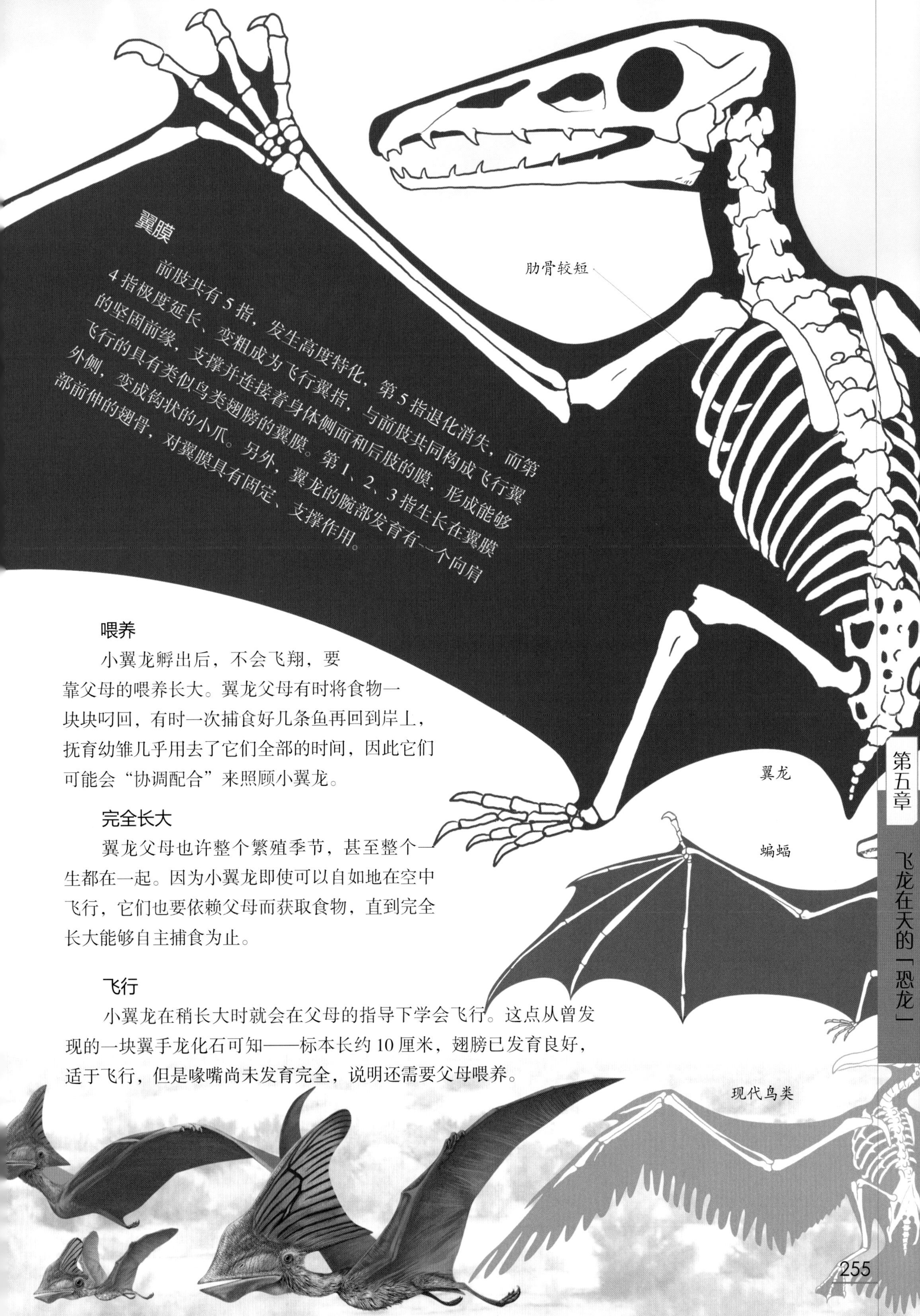

翼膜

前肢共有5指，发生高度特化，第5指退化消失，而第4指极度延长、变粗成为飞行翼指，与前肢共同构成飞行翼的坚固前缘，支撑并连接着身体侧面和后肢的膜，形成能够飞行的具有类似鸟类翅膀的翼膜。第1、2、3指生长在翼膜外侧，变成钩状的小爪。另外，翼龙的腕部发育有一个向肩部前伸的翅骨，对翼膜具有固定、支撑作用。

喂养

小翼龙孵出后，不会飞翔，要靠父母的喂养长大。翼龙父母有时将食物一块块叼回，有时一次捕食好几条鱼再回到岸上，抚育幼雏几乎用去了它们全部的时间，因此它们可能会“协调配合”来照顾小翼龙。

完全长大

翼龙父母也许整个繁殖季节，甚至整个一生都在一起。因为小翼龙即使可以自如地在空中飞行，它们也要依赖父母而获取食物，直到完全长大能够自主捕食为止。

飞行

小翼龙在稍长大时就会在父母的指导下学会飞行。这点从曾发现的一块翼手龙化石可知——标本长约10厘米，翅膀已发育良好，适于飞行，但是喙嘴尚未发育完全，说明还需要父母喂养。

双型齿翼龙科　Dimorphodontidae

三叠纪后期出现了一个进化飞跃的过程——第一代脊椎动物飞上了天空，被称为翼龙。它们全部长着细长的尾巴，尾巴末梢呈菱形叶片状。

蓓天翼龙　*Peteinosaurus*

- **生活时期**　三叠纪晚期（2.28 亿 ~ 2.15 亿年前）
- **栖息环境**　河谷和沼泽地带
- **食　　性**　杂食，主要为飞行昆虫
- **化石发现地**　意大利

蓓天翼龙是目前发现最早能够真正振翅飞行的脊椎动物之一。其头骨大而轻盈，同时骨架也较轻，因此体重只有 100 克左右；双翼展开约 60 厘米，薄膜连接在第 4 指上；牙齿呈圆锥形，利于咬碎昆虫等食物；而标志性的尾巴长可达 20 厘米，由骨节组成，能够在飞行中平衡身体。

真双齿翼龙　*Eudimorphodon*

- **生活时期**　三叠纪晚期（距今约 2.10 亿年前）
- **栖息环境**　海岸边
- **食　　性**　鱼类
- **化石发现地**　意大利

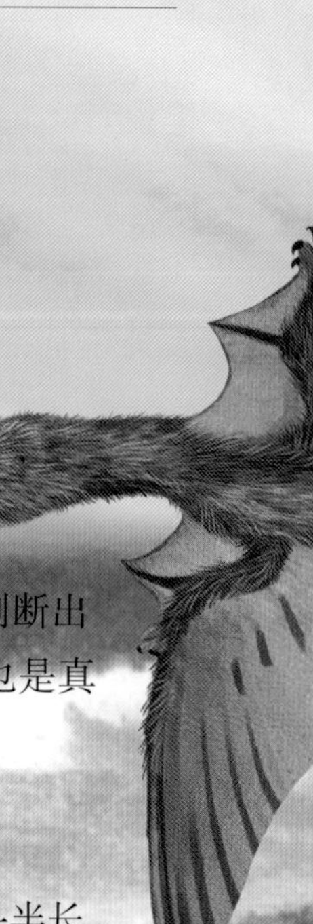

迄今为止已发现了数个真双齿翼龙骨骼化石，包含幼年体化石。与其他翼龙一样，它们的翅膀也由薄薄的皮膜组成，并于前爪第 4 指处连接，双翼展开可达 1 米。当其拍动翅膀在海面低飞时，一双视力出色的大眼睛可以准确地判断出水中的鱼类和空中飞行昆虫的位置。另外，头颅较大也是真双齿翼龙的重要辨认点。

尾巴

尾巴由一系列骨节组成，坚硬而挺直，约占身体的一半长，末端具菱形尾翼，在飞行中可能像船舵一样具有掌控方向、平衡身体的作用。

双型齿翼龙 Dimorphodon

- **生活时期** 侏罗纪中晚期（1.75亿～1.59亿年前）
- **栖息环境** 海岸边
- **食　　性** 鱼类
- **化石发现地** 英格兰、墨西哥

由于嘴巴前端的牙齿比较长，两颊的牙齿比较短，故得名双型齿翼龙，意为“具有两种类型的牙齿”。双型齿翼龙最突出的特点是头颅巨大，此外它们的脖子比较短，尾巴很长，且尾巴只有根部能活动，末端扁平呈钻石形，用来控制方向。古生物学家推测，双型齿翼龙在陆地行走时非常笨拙，它们一生大部分时间可能都悬挂于树枝或悬崖上，觅食或活动时从上面滑翔而下。

牙齿

颌部前端的牙齿为长牙齿，上颌两侧各有4颗，下颌两侧各有2颗，据推测是用来快速刺穿猎物；而颌部后端全部为小型、多细尖的牙齿，一般上颌每边25颗，下颌每边26颗，据推测可能用来咀嚼猎物。总之，在双型齿翼龙长约6厘米的小小牙床上，挤满了上百颗牙齿。

喙嘴龙科 Rhamphorhynchidae

喙嘴龙科翼龙是一群早期翼龙类。细长的嘴巴，尖利的牙齿，特别延长的第四指，是它们重要的特点。喙嘴龙科翼龙及其他长尾翼龙主要以鱼类为食，但却很少栖息于水面，多为飞行掠食。

喙嘴龙 *Rhamphorhynchus*

- **生活时期** 侏罗纪中晚期（1.65 亿 ~ 1.50 亿年前）
- **栖息环境** 沿海岸边
- **食　　性** 鱼类、昆虫
- **化石发现地** 德国

喙嘴龙是一种原始而著名的恐龙，体长约60 厘米，身披细小皮毛，脖子较长，头骨大而重，尖锐的牙齿向外突出，展翼可达 1 米，后肢十分短小，尾巴很长，末端有一个舵状的皮膜，因此又被称为“舵尾喙嘴龙”。

喙嘴龙尾巴具有“方向盘”的功能，只需稍稍摆动，即可改变飞行方向。不过幼年喙嘴龙尾巴末端无“锤子”，而是成柳叶刀形，之后才会慢慢长出钻石形“锤子”。

粗喙船颌翼龙 *Scaphognathus*

- **生活时期** 侏罗纪晚期（距今 1.55 亿 ~ 1.5 亿年前）
- **栖息环境** 沿海岸边
- **食　　性** 鱼类
- **化石发现地** 德国

粗喙船颌翼龙的外形与喙嘴龙十分相似，不过两者的头颅骨有不同。粗喙船颌翼龙的头颅骨较短，口鼻部较钝，上颌有 18 颗牙齿，下颌有 10 颗牙齿，且牙齿较为垂直。另外，粗喙船颌翼龙可能为了避免与其他物种争抢食物，因此多选择在白天活动觅食。

凤凰翼龙 *Fenghuangopterus*

- **生活时期** 侏罗纪中晚期（距今约 1.6 亿年前）
- **栖息环境** 沿海岸边
- **食　　性** 鱼类、昆虫
- **化石发现地** 中国

凤凰翼龙的化石发现于中国辽宁省，虽然骨骼化石很少，但大致保存完整。凤凰翼龙的头颅骨短，有大型眶前孔，上颌有 11 颗牙齿，且牙齿垂直、间隔宽，另外尾椎较长突出，导致尾巴坚挺。凤凰翼龙的近亲有掘颌龙、索德斯龙、抓颌龙。

蛙嘴龙科 Anurognathidae

目前，蛙嘴龙科翼龙化石比较少，且很不完整。其显著变化是，长长的尾巴进化消失，几乎完全没有了尾巴。

蛙嘴龙 *Anurognathus*

- **生活时期** 侏罗纪晚期（距今约 1.45 亿年前）
- **栖息环境** 林地
- **食　　性** 昆虫
- **化石发现地** 欧洲

每一个巨大的梁龙背上都寄居着十几只“小不点”，它们就是来自翼龙家族的蛙嘴龙。蛙嘴龙翼展约 50 厘米，细小的嘴巴里长满了钉状牙齿，是贪婪的昆虫捕食者。它们利用梁龙的背部作为狩猎的平台，整天待在那里。

当梁龙从林子穿过，惊起昆虫时，蛙嘴龙便争抢着飞起来，捕猎昆虫。蛙嘴龙一生都在梁龙背上度过，包括吃食、交配、打斗、成长，只有在产卵时才会暂时离开。

弯齿树翼龙 *Dendrorhynchoides*

- **生活时期** 白垩纪早期（距今 1.25 亿～ 1.21 亿年前）
- **栖息环境** 森林
- **食　　性** 昆虫
- **化石发现地** 中国辽宁

弯齿树翼龙得名于锐利而弯曲的牙齿。其全长约 12 厘米，翼展达 48 厘米，脑袋很小，嘴巴宽大，爪子十分尖锐。弯齿树翼龙的标本比较完整，但是保存较差，很多细节难以辨认。

蛙颌翼龙 *Batrachognathus*

- **生活时期** 侏罗纪晚期（距今约 1.5 亿年前）
- **栖息环境** 森林
- **食　　性** 昆虫
- **化石发现地** 哈萨克斯坦

蛙颌翼龙意为“青蛙的下颌”，这是因为其头骨化石很像一只青蛙。蛙颌翼龙的脑袋虽然只有 5 厘米长，但风格独特，十分夸张，还有一张扁扁的宽大的嘴巴。1948 年，其化石首次发现于哈萨克斯坦。

准噶尔翼龙科 Dsungaripteridae

到侏罗纪晚期，短尾翼龙已十分常见，但直到白垩纪长尾翼龙灭绝后，它们才真正成为主宰天空的唯一的爬行动物。

准噶尔翼龙 *Dsungaripterus*

- **生活时期** 白垩纪早中期（1.44 亿 ~ 0.99 亿年前）
- **栖息环境** 湖边
- **食　　性** 鱼类、虾
- **化石发现地** 中国新疆

准噶尔翼龙是最早在我国发现的翼龙，目前已在新疆准噶尔盆地发现了 3 个近完整的头骨化石和超过 30 具个体化石。准噶尔翼龙体长约 0.9 米，两翼展开可达 2.5 米，眼发达，喙嘴锋利、尖端上翻，牙齿小而坚硬，垂直冠饰明显，而其骨骼中空轻盈，背部脊椎联在一起形成联合背椎，这种身体结构很适合飞行。

前肢

第 1、2、3 指退化，第 4 指变得长而粗，无尖爪，光滑无毛且多褶皱的翼膜将四指与身体相连，成为飞行的翅膀。休息时，准噶尔翼龙可以利用前肢将身体悬挂在树枝或岩石上。

吃食

准噶尔翼龙常常在水域上空盘旋，寻找喜欢吃的鱼虾。由于牙齿较少，它们找到食物后，总是用颌骨砸碎后再吃。

无齿翼龙科　Pteranodontidae

无齿翼龙科的翼龙大多拥有特殊且狭长的冠饰，从头后方延伸出来，以无齿翼龙为代表物种，主要生活在白垩纪的北美洲。

无齿翼龙　*Pteranodon*

- **生活时期**　白垩纪晚期（8500 万 ~ 7500 万年前）
- **栖息环境**　沿海岸边
- **食　　性**　鱼类
- **化石发现地**　美国

无齿翼龙的生存地带从寒冷的北冰洋一直延伸到温暖的墨西哥湾，范围非常广泛。因为喜欢吃鱼，它们几乎一整年都聚集在海边繁衍生息。迄今为止，人们在沿海一带已发现了一千多具无齿翼龙化石。这也说明，无齿翼龙在白垩纪晚期数量非常多，是一个家族旺盛的种群。

冠饰

巨大的冠饰向后延伸，几乎与喙嘴在同一条直线上，二者合起来长可达 2 米，十分夸张。古生物学家认为，这种冠饰的功能类似于飞机的尾翼，主要是起平衡作用，同时帮助喙嘴更好地切入上升气流中。

南翼龙科 Pterodaustridae

白垩纪早期，虽然鸟类物种不断增加、分化，但天空仍然由翼龙主宰，且翼龙种类较多，体型大小不等，有的具奇异的骨质冠。尾巴短或消失，是这类翼龙共有的识别特征。

南翼龙 *Pterodaustro*

- **生活时期** 白垩纪早期（距今约 1.25 亿年前）
- **栖息环境** 海岸边、湖泊
- **食　　性** 浮游生物
- **化石发现地** 阿根廷、智利

南翼龙最显著的特点除了长长的脑袋，还有修长弯曲的下颌骨，上面长满密密麻麻的牙齿。这些牙齿非常细小，数量可达几千颗，功能与现在的须鲸相似，使得嘴巴变成了一个“筛子”，可以过滤海水中的浮游生物；而上颌骨的牙齿多用来梳理下颌的牙齿。现在，人们通常利用这个怪异的嘴巴辨认南翼龙。

站着捕食

可能担心下巴会脱臼，南翼龙有时会静静地站在水中或慢慢移动，等待猎物进入“陷阱”，然后合上嘴巴，仰起头，将海水从细细的牙缝中过滤掉，最后吞下食物。

神龙翼龙科 Azhdarchidae

神龙翼龙科翼龙主要生存于白垩纪晚期，其主要特征为细长的颈部由延长的颈椎所构成，这些颈椎的剖面为圆形，而且目前已发现的神龙翼龙科翼龙化石大部分为它们独特的颈部骨头。

哈特兹哥翼龙 *Hatzegopteryx*

- **生活时期** 白垩纪晚期（距今 6700 万～ 6500 万年前）
- **栖息环境** 河岸附近
- **食　　性** 肉食
- **化石发现地** 欧洲罗马尼亚

哈特兹哥翼龙化石发现于欧洲罗马尼亚，主要为头颅骨碎片，这些化石显示它们翼展可达 15 米，头骨长约 3 米，可能比风神翼龙还要大。哈特兹哥翼龙的头骨相当重、结实，而大部分翼龙类的头骨是由轻型骨头构成，因此古生物学家推测，哈特兹哥翼龙必须有某种特别方式降低身体重量，才能够飞行，比如骨头内部有空洞等。

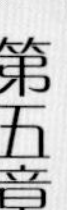

浙江翼龙 *Zhejiangopterus*

- **生活时期** 白垩纪晚期（距今约 7000 万年前）
- **栖息环境** 海洋、河岸附近
- **食　　性** 鱼类
- **化石发现地** 中国浙江

1986 年，一位村民在浙江临海的上盘岙里村开采石料时偶然发现浙江翼龙化石。这是一种大型翼龙，脖子细长，头骨低，喙平直尖锐，且没有牙齿，尾巴很短，双翅展开可达 5 米。它的骨骼很薄，所以体重非常轻，可以在空中自由飞翔。

蒙大拿神翼龙 *Montanazhdarcho*

- **生活时期** 白垩纪晚期（距今 7600 万 ~ 7200 万年前）
- **栖息环境** 海洋、河岸附近
- **食　　性** 鱼类
- **化石发现地** 北美洲美国

蒙大拿神翼龙生活于白垩纪时期的北美洲，目前只发现了部分翅膀化石。与其他神龙翼龙科翼龙相比，它们的体型较小，翼展可能只有 2.5 米左右。

风神翼龙 *Quetzalcoatlus*

- **生活时期** 白垩纪中晚期（8000 万 ~ 6500 万年前）
- **栖息环境** 平原、林地
- **食　　性** 淡水节肢动物、腐肉
- **化石发现地** 美国

1975 年，一位古生物学家在墨西哥边界处发现了一些巨大的翼龙翅骨化石。他灵光一闪，想起了墨西哥土著人非常崇奉的一位风神——一条长着羽毛的怪蛇，象征着风调雨顺，于是就给这些翅骨化石起名为风神翼龙，或称羽蛇神翼龙。

风神翼龙的脖子很长，尾巴消失，站立时有长颈鹿那么高，双翼展开时可以覆盖整个网球场。这种体型结构不仅使其成为了地球上最大的飞行动物，同时也是翼龙类进化到顶峰的代表。

食物

由于身体庞大，风神翼龙对食物的需求总是很旺盛，如果没有及时补充能量，它们很快就会饿得头晕眼花，有气无力。为此，风神翼龙每天需要飞行很远的距离去寻找食物，而在它们眼里，一只小霸王龙才有可能暂时填饱肚子。

风神翼龙和长颈鹿对比

古神翼龙科 Tapejaridae

古神翼龙科翼龙生存于白垩纪时期的南美洲，体型多样，冠饰的形状、大小各有不同，可能是相互联系的信号或装饰。据古生物学家研究，古神翼龙科翼龙的觅食、活动行为跟白天、黑夜无关。

掠海翼龙 *Thalassodromeus*

- **生活时期** 白垩纪早期（距今约 1.08 亿年前）
- **栖息环境** 海岸边
- **食　　性** 鱼类
- **化石发现地** 南美洲巴西

古神翼龙 *Tapejara*

- **生活时期** 白垩纪早期（距今 1.2 亿～ 1.1 亿年前）
- **栖息环境** 海边或湖滨
- **食　　性** 鱼类
- **化石发现地** 南美洲巴西

古神翼龙是一种中等大小的翼龙，体长约1米，翼展约5米，平时于海岸边缓慢飞行捕食，且无法飞得很远。古神翼龙最突出的特征是，小小的头部上竟然长着一个相当于头部 3 倍长的冠饰。

掠海翼龙意为“海上奔跑者”，是一种在海上奔跑捕食的“恐龙”近亲，它们飞行时将下颌拖到水里，捕食鱼类。掠海翼龙头颅骨的长度为1.42米，口鼻部尖、缺乏牙齿，巨大而突起的冠饰是其主要的识别特征。但对于其冠饰功能目前还不清楚，吸引异性、鉴定物种身份或是调节体温均有可能。

第六章 海洋里的恐龙“亲戚”

中生代包括三叠纪、侏罗纪和白垩纪三个时期，由于这段时期的优势动物是爬行动物，特别是恐龙，因此又被称为“爬行动物时代”，或者“恐龙时代”。从侏罗纪到白垩纪晚期，随着恐龙在陆地称霸，一些爬行动物因为生存范围减小、食物缺乏，便从陆地迁移到水中生活。在千万年的进化过程中，它们逐渐适应了水中生活，且外形和行为方式都发生了巨大变化。

如何适应海洋生活

与人类搬迁类似，陆地动物进入水中生活时，也需要对新环境、新气候、新“邻居”等一系列事物进行了解和适应。但是有一点和人类不同——人类搬迁后身体通常并无明显变化，但陆地动物却在适应过程中逐渐演化、变形，最终甚至彻底变成“海洋居民”。

总体来说，陆地动物为适应海洋生活，在身体方面主要发生了以下变化：

呼吸

生命离不开呼吸。进入海洋的动物，尽管外形发生了变化，但是并没有失去适于陆地呼吸的肺部，反而进化出了在海洋中呼吸的器官：

鼻孔 鼻孔长在高高的头顶上，还有一副鼻盖。这是海洋动物最原始、最简单的呼吸方法。当需要呼吸时，它们将头顶露出水面；当回到海中时，便用鼻盖将鼻孔盖住，以免海水流入。

次生腭 海洋动物没有嘴唇，当潜入水中时它们要防止海水流进口中，经过气管再进入肺中，因此海洋动物进化出了次生腭——一个长在口腔后部的“盖子”，“盖子”可以关上，防止海水流入。

海洋动物在水中生活，在水面呼吸。据了解，鱼龙潜水最深，而巨眼鱼龙潜水时间最长，有时甚至能达到一个小时或更长。

生殖

其实，到目前为止关于早期海生动物的生殖方面的化石特别少，甚至还没有发现胚胎化石或孵化的遗骸，因此古生物学家还无法确定早期海生动物的具体繁殖方式。但是根据它们的骨骼化石推测：大型物种由于身体特点不太可能在繁殖季节上岸产卵，比如鱼龙、滑齿龙等，所以它们是胎生动物；而那些小型物种则可能爬上岸产卵，属于卵生动物。

流线型身体

动物在陆地上生活时，活动会受到地球引力和空气阻力（实际上无明显感受）的影响。而动物进入水中后，优势在于水的浮力可以使身体变得轻便，但劣势在于水的阻力较大，往往身体越庞大、体重越重的动物游动速度越慢。为了减少水的阻力，能够快速游动，最好的办法就是将身体进化为流线型——这方面所有海洋爬行动物都做到了。尤其是鱼龙，它们的游水能力可与海豚媲美。

鳍状的四肢和尾

正如船只需要桨来推动一样，海洋动物除了具备流线型身体，同样也需要推动身体的“船桨”，于是它们的四肢发生了变化——手指和脚趾的骨头数量逐渐增加，且由强有力的韧带连接，从而形成坚硬的鳍状肢。此外，不少动物还将尾巴进化为鳍状，有的以鳍状尾作为“加速器”，而有的直接通过鳍状尾的摆动来游泳。

鳍状肢和鳍状尾是海洋动物的重要特征之一，尽管史前海洋动物已在几百万年前灭绝，但这点在现代的鱼类、鲸类等身上仍有体现。

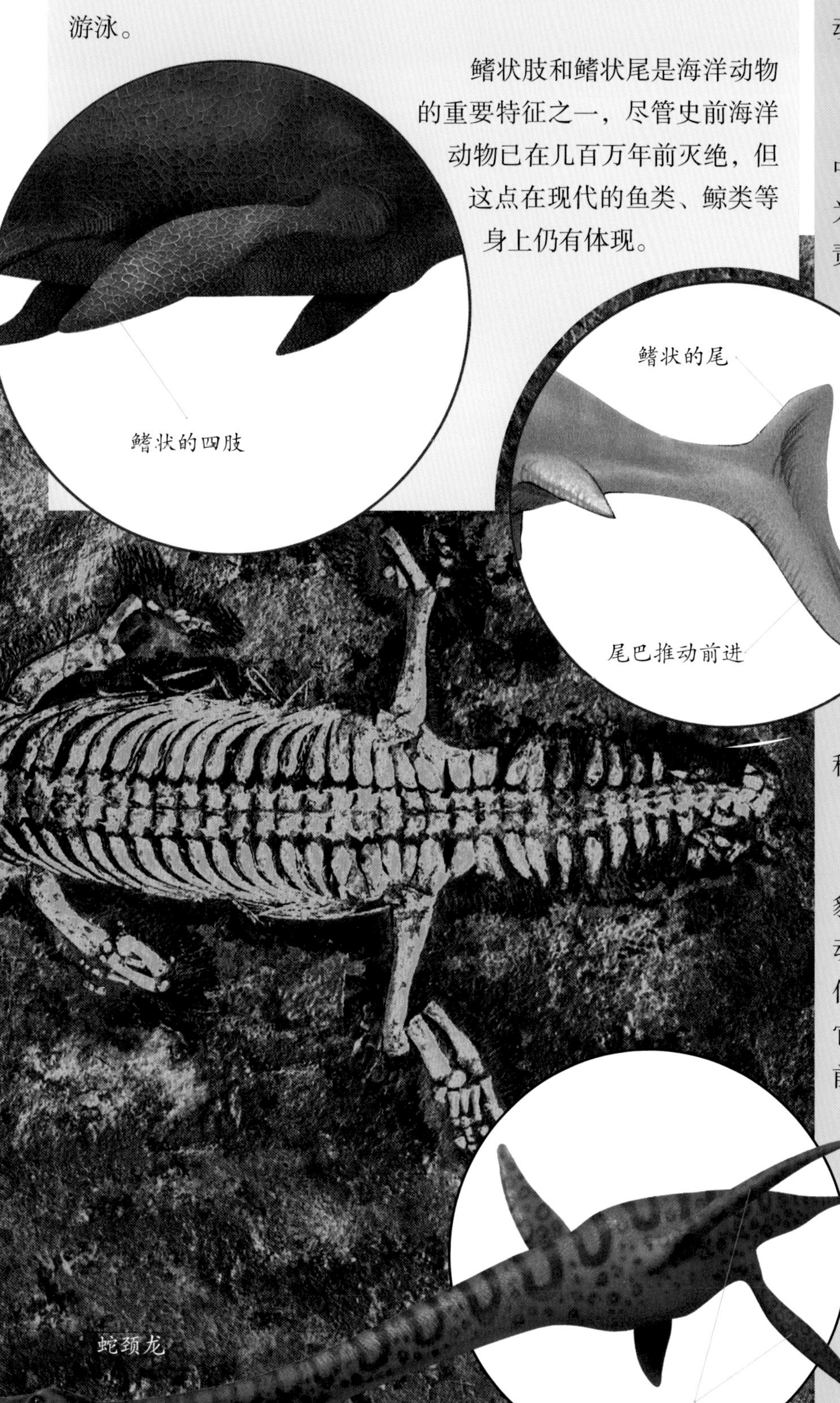

游泳方式

爬行动物开始水中生活后，将四肢和尾巴进行改良，因此具备了游泳的能力。不同的海洋动物进化出了不同的游泳方式，但总体分为两类：尾巴推动类和肢体推动类。

尾巴推动类

这种游泳方式在现代鱼类中十分普遍，以尾部的摆动作为推动力，像鳍一样的四肢负责平衡和掌舵，这种游泳方式最理想，因为其游动更流畅，游速也更快。

代表性的史前海生动物为鱼龙科动物——它们的体形很像鱼，尾巴呈短小的叶片状，靠左右摆动而前行。

鱼龙科动物尾巴和身体左右弯曲摆动。随着两侧运动产生一种动力，推动身体前进。

肢体推动类

这种游泳方式与现代的海豹和企鹅相似，由于尾巴的推动力较小，便以肢体推动前行，代表海洋动物类群为蛇颈龙科。它们通过两对鳍的交错摆动而前行。

蛇颈龙科动物每个鳍向下运动后产生推动力，使身体前行。然后，鳍弯转划回到上方位置，准备下一次推力运动。蛇颈龙每划水一次，鳍状顶端都会画出一个近似椭圆形的路线。

幻龙科 Nothosauridae

当恐龙准备在陆地扩张时，幻龙科动物正在海洋中繁殖。这类恐龙的“亲戚”由陆地动物逐渐演化而来，头部狭长，牙齿锐利，是一种捕鱼高手。与现代的海豹和海狮相似，幻龙科动物在海洋中狩猎，在陆地繁殖。某些幻龙科动物还长着爪形足，这说明它们还未完全适应海中生活，可在陆地行走。

三叠纪晚期，蛇颈龙科动物取代幻龙科动物的海洋霸主地位，因此古生物学家认为幻龙科动物是蛇颈龙科动物的祖先。

家族档案

主要特征

- 头部长而平坦；
- 颈部相当长；
- 颌部狭长，边缘有大量锐利牙齿外突；
- 脚掌演化为鳍状，有的还长着爪形足；
- 身体和尾巴较长。

生活简介

幻龙科动物生存于三叠纪时期，以鱼类为食。

幻龙化石

肿肋龙 *Pachypleurosaurus*

- **生活时期** 三叠纪中期（距今约 2.3 亿年前）
- **栖息环境** 海洋
- **食　　性** 鱼类
- **化石发现地** 欧洲

肿肋龙体形修长，身长从 20 厘米到 1 米大小不等，拥有长长的脖子和尾巴，四肢呈鳍状。它们的游泳方式可能与现代的水獭类似，通过桨状四肢保持身体平衡，掌控前进方向，同时挥动肌肉发达的尾巴来推动身体快速游动。目前，大部分肿肋龙化石都发现于海洋沉积岩中，通过化石研究发现，肿肋龙不仅适合在海中生活，同时也适合于陆地生活。

幻龙 *Nothosaurus*

- **生活时期** 三叠纪（2.48 亿 ~ 2.06 亿年前）
- **栖息环境** 海岸地区
- **食　　性** 鱼类、虾
- **化石发现地** 世界各地

中国是幻龙的故乡，尤其是在贵州省新义县发现的幻龙化石，不仅数量多，而且保存得十分完整。从这些化石中人们还认识了一种新的幻龙——胡氏幻龙。它们身体只有 25 厘米长，最长不超过 50 厘米，是幻龙科动物中最小的一种。

幻龙身体狭长，脖子和尾巴非常灵活，嘴巴又尖又长，与现代鳄鱼很像。它们通常生活在海洋，但有时也会上岸活动，尤其是繁殖季节，一条条母幻龙会拖着沉重的“大肚子”到沙滩上产卵。因此，幻龙是一种水陆通行的动物。

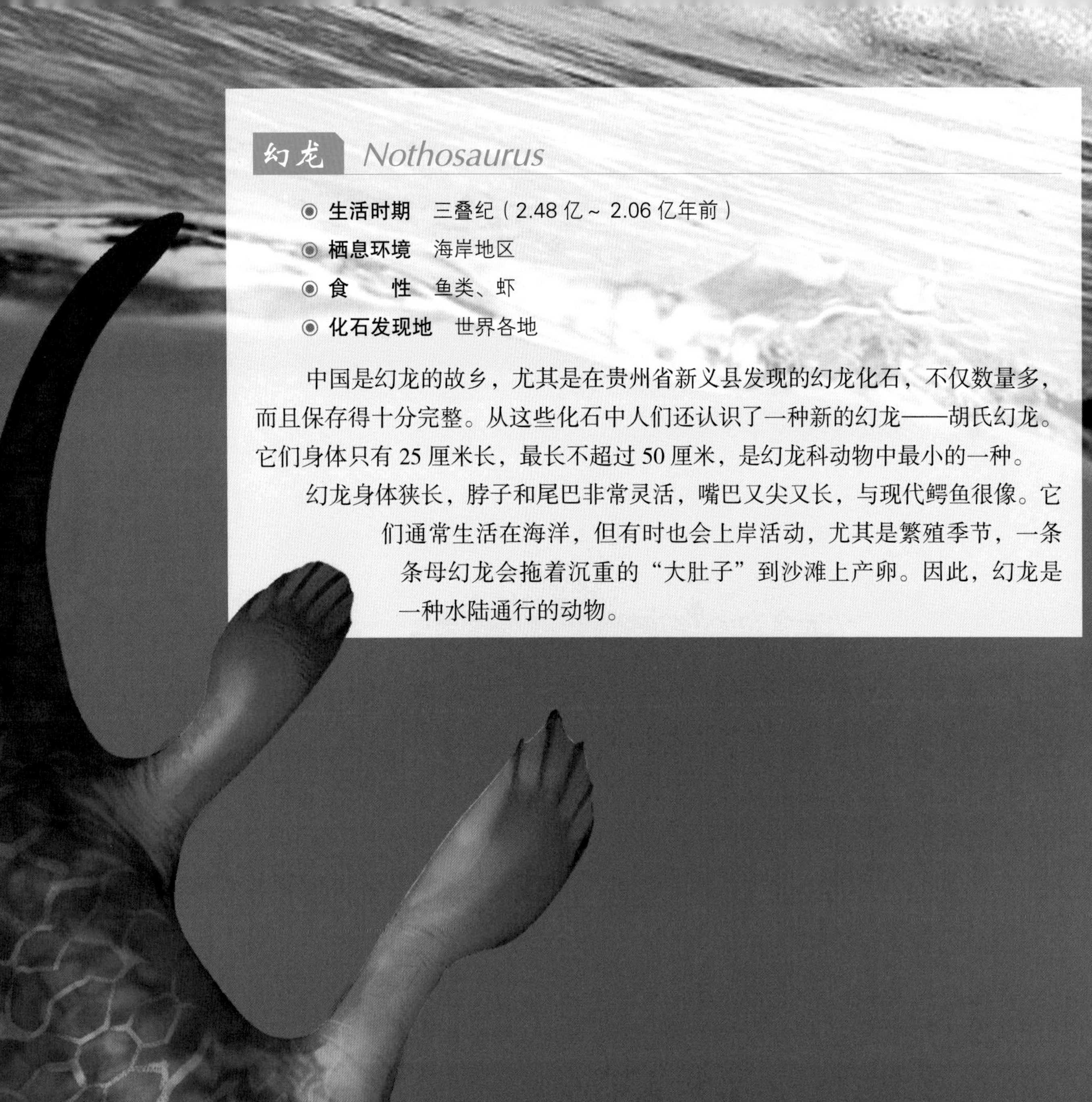

鸥龙 *Lariosaurus*

- **生活时期** 三叠纪早期（2.34 亿～2.27 亿年前）
- **栖息环境** 岸边浅海
- **食　　性** 小鱼、小虾
- **化石发现地** 西班牙

鸥龙是一种较为原始的幻龙科动物。主要体现在它们的前肢已演化成鳍状肢（属海洋动物的特征）,而后肢仍保留有五根脚趾(属陆地动物的特征）。因此古生物学家推测，鸥龙游泳能力较差，它们可能大部分时间都在干燥的陆地上生活，只是有时进入浅水海域猎食。

另外，鸥龙成年后身长虽然只有 60 厘米，却在其化石中发现了幼年鸥龙化石，因此它们被认为是胎生动物，直接生出小鸥龙，这点在恐龙王国中比较少见。

色雷斯龙 *Ceresiosaurus*

- **生活时期** 三叠纪早期（距今约 2.5 亿年前）
- **栖息环境** 浅海
- **食　　性** 鱼类
- **化石发现地** 西班牙

与其他幻龙科动物相比，色雷斯龙的独特之处在于它们的脚趾较长，这是因为每个趾节的骨头数量都比其他幻龙多。同时，脚趾间可能长有蹼，这使其具有了出色的游泳能力。而古生物学家从出土的色雷斯龙化石还发现，它们的前肢比后肢长，显示是用前肢来控制方向，因此色雷斯龙在水中时，应该是左右摇摆身体而前行。

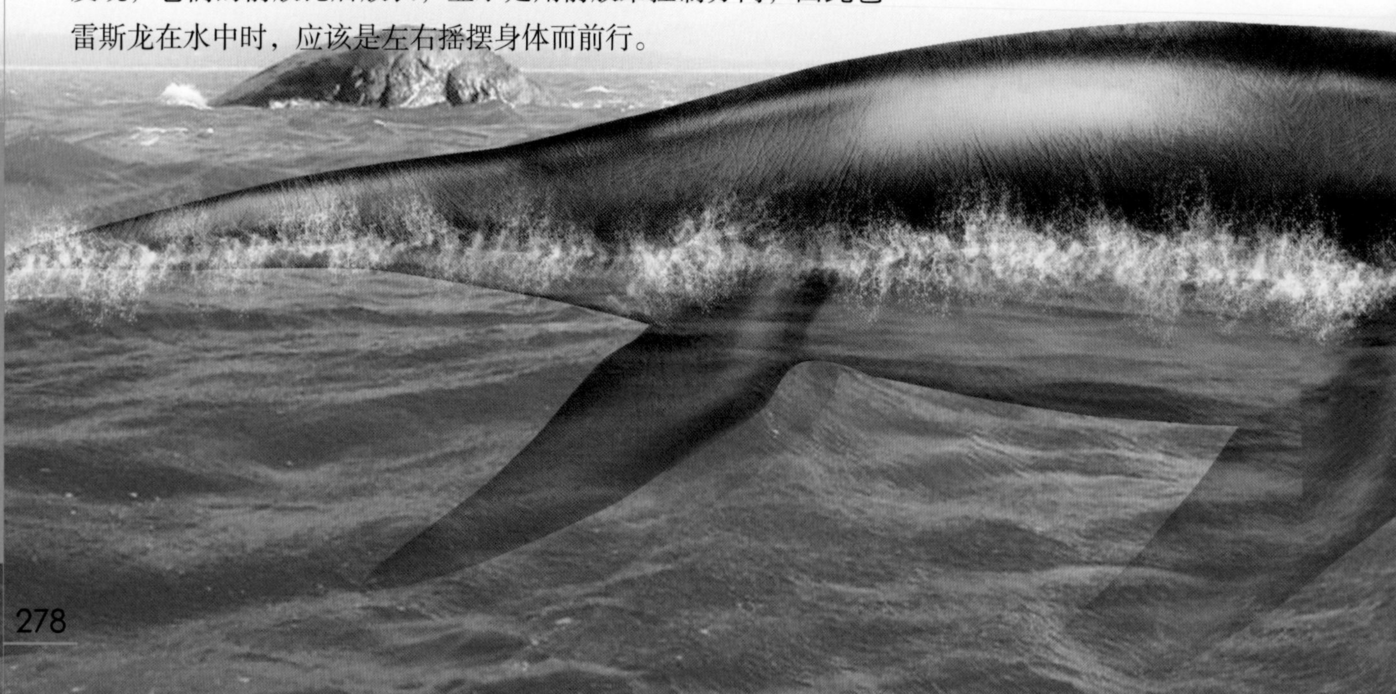

蛇颈龙科 Plesiosauridae

三叠纪晚期，随着幻龙科动物的灭绝，海洋被一种巨大的爬行动物统治，它们就是——蛇颈龙科动物！这类动物更适应海中生活，不论是在海洋还是在淡水中，都能够很好地生存。

它们头颅较小，身体和尾巴很短，唯独脖子很长，一般在浅海觅食。

家族档案

主要特征

- 身体较小；
- 脑袋小，但有许多尖利的牙齿；
- 颈部相当长；
- 尾巴较短；
- 四肢呈鳍状。

生活简介

蛇颈龙科动物主要生存于侏罗纪早期至白垩纪晚期，以鱼类为食。

薄片龙 *Elasmosaurus*

- **生活时期** 白垩纪晚期（6900 万 ~ 6600 万年前）
- **栖息环境** 海洋
- **食　　性** 鱼类、枪乌贼和贝壳
- **化石发现地** 美国堪萨斯州

与早期蛇颈龙科动物相比，薄片龙的脖子更夸张，由 71 块颈椎骨组成，而早期的蛇颈龙只有 28 块颈椎骨，这样巨大的差距使薄片龙荣登“身体最长蛇颈龙”的冠军宝座。

薄片龙终生生活在水里，靠捕鱼为生，利用长而灵活的脖子，可以远远地对猎物进行偷袭而不必担心自己被猎物发现。不过，这条长脖子也给薄片龙带来很多烦恼，尤其是在和同时期的沧龙交战时，长长的脖子使它们常常处于下风，甚至成为沧龙的美餐。

蛇颈龙 *Plesiosaurus*

- **生活时期** 三叠纪早期至白垩纪晚期（2.50 亿～0.65 亿年前）
- **栖息环境** 海洋
- **食　　性** 鱼类、乌贼等软体动物
- **化石发现地** 英国、德国

蛇颈龙化石从出土那一刻起，便引发了人们极大的兴趣，很快传遍世界各地。这种海洋爬行动物拥有典型的蛇颈龙特征：头部较小，身体短而扁平，四肢进化为鳍状，尾巴呈锥状，一条细长灵活的脖子从身体中间穿过，看起来与现代的乌龟十分相似。

食谱

与大部分蛇颈龙科动物相比，蛇颈龙的捕食范围被认为更加广泛。除了浅海区的鱼、鱿鱼和其他一些小型的软体动物，从目前发现的化石可以了解到，生活于海底的蛤蜊、螃蟹、贝类等动物也是蛇颈龙的重要食物之一。

长脖子

长脖子是蛇颈龙重要的生存武器。它们既用长脖子从海底寻找食物；遇到危险时，也是利用长脖子来调整方向，以便迅速逃跑。蛇颈龙一旦没有了长脖子，它们会很难生存下去，甚至会很快灭亡。

胃石

蛇颈龙由于吃了许多外壳坚硬的蛤蜊和螃蟹，因此会吃石头来促进消化。不过，它们吃石头还有一个重要的原因——蛇颈龙的四只侧鳍无法抬起超过臀部，这样身体就不能全部沉入海中，为了增加身体重力，潜入海中捕食，蛇颈龙也会故意吞下许多大大小小的石头。

蛇颈龙头骨

海底觅食

蛇颈龙科动物一般都在浅海捕食，但蛇颈龙却会深入海底觅食，这是为什么呢？原来，蛇颈龙的牙齿虽然很锋利，却非常脆弱，因此根本不能撕咬猎物，海洋中的软体动物和小型甲壳动物更适合它们的胃口。另外，随着时间推移，蛇颈龙的海洋霸主地位逐渐被更为强大、凶猛的沧龙取代，在弱肉强食的生存环境中，蛇颈龙不断扩展自己的猎食范围，所以凭着灵活的长脖子，它们连海底也不会放过。

英国霍氏蛇颈龙标本

尼斯湖水怪

尼斯湖水怪是地球上最神秘最吸引人的谜之一。早在一千多年前，就开始流传尼斯湖中有巨大怪兽出没的故事。尼斯湖位于苏格兰境内，是一个长约 37 千米的湖泊。尽管有很多人声称他们曾亲眼见过尼斯湖水怪，甚至有人拍下了水怪的照片，但是至今为止，水怪的真实性依然没有科学性证据的有力支持。

外科医生的照片

在 1934 年的一份英文报纸上，发表了尼斯湖水怪的第一张照片。由于这张照片是一名来自伦敦的医生罗伯特 · K · 威尔逊所拍摄，所以这张著名的尼斯湖水怪照片被称为“外科医生的照片”。照片中的水怪似乎站立着，小小的脑袋，细长的脖子，背脊露出水面，形似蛇颈龙，因此很多人认为水怪就是长脖子的蛇颈龙。不过，蛇颈龙的脖子可能太脆弱，根本无法将脑袋抬离水面那么高。所以水怪的真身依然无法得知。

尼斯湖水怪引发的争论

不少学者对“尼斯湖水怪之谜”持完全否定的态度。他们认为，尼斯湖太小了，而且没有足够的鱼类满足水怪的巨大食量，所以水怪并不存在，可能只是一种光的折射现象给人们造成的错觉，或者是水面上漂浮的奇形怪状的东西所造成。

不过，也有科学家相信水怪的存在。因为在几亿年前，尼斯湖所在的地方是一片浩瀚的海洋，由于地壳运动、海陆变迁，成为了今天的模样，而尼斯湖水怪可能就是从恐龙时代存活至今，并隐匿在湖底的动物。

上龙科 Pliosaursidae

上龙科动物和蛇颈龙相比，它们的体型比较小，头颅比较大，脖子比较短，且通常在深海觅食。上龙科动物属肉食性爬行动物，性情凶猛，行动迅速，除了小型猎物，还可能猎食鱼龙或蛇颈龙。

家族档案

主要特征

- 头部长，大部分为嘴巴；
- 脖颈短；
- 四个巨大的鳍状肢；
- 尾巴短且逐渐变细。

生活简介

上龙科动物生存于侏罗纪早期到白垩纪，是一种高级的海洋肉食动物。

上龙 *Pliosaurus*

- **生活时期** 侏罗纪晚期（距今约 1.45 亿年前）
- **栖息环境** 海洋
- **食　　性** 鱼类、鱿鱼及其他海洋爬行动物
- **化石发现地** 英格兰、墨西哥、澳大利亚、南美洲、北极地区

上龙曾是海洋中的高级掠食者，也是上龙科中首先被发现的。它的头颅巨大，颈部短小，长有弯刀般锋利的尖齿，面部肌肉发达，咬合力惊人。一只成年上龙可以一口咬起一辆小汽车，并将汽车咬断为两截。另外，强壮的鳍状肢和鞭状尾巴，使得上龙在海洋中乘风破浪，猎食时更是迅猛绝伦。

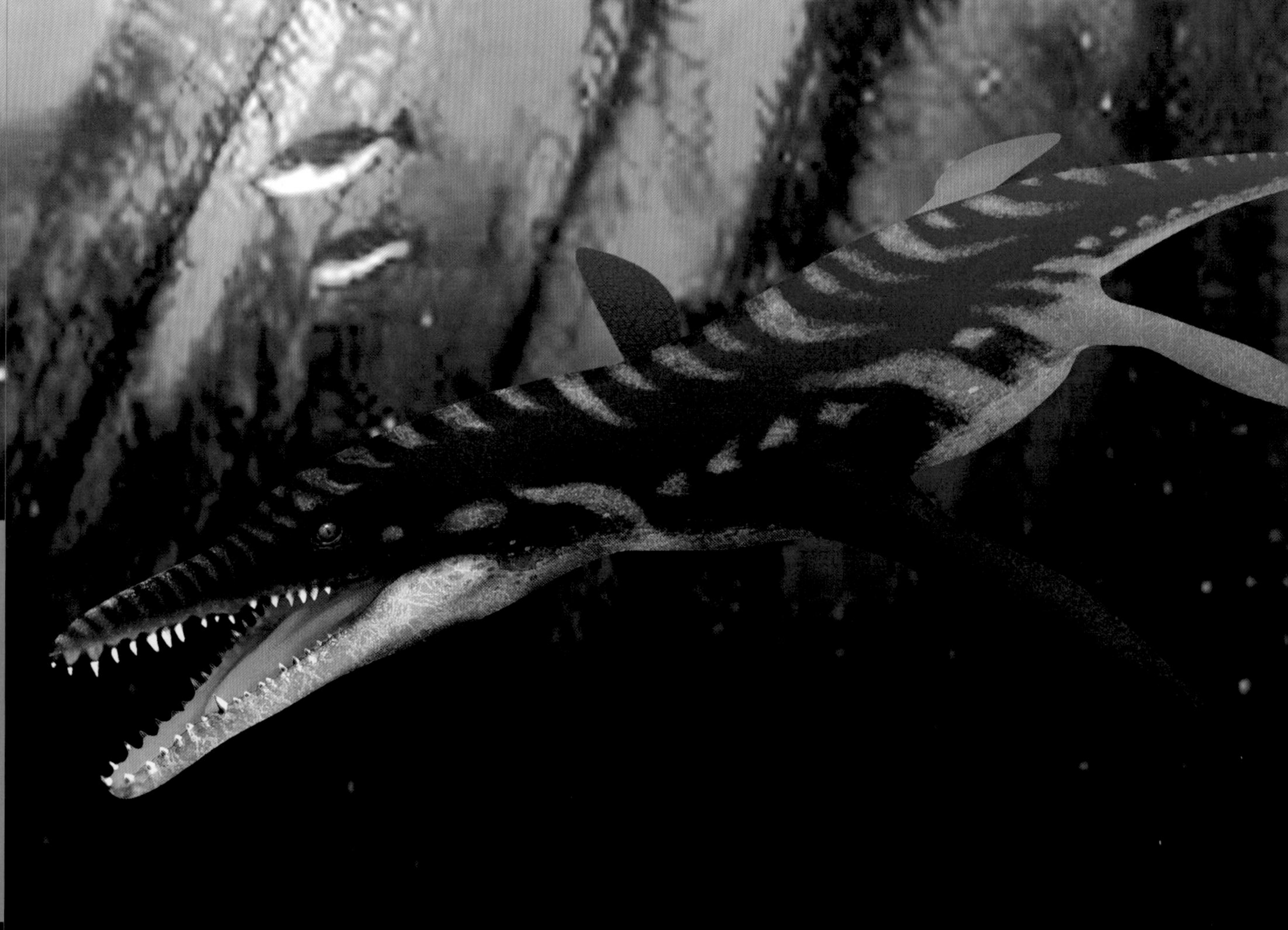

克柔龙 *Kronosaurus*

- **生活时期** 白垩纪早期（距今约 1.1 亿年前）
- **栖息环境** 深海
- **食　　性** 海洋爬行动物、鱼类及软体动物
- **化石发现地** 澳大利亚、哥伦比亚

克柔龙又名长头龙，这是因为其头部长可达 3 米，比一个成年人还长得多。除了巨大的头部，克柔龙的身体、脖颈和尾巴都很短，鼻拱呈三角形，牙齿尖锐，尾鳍短小可控制方向。其胃部化石表明，它们的生活方式与现代鲨鱼类似，几乎碰到什么吃什么。克柔龙需要浮到水面上呼吸。

菱龙 *Rhomaleosaurus*

- **生活时期** 侏罗纪早期（2 亿～1.95 亿年前）
- **栖息环境** 沿海
- **食　　性** 乌贼、鱼类和其他海洋爬行动物
- **化石发现地** 英国、德国

菱龙化石

1848 年，菱龙化石首次发现于英国约克郡的一个采石场。其被称为侏罗纪时期可怕的“海洋杀手”。它的脖颈较短，利用敏锐的视觉和嗅觉进行捕猎，同时身体肤色也是很好的辅助工具——古生物学家推测，菱龙的腹部可能是白色，背部皮肤较深。这是一种“反荫蔽”的保护色，使得菱龙在海洋中时，不论从上面还是下面都很难被发现。此外，菱龙进食时与现代鳄鱼相似，咬住猎物，猛烈地扭动身体撕碎猎物，从而吞咽下去。

短颈龙 *Brachauchenius*

- **生活时期** 白垩纪早期（距今约 1.1 亿年前）
- **栖息环境** 海洋
- **食　　性** 鱼类和其他海洋爬行动物
- **化石发现地** 北美洲

短颈龙是已知北美洲最后出现的上龙科动物，化石先后于北美洲西部内陆海道和美国哥伦比亚的巴列姆阶地层中被发现。1907 年，由美国古生物学家塞缪尔·温德尔·威利斯顿命名。短颈龙身长约 10 米，头骨长可达 1.7 米，是一种体型较大的海洋爬行动物。

滑齿龙 *Liopleurodon*

- **生活时期** 侏罗纪中晚期（1.65 亿～ 1.50 亿年前）
- **栖息环境** 海洋
- **食　　性** 枪乌贼和鱼类
- **化石发现地** 法国、英国、德国、俄罗斯

滑齿龙是一种巨型海洋猛兽，是侏罗纪时期的海洋霸主。它嘴部前端的牙齿像花瓣一样向外张开，上下颌还长有尖锐的牙齿，可以轻易地将一辆中型汽车咬成两半。此外，滑齿龙的嗅觉十分发达，它在游动时张开嘴，使水流穿过鼻孔，可以轻易地嗅出猎物的气味，从而在无法用视力捕猎的深海也可以轻易获取食物。而对于滑齿龙的鳍状四肢，古生物学家也有不同推测：前鳍可以上下拍动，后鳍则可以作出踢打和旋转的姿势。这种功能与蛇颈龙科动物都不同。

泥泳龙 *Peloneustes*

- **生活时期** 侏罗纪晚期
- **栖息环境** 海洋
- **食　　性** 鱿鱼、鱼类及其他海洋小型动物
- **化石发现地** 英国、俄罗斯

泥泳龙是上龙科动物进化过程中的典型代表。其体形更符合流线型，头骨更大，嘴巴更宽，脖颈更短，据研究椎骨已减少到22块，同时它的后鳍较前鳍稍大，这点与大多数蛇颈龙科动物恰恰相反。不过泥泳龙在水中游动的速度却相当快。另外，古生物学家发现，泥泳龙的颈骨下面有一条类似“龙骨”一样的组织支撑着脖子，因此它们的脖子可能十分僵硬，无法灵活转动。

鱼龙科 Ichthyosauridae

鱼龙科动物是有史以来最大的海生爬行动物，也是最早真正适应海洋生活的生物。它们最早出现于三叠纪时期，在侏罗纪得到迅猛发展，出现了许多新的种群。迄今为止，已发现了成百上千的鱼龙化石，其中很多都保存完好。

家族档案

主要特征

- 体型较大，呈流线型；
- 四肢呈鳍状，可划水和保持平衡；
- 眼睛巨大，视力出色；
- 新月形尾巴，垂直；
- 胎生；
- 用肺部呼吸。

生活简介

鱼龙科动物主要生存于侏罗纪，在海中捕猎、繁殖和分娩，但是必须回到水面换气。

鱼龙化石

鱼龙 *Ichthyosaurus*

- **生活时期** 侏罗纪（2.06 亿～1.40 亿年前）
- **栖息环境** 海洋
- **食　　性** 鱼类
- **化石发现地** 英国、德国

迄今为止已发现了几百具鱼龙化石，这也使其成为了人类最了解的史前动物之一。鱼龙身体较小，吻部细长，前鳍宽大，背鳍较高，尾鳍垂直且末端向下弯曲。总体来看，鱼龙与现代的海豚较为相似，鳍状构造与流线型的头部很适合游泳，它们凭借互成直角的叶轮片状的尾巴，时速可达 40 千米。不过，鱼龙没有海豚那样出色的听觉，无法在水中使用回声定位系统捕猎，但是它们的耳骨很大，可能利用猎物在水中造成的振动波来捕食。

狭翼龙 *Stenopterygiusc*

- **生活时期** 侏罗纪晚期
- **栖息环境** 浅海
- **食　　性** 鱼类、头足类及其他海洋动物
- **化石发现地** 英国、德国、法国、阿根廷

狭翼龙身体光滑，口鼻部较小，长有大型牙齿，四肢呈鳍状，背鳍三角状，尾鳍垂直且呈半流线型。狭翼龙由于具有流线型的身体和肌肉发达的鳍，因此是一种快速敏捷的游泳高手。古生物学家推测，其游泳速度可达每小时 100 千米，并能像一阵龙卷风一样闯入鱼群，捕捉食物。

肖尼鱼龙 *Shonisaurus*

- **生活时期** 三叠纪晚期（2.25 亿～ 2.08 亿年前）
- **栖息环境** 海洋
- **食　　性** 乌贼、鱼类
- **化石发现地** 北美洲

肖尼鱼龙是目前发现的鱼龙中最大的，体长超过一辆公共汽车。1953 年，著名古生物学家查尔斯·坎普率队在美国内华达州找到了至少 37 具成年肖尼鱼龙的遗骸，因此内华达州将肖尼鱼龙化石定为州化石。对于这个小地方竟然有这么多鱼龙化石，古生物学家充满疑惑。有的人认为，肖尼鱼龙可能和现代鲸鱼相似，有上岸“自杀”的习性；而有的人则认为，这些鱼类化石堆积在一起，且全部南北朝向，也许是因为当时这里是一个较浅的海湾，经年累月被海水冲击所致。无论如何，有一点可以肯定，肖尼鱼龙死去的地方是个大金矿，如果不是这些金子，恐怕直到今天人们也没有发现它们。

大眼鱼龙 *Ophthalmosaurus*

- **生活时期** 侏罗纪晚期～白垩纪早期（1.61 亿～ 1.45 亿年前）
- **栖息环境** 海洋
- **食　　性** 鱼类、枪乌贼和其他软体动物
- **化石发现地** 欧洲、北美洲、南美洲

大眼鱼龙得名于其一双巨大的眼睛。从其身体比例上来看，它的眼睛的确是最大的，几乎占据了脑袋的全部，非常夸张。另外，大眼鱼龙的体形很像一滴水，嘴巴细长而无齿，侧鳍平坦宽大，尾鳍酷似月牙状，容易识别。古生物学家推测，大眼鱼龙视力极佳，习惯于夜间捕食，甚至能游到很深的海底觅食。

巩膜

鱼龙科动物有一个共同特点，眼睛四周包裹着一圈巩膜。巩膜是一种环形骨质碟片，可以在强大的水压下保护眼部软组织不受伤害。这是鱼龙能入深海捕食的重要原因之一。

混鱼龙 *Mixosaurus*

◎ **生活时期** 三叠纪中期（距今约2.25亿年前）

◎ **栖息环境** 温暖的浅海

◎ **食　　性** 鱼类

◎ **化石发现地** 北美洲、亚洲、欧洲、大洋洲

混鱼龙是原始鱼龙和先进鱼龙之间的一个过渡物种。它的体形酷似后期进化的鱼类，而尾巴末端是尖的，没有两个垂直的叶片状结构，这点又比较原始。混鱼龙有一个重要的行为特点——当它们左右摆动尾巴游水前行时，可能会突然加速，出其不意地袭击目标猎物。

目前，混鱼龙化石在世界各地均有发现，说明它们完全适应了海洋生活，遍布于世界各地。

混鱼龙化石

沧龙科 Mosasauridae

白垩纪时期的海洋中，爬行类动物仍旧是体型最大的水生动物。虽然蛇颈龙科动物仍保持着一定数量，但是鱼龙科动物因为鲨鱼的出现，已变得很稀少，而白垩纪早期沧龙科动物的出现正好填补了这一空缺，使得海洋食物链再次完整。

沧龙科动物的祖先是小型的陆生蜥蜴，与现代蜥蜴和蛇有“近亲”关系，它们为了觅食而迁入水中生活，并随着进化成为许多海域里占支配地位的肉食性动物。

家族档案

主要特征

- 身体表面有鳞，靠摆动游泳；
- 四肢呈鳍状。

生活简介

沧龙科动物出现于白垩纪早期，在白垩纪结束时灭亡，以捕食枪乌贼、软体动物、鱼类及其他海洋爬行动物为食。

沧龙 *Mosasaurus*

- **生活时期** 白垩纪中晚期（7900 万～6500 万年前）
- **栖息环境** 海洋
- **食　　性** 枪乌贼、鱼类和贝壳
- **化石发现地** 加拿大、美国、比利时

沧龙是中生代海洋中最大、最成功的掠食者。它们有一辆公共汽车那么大，性情凶猛，虽然在白垩纪晚期才出现，却迅速繁殖，只用了大约500万年的时间，便将古老的鱼龙科、蛇颈龙科、上龙科等海洋动物赶尽杀绝，最终成为远古海洋的霸主。而在沧龙的化石上，也常常能看到伤口愈合的痕迹，这意味着它们过着充满暴力的生活。

尾巴

尾巴为宽阔平坦的竖桨状，约为身体的一半长，尾椎骨上下都有扩张的骨质椎体，组成了强大的游泳工具。当沧龙左右摇摆鞭状尾巴在海中前行时，速度最高可达 48 千米 / 小时。

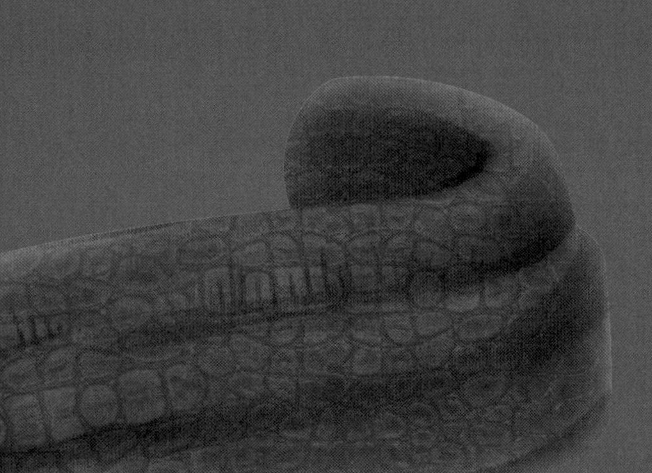

金厨鲨

金厨鲨是一种远古鲨鱼，兼具速度与耐力，由于海洋食物竞争激烈，金厨鲨便成为了沧龙最主要的食物之一。早期沧龙体型较小，后在演化中逐渐变得庞大，性格愈发凶猛。科学家推测，一只成年沧龙可以对抗几只金厨鲨。

古海岸蜥

凶猛庞大的沧龙祖先竟然是一只小小的古海岸蜥。原来，古海岸蜥在陆地生活时，常常遭到恐龙的袭击，为了摆脱这种危险的生活，古海岸蜥逃入海洋生活，并经过长期进化，脚趾长出蹼，接着蹼足变为鳍，同时身体也越来越大，牙齿也越来越锋利。最终，1 米长的小蜥蜴变成了 15 米长的大沧龙。

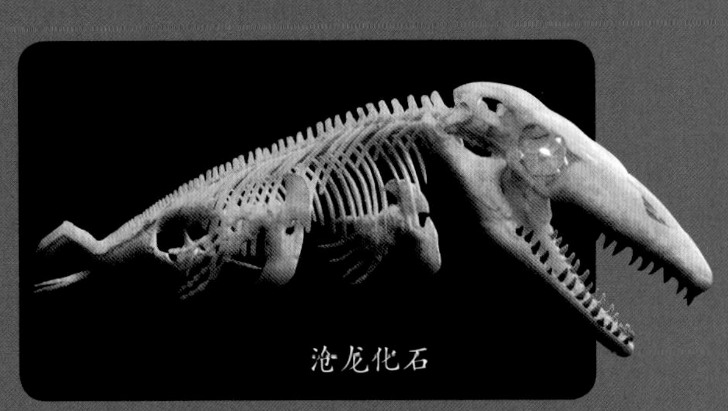

沧龙化石

偷袭猎物

沧龙不适合长时间的高速追逐战，因此它们更喜欢隐藏在海藻或礁石旁，用灵敏的舌头探测猎物，一旦发觉猎物靠近，便猛地飞速冲出，大口咬住猎物，而被沧龙咬住的猎物一般没有逃生的可能。

四肢

前肢比后肢大，有五趾；后肢只有四趾。沧龙的鳍状肢虽然短小，却十分有力，可以迅速改变方向，大大提高了沧龙的敏捷性。

海王龙 *Tylosaurus*

- **生活时期** 白垩纪中晚期（8500 万 ~ 7800 万年前）
- **栖息环境** 浅海
- **食　　性** 海龟、鱼类及其他海洋爬行动物
- **化石发现地** 北美洲、欧洲

海王龙体长可达 14 米以上，这让它成为最大的沧龙科动物之一。海王龙身体细长，头部较大，嘴长而尖，牙齿锋利，颈部极短，尤其突出的是一条桨状大尾，约占身体长度的 1/2，是游泳时强有力的推进器。作为顶级掠食者，海王龙的领地意识很强。它们几乎没有天敌，最大的威胁可能就是同类。而为了争夺领地，同类之间会毫不犹豫地发动进攻，这种打斗往往是致命的。

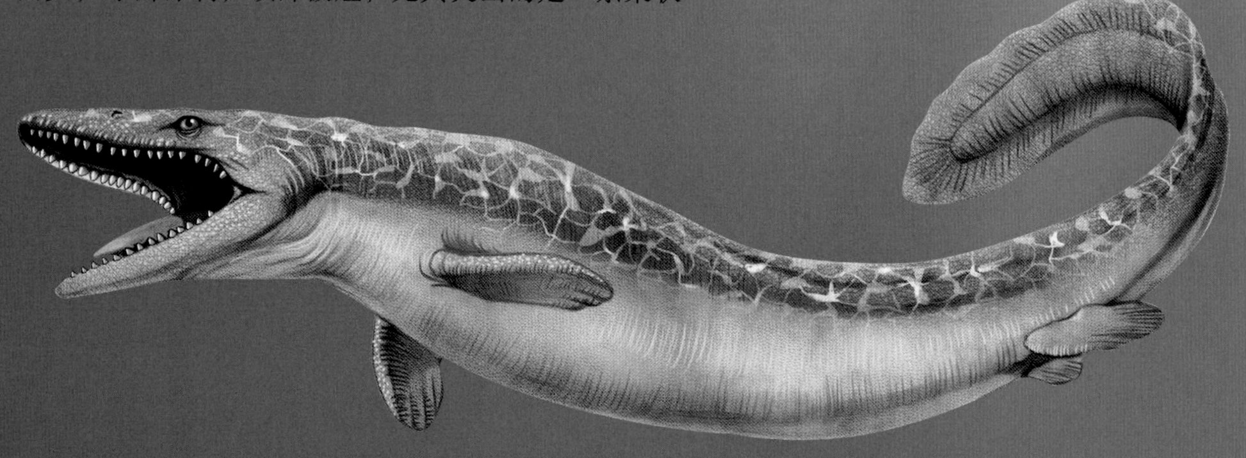

浮龙 *Plotosaurus*

- **生活时期** 白垩纪中晚期（7000 万 ~ 6500 万年前）
- **栖息环境** 海洋
- **食　　性** 鱼类
- **化石发现地** 美国

浮龙是一种高度适应水生环境的沧龙科动物，意为“漂浮蜥蜴”。浮龙头部修长；身体短而厚实，呈流线型；四肢已经进化为阔鳍，前面的阔鳍比后面大；尾巴很长，末端扁平且由高耸的尾椎组成。浮龙游动时，像鱼一样摆动尾巴，它们可能是游泳速度最快的沧龙科动物。

板果龙 *Platecarpus*

- **生活时期** 白垩纪中晚期（8500 万 ~ 8000 万年前）
- **栖息环境** 海洋
- **食　　性** 枪乌贼、鱼类
- **化石发现地** 世界各地

目前，板果龙的化石已在世界各地均有发现，尤其是北美洲地区，因此板果龙虽然不是最大的沧龙科动物，却是数量最多的沧龙科动物之一。板果龙身体较长；嘴巴狭窄；牙齿尖利；尾巴细长；脚掌宽大、有蹼。板果龙和大型凶猛的海王龙是亲戚，不过后者对饮食几乎从不挑剔，看见什么吃什么，而板果龙更喜欢漫游在浅海里寻找小鱼和鱿鱼。

索引 index

A

阿贝力龙 *Abelisaurus* 155
阿贝力龙科 Abelisauridae 154
阿比杜斯龙 *Abydosaurus* 179
阿根廷龙 *Argentinosaurus* 184
阿拉善龙 *Alxasaurus* 152
阿马加龙 *Amargasaurus cazaui* 189
埃德蒙顿甲龙 *Edmontonia* 228
埃德蒙顿龙 *Edmontosaurus* 218
艾伯塔龙 *Albertosaurus* 99
爱氏角龙 *Avaceratops* 242
奥沙拉龙 *Oxalaia quilombensis* 110

B

巴克龙 *Bactrosaurus* 214
巴塔哥尼亚龙 *Patagosaurus* 162
霸王龙 *Tyrannosaurus* 100
拜伦龙 *Byronosaurus* 149
板果龙 *Platecarpus* 297
板龙 *Plateosaurus* 156
板龙科 Plateosauridae 156
包头龙 *Euoplocephalus* 234
薄片龙 *Elasmosaurus* 279
暴龙科 Tyrannosauridae 98
北票龙 Beipiaosaurus 153
蓓天翼龙 *Peteinosaurus* 256
奔山龙 *Orodromeus* 200
并合踝龙 *Syntarsus* 133
波塞东龙 *Sauroposeidon* 179
布万龙 *Phuwiangosaurus* 174

C

沧龙 *Mosasaurus* 294
沧龙科 Mosasauridae 294
侧空龙 *Pleurocoelus* 178
叉背龙 *Dicraeosaurus hansemanni* 188
叉背龙科 Dicraeosauridae 188
长臂猎龙 *Tanycolagreus* 146
长颈巨龙 *Giraffatitan* 178
超龙 *Supersaurus* 167
驰龙 *Dromaeosaurus* 127
驰龙科 Dromaeosauridae 125
慈母龙 *Maiasaura* 216
刺龙 *Echindon* 195
粗喙船颌翼龙 *Scaphognathus* 258

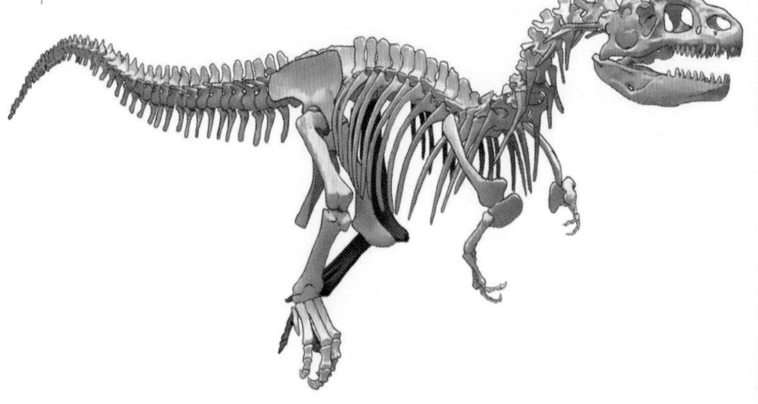

D

达斯布雷龙 *Daspletosaurus* 98
大夏巨龙 *Daxiatitan* 175
大眼鱼龙 *Ophthalmosaurus* 291
大椎龙 *Massospondylus* 161
大椎龙科 Massospondylidae 160
迪布勒伊洛龙 *Dubreuillosaurus* 105
地震龙 *Seismosaurus* 171
钉状龙 *Kentrosaurus* 222
短冠龙 *Brachylophosaurus* 212
短颈龙 *Brachauchenius* 286
短颈潘龙 *Brachytrachelopan* 189
多刺甲龙 *Polacanthus* 231
多智龙 *Tarchia* 233

E

峨眉龙 Omeisaurus 172

F

法布龙科 Fabrosauridae 194
非洲猎龙 *Afrovenator* 105
风神翼龙 *Quetzalcoatlus* 268
凤凰翼龙 *Fenghuangopterus* 259
浮龙 *Plotosaurus* 296
副栉龙 *Parasaurolophus* 211
富塔隆柯龙 *Futalognkosaurus* 186

G

高棘龙 *Acrocanthosaurus* 139
高吻龙 *Altirhinus* 208
戈壁龙 *Gobisaurus* 233
格里芬龙 *Gryposaurus* 211
古角龙 *Archaeoceratops* 236
古神翼龙 *Tapejara* 270
古神翼龙科 Tapejaridae 270
怪味龙 *Tangvayosaurus* 175
怪嘴龙 *Gargoyleosaurus* 231
冠龙 *Corythosaurus* 213
果齿龙 *Fruitadens* 197

H

哈特兹哥翼龙 *Hatzegopteryx* 266
海王龙 *Tylosaurus* 296
豪勇龙 *Ouranosaurus* 207
河源龙 *Heyuannia* 124
赫氏近鸟龙 *Anchiornis huxleyi* 147
鹤龙 *Geranosaurus* 197
黑瑞拉龙 *Herrerasaurus* 97
黑瑞拉龙科 *Herrerasauridae* 96
厚鼻龙 *Pachyrhinosaurus* 242
厚颊龙 *Bugenasaura* 201
厚甲龙 *Struthiosaurus* 229
华丽角龙 *Kosmoceratops* 244
华阳龙 *Huayangosaurus* 222
滑齿龙 *Liopleurodon* 286
幻龙 *Nothosaurus* 277
幻龙科 *Nothosauridae* 276
喙嘴龙 *Rhamphorhynchus* 258
喙嘴龙科 *Rhamphorhynchidae* 258
混鱼龙 *Mixosaurus* 292
火山齿龙 *Vulcanodon* 180
火山齿龙科 Vulcanodontidae 180

J

畸形龙 *Pelorosaurus* 179

激龙 *Irritator* 109
棘鼻青岛龙 *Tsintaosaurus spinorhinus* 214
棘齿龙 *Echinodon* 198
棘甲龙 *Acanthopholis horridus* 226
棘龙 *Spinosaurus* 111
棘龙科 Spinosauridae 108
加斯帕里尼龙 *Gasparinisaura* 201
嘉陵龙 *Chialingosaurus* 224
甲龙 *Ankylosaurus* 230
甲龙科 Ankylosauridae 230
尖角龙 *Centrosaurus* 245
剑角龙 *Stegoceras* 251
剑龙 *Stegosaurus* 220
腱龙 *Tenontosaurus* 206
角鼻龙 *Ceratosaurus* 103
角鼻龙科 Ceratosauridae 103
角龙科 Ceratopsidae 240
结节龙 *Nodosaurus* 229
结节龙科 Nodosauridae 226
近蜥龙 *Anchisaurus* 158
近蜥龙科 Anchisauridae 158
鲸龙 *Cetiosaurus* 162
鲸龙科 Cetiosauridae 162
巨齿龙 *Megalosaurus* 106
巨齿龙科 *Megalosauridae* 104
巨盗龙 *Gigantoraptor* 123
巨棘龙 *Gigantspinosaurus* 225
巨脚龙 *Barapasaurus* 181
巨兽龙 *Giganotosaurus* 138
巨嘴龙 *Magnirostris* 238

K

开角龙 *Chasmosaurus* 240
克柔龙 *Kronosaurus* 285
恐爪龙 *Deinonychus* 126

L

莱索托龙 *Lesothosaurus* 194
兰氏龙 *Lambeosaurus* 212
棱齿龙 *Hypsilophodon* 202
棱齿龙科 Hypsilophodontidae 200
理理恩龙 *Liliensternus* 132
镰刀龙 *Therizinosaurus* 150
镰刀龙科 Therizinosauroidea 150
梁龙 *Diplodocus* 170
梁龙科 Diplodocidae 166
林龙 *Hylaeosaurus* 227
伶盗龙 *Velociraptor* 127
灵鳄 118
灵龙 *Agilisaurus* 201
菱龙 *Rhomaleosaurus* 285
禄丰龙 *Lufengosaurus* 157
掠海翼龙 *Thalassodromeus* 270
洛氏敏龙 *Longosaurus longicollis* 195

M

马门溪龙 *Mamenchisaurus* 173
马门溪龙科 Mamenchisauridae 172
马普龙 *Mapusaurus* 139
玛君龙 *Majungasaurus* 155
蛮龙 *Torvosaurus* 104
美颌龙 *Compsognathus* 112
美颌龙科 Compsognathidae 112
美甲龙 *Saichania* 232
美扭椎龙 *Eustreptospondylus* 105

蒙大拿神翼龙 *Montanazhdarcho* 267
迷惑龙 *Apatosaurus* 166
敏迷龙 *Minmi* 227
冥河龙 *Stygimoloch* 250
木他龙 *Muttaburrasaurus* 207

N

南极龙 *Antarctosaurus* 186
南翼龙 *Pterodaustro* 264
南翼龙科 Pterodaustridae 264
内蒙古龙 *Neimenggusaurus* 152
尼斯湖水怪 282
泥泳龙 *Peloneustes* 287
牛角龙 *Iorosaurus* 244
牛头龙 *Tatankacephalus* 234

O

鸥龙 *Lariosaurus* 278

P

帕克氏龙 *Parksosaurus* 202
盘足龙 *Euhelopus* 174
盘足龙科 Euhelopodae 174
平头龙 *Homealocephale* 250

Q

气龙 *Gasosaurus* 107
腔骨龙 *Coelophysis* 134
腔骨龙科 Coelophysidae 132
腔躯龙 *Antrodemus valens* 144
巧合角龙 *Serendipaceratops* 237
切齿龙 *incisivosaurus* 123
窃蛋龙 *Oviraptor* 120
窃蛋龙类 Oviraptoridae 120
禽龙 *Iguanodon* 205
禽龙科 Iguanodontidae 204

R

瑞氏普尔塔龙 *Puertasaurus reuili* 187

S

萨尔塔龙 *Saltasaurus* 185
三角龙 *Triceratops* 246
色雷斯龙 *Ceresiosaurus* 278
鲨齿龙 *Carcharodontosaurus* 137
鲨齿龙科 Carcharodontosauridae 137
山东龙 *Shantungosaurus* 215
伤齿龙 *Troodon* 148
伤齿龙科 Troodontidae 147
上龙 *Pliosaurus* 284
上龙科 Pliosaursidae 284
蛇发女怪龙 *Gorgosaurus* 99
蛇颈龙 *Plesiosaurus* 280
蛇颈龙科 Plesiosauridae 279

神龙翼龙科 Azhdarchidae 266
胜王龙 *Rajasaurus* 154
食肉牛龙 *Carnotaurus* 154
食蜥王龙 *Saurophaganax* 144
始盗龙 *Eoraptor* 140
始盗龙科 Eoraptoridae 140
嗜鸟龙 *Ornitholestes* 146
蜀龙 *Shunosaurus* 163
鼠龙 *Mussaurus* 157
双嵴龙 *Dilophosaurus* 134
双腔龙 *Amphicoelias* 170
双型齿翼龙 *Dimorphodon* 257
双型齿翼龙科 *Dimorphodontidae* 256
四川龙 *Szechuanosaurus* 136
似鳄龙 *Suchomimus* 109
似鸡龙 *Gallimimus* 117
似鸟龙 *Ornithomimus* 116
似鸟龙科 Ornithomimidae 116
似鸵龙 *Struthiomimus* 117

T

塔邹达龙 *Tazoudasaurus* 181
泰坦龙 *Titanosaurs* 183
泰坦龙科 Titanosauria 182
特暴龙 *Tarbosaurus* 102
天山龙 *Tienshanosaurus* 173
天宇龙 *Tianyulong* 198
头甲龙 *Euoplocephalus* 233
沱江龙 *Tuojiangosaurus* 224

W

蛙颌翼龙 *Batrachognathus* 261
蛙嘴龙 *Anurognathus* 260
蛙嘴龙科 *Anurognathidae* 260
弯齿树翼龙 *Dendrorhynchoides* 261
弯龙 *Camptosaurus* 206
腕龙 *Brachiosaurus* 176
腕龙科 *Brachiosauridae* 176
尾羽龙 *Caudipteryx* 122
乌尔禾剑龙 *Wuerhosaurus* 225
无鼻角龙 *Arrhinoceratops* 243
无齿翼龙 *Pteranodon* 263
无齿翼龙科 Pteranodontidae 263
五角龙 *Pentaceratops* 241

X

蜥结龙 *Sauropelta* 229
狭翼龙 *Stenopterygiusc* 290
橡树龙 *Dryosaurus* 206
肖尼鱼龙 *Shonisaurus* 290
小盗龙 *Microraptor* 128
小盾龙 *Scutellosaurus* 195
醒龙 *Abrictosaurus* 196
虚骨龙 *Coelurus* 145
虚骨龙科 Coeluridae 145

Y

鸭嘴龙 *Hadrosaurs* 210
鸭嘴龙科 Hadrosauridae 210
雅角龙 *Graciliceratops* 237
亚冠龙 *Hypacrosaurus* 213
异齿龙 *Heterodontosaurus* 199
异齿龙科 Heterodontosauridae 196
异特龙 *Allosaurus* 142
异特龙科 *Allosauridae* 142
印度鳄龙 *Indosuchus* 155

鹦鹉嘴龙 *Psittacosaurus* 239
鹦鹉嘴龙科 Psittacosauridae 239

永川龙 *Yangchuanosaurus* 136
犹他盗龙 *Utahraptor* 125
鱼龙 *Ichthyosaurus* 289
鱼龙科 Ichthyosauridae 288
原角龙 *Protoceratops* 238
原角龙科 Protoceratopsidae 236
圆顶龙 *Camarasaurus* 164
圆顶龙科 Camarasauridae 164

Z

葬火龙 *Citipati* 124
浙江翼龙 *Zhejiangopterus* 266
真双齿翼龙 *Eudimorphodon* 256
栉龙 *Saurolophus* 215
中国角龙 *Sinoceratops* 242
中国猎龙 *Sinovenator* 148
中国鸟龙 *Sinornithosaurus* 130
中华盗龙 *Sinraptor* 135
中华盗龙科 Sinraptoridae 135
中华丽羽龙 *Sinocalliopteryx* 113
中华龙鸟 *Sinosauropteryx* 114
肿肋龙 *Pachypleurosaurus* 276
肿头龙 *Pachycephalosaurus* 248
重龙 *Barosaurus* 167
重爪龙 *Baryonyx* 108
侏罗猎龙 *Juravenator* 113
准噶尔翼龙 *Dsungaripterus* 262
准噶尔翼龙科 Dsungaripteridae 262

感谢以下人员的倾力参与

董枝明 王艳娥 刘晓丽 王阳光 邵晗茹 刘听听 庄殿武 孙雪松 王立刚 韩　旭 崔　月 田　晰
吴金红 王　丹 王自伟 孙海建 杨立国 陈禄阳 邱佳丰 王迎春 康翠苹 崔　颖 王晓楠 李佳兴
虞佳鑫 姜　茵 丁　雪 那　娜 宁　涛 王　朦 王　令 白　雪 尚丽红 马玉玲 夏文静 董文文
杨得清 吴朋超 冯宇静 吴小茹 董维维 白松松 喻立红 陈国锐 孟宪生 冯允亮 韩晓艳 李　佳
曹丽欣 李　娜 姚　岚 牛文娟 张　欢 田晓梅 王　浩 刘　亭 周蕾蕾 金鹏云 荣天然 米　帅
荣井新 杜晓龙 刘建玲 邵丽瑶 于晓军 覃宏丽 贾新颖 要全凤 张浩晶 李剑飞 刘　娜 马春艳
李大伟 马宏艳 邱　影 兰颖慧 崔晓慧 赵　阳 赵丽薇 丽　娜 全宏波 刘　林 代凤杰 张晓光
曹　阳 陈方明 高　敏 谷喜秋 郝海娟 李天龙 姜宏伟 李　静 李丽丽 刘　颖 孙　超 王　虹
徐　冉 杨秋媛 于海欣 岳云亮 张　静 张丽丽 张小叶 朱丽珺 张永欣 邓无琼 丁　鑫 丁海洁
周　默 王文杰 牛庆贺 张丽楠